中国石化“十四五”重点图书出版规划项目

致密砂岩气藏
水平井分段压裂技术

陈 作 王宝峰 刘红磊 李洪春 吴春方 编著

中国石化出版社

内容提要

本书主要围绕致密砂岩气藏水平井和丛式水平井组的压裂增产，从地质与工程特征、分段压裂诱导应力场、压裂优化设计、压裂工具、压裂材料、施工工艺、排液管理等方面系统阐述了水平井分段压裂的全流程技术，并给出了应用实例。

本书既可以作为储层改造的专业技术人员、管理人员及现场操作人员的参考资料，也可作为高等院校石油工程及相关专业学生的学习用书。

图书在版编目（CIP）数据

致密砂岩气藏水平井分段压裂技术/陈作等编著．—北京：中国石化出版社，2022．10

ISBN 978-7-5114-6828-4

Ⅰ．①致…　Ⅱ．①陈…　Ⅲ．①致密砂岩-砂岩油气藏-水平井-分段压裂-压裂设计-研究　Ⅳ．①TE343 ②TE357．1

中国版本图书馆 CIP 数据核字（2022）第 192315 号

中国石化出版社出版发行

地址：北京市东城区安定门外大街 58 号

邮编：100011　电话：(010)57512500

发行部电话：(010)57512575

http://www. sinopec-press. com

E-mail：press@ sinopec. com

北京力信诚印刷有限公司印刷

全国各地新华书店经销

*

787×1092 毫米 16 开本 13 印张 240 千字

2023 年 4 月第 1 版　2023 年 4 月第 1 次印刷

定价：78．00 元

前言 Foreword

致密砂岩气藏是指有效渗透率小于$0.1\times10^{-3}\mu m^2$的天然气藏，我国鄂尔多斯、四川等盆地蕴藏着丰富的资源量。因致密砂岩气藏自身低孔、低渗甚至低压的储层特性，压裂改造是实现其经济开发的必要手段。直井分层压裂、CO_2泡沫压裂、大型水力压裂等储层改造技术在经济动用此类低品位资源中发挥了重要作用。近年来，我国水平井分段压裂技术取得了重大进展，形成了以段簇设计、布缝优化、施工参数优选等为主的分段压裂优化设计技术，以及以裸眼封隔器多级滑套、固井无限级滑套、泵送桥塞、连续油管带底封封隔器、水力喷射等分段压裂工具为主体的施工工艺技术，使水平井和丛式水平井组分段压裂成为致密砂岩气藏规模效益开发的核心技术，部分水平井单井压后无阻流量超过了$100\times10^4m^3/d$，并推动了可动用致密气储量渗透率下限不断走低。

本书围绕致密砂岩气藏水平井和丛式水平井组的分段压裂技术，从地质与工程特征、分段压裂诱导应力场、压裂优化设计、压裂工具、压裂材料、施工工艺、排液管理等方面系统阐述了水平井分段压裂改造的全流程技术，并给出了部分应用实例。

本书分为九章，由陈作担任主编组织编撰，第一章介绍了致密砂岩气藏地质与工程基本特征，由刘红磊、周林波编写；第二章介绍了水平井和丛式水平井组分段压裂诱导应力场与裂缝形态，由陈作编写；第三章介绍了水平井和丛式水平井组分段压裂优化设计，由陈作、刘世华、秦钰铭编写；第四章介绍了水平井分段压裂工具，由李洪春、李奎为编写；第五章介绍了压裂液，由王宝峰编写；第六章介绍了支撑剂，由王宝峰、吴春方、刘建坤编写；第七章介绍了水平井分段压裂施工工艺，由陈作、李洪春编写；第八章介绍了水平井压后排液管理技术，由吴春方、考佳玮编写；第九章简述了水平井分段压裂案例，由吴春方、刘世华编写。

在本书编写过程中，中国石化华北油气分公司给予了大力支持与帮助，在此致以诚挚的感谢！此外，本书引用了多位专家学者的成果，有些未能列入参考文献，在此一并表示感谢！

由于作者专业水平有限，书中难免有不妥之处，恳请读者批评指正。

目录 Contents

第一章　致密砂岩气藏地质与工程基本特征

鄂尔多斯、四川与塔里木等盆地蕴藏着丰富的致密砂岩气资源，已经成为我国天然气增储上产的重要领域，三大盆地沉积条件、构造特征、埋藏深度、储层特征和岩石力学特性等各具特点，对勘探开发技术提出了不同要求。鄂尔多斯盆地属于典型的致密砂岩气藏，上古生界的石盒子组、山西组和太原组是该盆地的主力气层组[1]，水平井分段压裂技术为该类气藏的规模效益开发发挥了重要作用。

第一节　地质与构造特征

一、区域地质特征

鄂尔多斯盆地位于华北地台西部，面积为 $28\times10^4km^2$，是一个长期稳定发育的多旋回大型克拉通叠合盆地[2]。盆地沉积盖层缺失志留系和泥盆系，平均厚度为5000m。其中，中上元古界以海相、陆相裂谷沉积为特征的地层厚度为200～300m；下古生界沉积的海相碳酸盐岩地层厚度为400～1600m；上古生界以河流、三角洲相沉积为主的地层厚度为600～1700m；新生界沉积厚度较薄，一般为300m。

鄂尔多斯盆地区域地质构造基本特点为东北高、西南低，盆地内部构造平缓。盆地的地质构造演化可分为五个阶段[3-7]：①中晚元古代以浅海碎屑岩和碳酸盐岩发育为主的裂陷槽盆地阶段；②早古生代以陆表海碳酸盐岩沉积为主的复合型克拉通坳陷盆地阶段；③晚古生代到中三叠世以滨海碳酸盐岩逐渐过渡为碎屑岩台地的联合型克拉通坳陷盆地阶段；④晚三叠世到白垩纪的大型内陆湖泊、河流沉积的坳陷盆地阶段；⑤新生代内陆河湖断陷充填型周缘断陷盆地阶段。从现今盆地的构造面貌来看，地史时期虽然经历了多期次的构造运动，但盆地内部广大地区的构造环境具有长期、整体的稳定性，各时代地层除盆地边缘有角度不整合接触外，一般均为连续沉积或假整合接触。

根据现今的构造形态，结合盆地的演化历史[8-10]，鄂尔多斯盆地可划分为：伊盟隆起、渭北隆起、晋西挠褶带、天环坳陷、伊陕斜坡等五个一级构造单元。

盆地的五个发展阶段具有不同的沉积体系和沉积特征，形成了不同的油气生成、运移、聚集和成藏环境。在鄂尔多斯盆地内形成了三套含油气体系，即下古生界寒武－奥陶系海相碳酸盐岩含油气体系[11]、上古生界石炭系－二叠系海陆交互相含煤碎屑岩含油气体系和中生界内陆湖泊相碎屑岩含油气体系[12,13]。盆地内建成了苏里格、神木、大牛地和东胜等气田。

二、地层层序

鄂尔多斯东北部某气田钻井揭露的地层有第四系，白垩系志丹组，侏罗系安定组、直罗组、延安组，三叠系延长组、二马营组、和尚沟组、刘家沟组，二叠系石千峰组、上石盒子组、下石盒子组、山西组，石炭系太原组、本溪组，奥陶系上马家沟组，钻井平均揭露地层厚度3000m[14-16]。

石炭系太原组：滨海沙坝沉积，厚度为25~82m，平均为50m，埋藏深度为2690~2970m。岩性主要为深灰色、黑色泥岩，炭质泥岩、煤层与灰白色中－粗砂岩互层，局部夹灰岩透镜体，可分为太1段、太2段。

二叠系山西组：三角洲平原、滨岸沼泽沉积，厚度为78~126m，平均为106m，埋藏深度为2640~2940m。岩性主要为灰色中－粗粒砂岩，砂砾岩，砾岩与黑色、深灰色泥岩，黑色炭质泥岩互层，下部含煤层、煤线。可分为山1段和山2段。

二叠系下石盒子组：河流相沉积，厚度为99~173m，平均为139m，埋藏深度为2540~2840m。岩性主要为浅灰、灰白色砂砾岩，含砾粗砂岩，中粗砂岩与灰色、棕褐色泥岩互层，可分为盒1段、盒2段、盒3段。

从上到下的地层层序见表1－1。

表1－1 区域钻遇地层简表

地层系统						埋深/m	厚度/m	岩性简述
界	系	统	组	段	代号			
新生界	第四系	全新统			Q_4	<95	20~95	浅灰黄色中－细砂岩
中生界	白垩系	下统	志丹组		K_1Z	85~275	63~213	上部棕灰色中砂岩与紫棕色杂泥岩互层，下部紫棕色细砂岩
	侏罗系	中下统	安定组		J_2a	185~383	34~148	棕灰、浅灰、紫色泥岩与紫棕色细－中砂岩互层
			直罗组		J_2z	346~626	123~268	上、中部棕、绿灰、灰绿色泥岩与棕紫、棕色中砂岩略等厚互层。下部棕灰、绿灰色泥岩，底部浅灰色细砂岩
			延安组		$J_{1-2}y$	534~952	188~326	上部厚层状灰色泥岩与浅灰、灰色细砂岩，粉砂岩不等厚互层，夹多层炭质泥岩及煤层。下部灰白色中砂岩夹薄层灰色泥岩，底部灰色含砾中砂岩
	三叠系	上统	延长组		T_3y	1227~1547	576~738	顶部灰色泥岩及浅灰色中砂岩，上部灰绿、灰及杂色泥岩与灰、浅灰、灰绿色中、细砂岩不等厚互层夹薄层炭质泥岩。下部浅棕灰、浅棕色中砂岩与灰、灰绿色泥岩不等厚互层

续表

界	系	统	组	段	代号	埋深/m	厚度/m	岩性简述
中生界	三叠系	中统	二马营组		T_2e	1456～1705	75～234	浅棕灰色中砂岩与灰绿、棕红色泥岩不等厚互层
		下统	和尚沟组		T_1h	1504～1796	32～171	上部灰绿、灰、棕及杂色泥岩，下部浅棕灰色细、中砂岩夹杂色泥岩
			刘家沟组		T_1l	1880～2215	326～529	浅棕灰色细砂岩与灰绿、棕色泥岩不等厚互层
上古生界	二叠系	上统	石千峰组		P_2sh	2165～2475	228～298	上、中部灰、浅棕、灰色细砂岩与棕、棕红色泥岩不等厚互层。下部棕灰色细、中砂岩与棕色泥岩。底部灰白色粗、中砂岩
			上石盒子组		P_2s	2357～2564	137～240	紫、棕红及杂色泥岩与棕灰、灰白、浅灰色细、中砂岩不等厚互层夹灰绿色黏土岩。底灰、浅灰色中砂岩
		下统	下石盒子组	盒3	P_1x^3	2382～2718	21～64	棕褐、灰色泥岩与浅灰色中、细砂岩
				盒2	P_1x^2	2420～2735	17～47	棕褐、灰、深灰泥岩与浅灰、灰白色中、细砂岩
				盒1	P_1x^1	2469～2791	48～78	浅灰、灰白色中、粗砂岩及含砾粗砂岩及深灰色泥岩
			山西组	山2	P_1s^2	2500～2816	10～63	深灰、灰黑色泥岩与浅灰、灰白色中、粗砂岩
				山1	P_1s^1	2551～2881	42～70	深灰、灰黑色泥岩与浅灰、灰白色中、粗砂岩夹煤层及炭质泥岩
	石炭系	上统	太原组	太2	C_3t^2	2562～2901	2～52	深灰、灰黑色泥岩与灰白色中砂岩及灰黑色灰岩
				太1	C_3t^1	2595～2920	9～63	厚煤层、灰黑色泥岩、灰色泥质粉砂岩及细砂岩
		中统	本溪组		C_2b	2603～2924	0～21	灰白色铝土质黏土岩及黄褐色铁质结核

三、构造特征

鄂尔多斯盆地较为稳定，构造、断层不发育。如位于鄂尔多斯盆地北东部的某气田，其构造位置在伊陕斜坡北部，总体为一北东高、西南低的平缓单斜，平均坡降6～9m/km，地层倾角0.3°～0.6°，局部发育近东西走向的鼻状隆起，未形成较大的构造圈闭。

四、沉积特征

1. 沉积演化背景

早古生代时期，鄂尔多斯地区表现为稳定的整体升降运动，在陆块内部形成典型的克拉通坳陷[8,9,12,17]。寒武纪早期的构造面貌继承了中晚元古代的构造格局，表现为北高南低、中隆、东西坳；晚期则为南北高、中间低、中坳、南北隆的形态，整个寒武纪为一个完整的陆表海海进 - 海退旋回，沉积厚度为 200 ~ 400m，最厚达 600m。奥陶纪基本继承了晚寒武世的构造轮廓，即克拉通北部的乌兰格尔古隆起带仍保持古陆形式，而南部环县 - 庆阳隆起则表现为相对较低的水下隆起。奥陶纪末，加里东运动使全区抬升，缺失了志留系、泥盆系和下石炭统，形成了奥陶系顶部风化壳古岩溶带。

晚古生代时期，鄂尔多斯地区进一步与华北地块统一发展，仅其西南隅濒临古特提斯海域。中石炭世，西部形成与古特提斯连通的南北向海湾，沉积了靖远组和羊虎沟组的黑色泥页岩、砂岩、生物灰岩与煤层；东部为与华北克拉通坳陷相通的潮坪，沉积了本溪组的黑色页岩、砂岩和灰岩，厚度数十米。晚石炭世，进一步海侵导致沉积范围扩大，西侧的祁连海和东侧的华北海连成一片，形成了本区的浅海台地沉积。下二叠统山西组为煤系地层，古隆起仍然存在；石盒子继承了山西组的沉积背景，而气候逐渐干旱，沉积了河流相碎屑岩和杂色泥岩。

2. 主要目的层沉积物特征

太 1 段沉积环境主要为滨海 - 沼泽，沉积了滨海中粗粒石英砂岩、深灰色泥岩、炭质泥岩、黑色煤层等。太 2 段沉积时期，海侵范围扩大，本区主要为滨浅海沉积，主要沉积了滩坝砂岩、海湾泥及灰岩。

山 1 段沉积时期海水迅速从本区退出，形成了广泛的三角洲平原沉积，沉积了分流河道的灰色中粗砂岩，细砂岩及粉砂岩，灰、深灰色泥岩和炭质泥岩，煤层。山 2 段沉积时期物源供应变得丰富，分流河道发育，岸后沼泽不发育，较山 1 段缺少煤层沉积。

盒 1 段沉积时期北部的阴山隆起进一步抬升，来自北部剥蚀区的大量粗碎屑物质由河流携入本区，使冲积平原迅速向南扩大，三角洲体系快速向南退出；同时，因该期气候由潮湿型转化为干旱炎热型，因而发育了一套总体以河流相为主的灰绿、灰白色和紫红色的高建设型以砂泥岩为主的沉积。盒 2 段、盒 3 段继承了盒 1 段的沉积特点，差别在于河流发育的规模逐渐减小，部分区域由辫状河过渡为曲流河沉积。

第二节 储层特征

一、岩性特征

岩性特征是决定岩石脆塑性的关键参数之一，依据石盒子组、山西组、太原组等层组内储层特征的差异性，将每个层组细分为不同小段，每个小段岩石组分、含量稍有差异，总体为石英砂岩，下述为某井区的岩性特征。

盒 3 段储层岩性主要为中、粗粒岩屑砂岩，少量岩屑石英砂岩和长石岩屑砂岩。碎屑颗粒中石英含量为 64% ~ 90%，平均为 74.8%；长石含量为 0% ~ 21%，平均为 8.6%；

岩屑含量为3%~23%，平均为16.6%。岩石为颗粒支撑、孔隙式胶结，颗粒之间点－线接触至线接触。

盒2段储层岩性主要为中粗岩屑砂岩，少量中－粗粒岩屑石英砂岩。碎屑颗粒中石英含量为59%~95%，平均为73.1%；长石含量为0%～25%，平均为4.6%；岩屑含量为4%~36%，平均为22.3%。岩石为颗粒支撑、孔隙式胶结，颗粒之间点－线接触。

盒1段储层岩性主要为岩屑砂岩，少量中－粗粒岩屑石英砂岩。碎屑颗粒中石英含量为52%~94.0%，平均为73.3%；长石含量为0%～13%，平均为2.4%；岩屑含量为5%~48%，平均为24.3%。颗粒分选中等、次棱状。颗粒之间填隙物中主要为泥质杂基。

山2段储层岩性主要为中粗岩屑砂岩，少量中－粗粒岩屑石英砂岩。碎屑颗粒中石英含量为52%~91%，平均为73.2%；长石含量为0%～11%，平均为1.4%；岩屑含量为5%~48%，平均为25.4%。岩石为颗粒支撑、孔隙式胶结，颗粒之间点－线接触。

山1段储层岩性主要为中粗岩屑砂岩，少量中－粗粒岩屑石英砂岩。碎屑颗粒中石英含量为51%~95%，平均为73.2%；长石含量为0%～21%，平均为2.8%；岩屑含量为5%~48%，平均为24.0%。岩石为颗粒支撑、孔隙式胶结，颗粒之间点－线接触。

太2段储层岩性主要为石英砂岩，少量岩屑石英砂岩。碎屑颗粒中石英含量为90%~100%，平均为96.0%；长石含量为0%～3%，平均为0.2%；岩屑含量为0%～10%，平均为3.8%。岩石为颗粒支撑、孔隙式胶结，颗粒之间点－线接触。

太1段储层岩性主要为石英砂岩，少量岩屑石英砂岩。碎屑颗粒中石英含量为92%~100%，平均为96.4%；长石含量为0%～1%，平均为0.1%；岩屑含量为0%～8%，平均为3.6%。岩石为颗粒支撑、孔隙式胶结，颗粒之间点－线接触。

二、物性特征

储层孔隙度、渗透率、厚度等特征是决定天然气储集性和流动性的关键因素。鄂尔多斯地上古生界主力气层总体上属于低孔、低渗储层，但不同的目的层孔隙度、渗透率大小仍有较大的差异，这意味着储层的非均质性较强、渗流阻力变化大，压裂改造必须重视这些因素。

表1－2为某气田两个井区的孔渗均值统计表，由表可以看出，储层孔隙度基本在10%以下，岩心渗透率基本小于$1.0\times10^{-3}\mu m^2$，试井分析有效渗透率多在$0.1\times10^{-3}\mu m^2$以下，表明储层物性非常差，对压裂裂缝的复杂度和连通性将提出更高要求。

表1－2　某气田两个井区孔渗均值统计表

层位	A井区		B井区	
	孔隙度/%	渗透率/($10^{-3}\mu m^2$)	孔隙度/%	渗透率/($10^{-3}\mu m^2$)
盒3段	9.53	0.62	10.18	1.12
盒2段	9.65	0.98	7.85	0.58

续表

层位	A 井区		B 井区	
	孔隙度/%	渗透率/($10^{-3}\mu m^2$)	孔隙度/%	渗透率/($10^{-3}\mu m^2$)
盒 1 段	10.31	0.76	9.41	0.80
山 2 段	9.21	0.74	7.95	0.83
山 1 段	8.08	0.72	7.78	0.51
太 2 段	7.28	0.43	8.25	0.86
太 1 段	6.57	0.68	7.93	0.69

三、孔隙结构特征

1. 孔隙类型

气田内上古生界气藏孔隙类型有粒间孔、次生溶孔、晶间微孔和微裂缝，其中粒间孔和次生溶孔(图 1－1)为主要的孔隙类型[17,18]。

(a)粒间孔

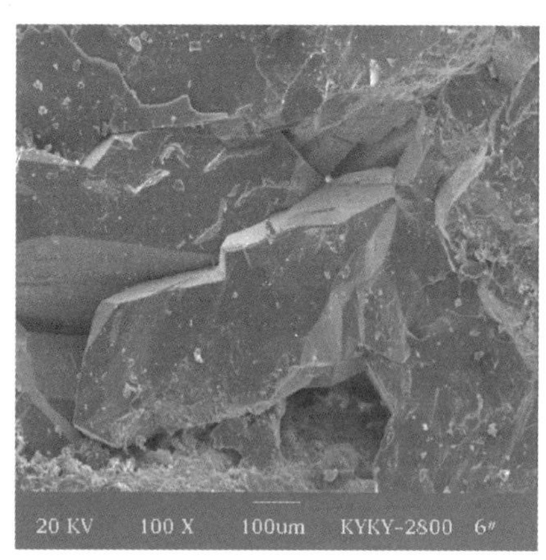

(b)次生溶孔

图 1－1 电镜扫描发现的粒间孔和次生溶孔

(1)粒间孔

粒间孔根据成因可以划分为原生剩余粒间孔、残余粒间孔、溶蚀粒间孔。原生剩余粒间孔为压实作用下保存下来的原生粒间孔隙，同原始孔隙相比，孔隙相对缩小。残余粒间孔指在原生剩余粒间孔中程度不等地充填一些成岩矿物，从而使粒间孔隙缩小、连通性相对变差的一类孔隙。溶蚀粒间孔指方解石、白云石、高岭石等粒间充填物在酸性介质条件下发生溶蚀，在原生孔隙基础上产生孔隙扩大、连通性变好的一类孔隙。虽然以上三类孔隙成因不同，但都是基于原生孔隙基础之上的次生孔隙，不易严格区分，因此，同作粒间孔，此类孔隙上古生界气层均发育。

(2)次生溶孔

在成岩过程中储层岩石颗粒(石英、长石、岩屑)受上覆静压、地层温度、流体 pH

值、离子含量、电位差等变化的影响，常发生局部溶蚀而形成孔隙。根据溶蚀程度可分为粒内溶孔、铸模孔；根据颗粒溶蚀程度和部位的不同又可分为粒间溶孔、粒内溶孔和溶蚀缝。此类孔隙在上古生界气层普遍发育。

(3)晶间微孔

晶间微孔指成岩过程中形成的自生矿物之间的晶间孔隙，此类孔隙一般都是小孔隙，但由于自生矿物的成分、晶粒大小不同，晶间微孔也有相对大小之分。高岭石晶间孔一般比绿泥石、伊利石晶间孔要大一些；粗粒高岭石晶间孔要比细粒高岭石晶间孔大一些。结晶良好的高岭石晶间孔径可达5～20μm。此类孔隙在盒3段、盒2段及盒1段储层发育，在山2段、山1段及太2段、太1段储层中不发育。

(4)微裂缝

微裂缝在储层孔隙中总量极少，部分已充填；未充填的微裂缝主要起到孔隙之间的连通作用，使储层的渗透率迅速增加。微裂缝可分为两类：构造微裂缝和粒缘微裂缝。构造微裂缝切穿岩石颗粒，一般未充填，占微裂缝总数的98%；粒缘微裂缝沿颗粒边缘分布，可能与溶蚀作用有关，占微裂缝总数的2%(图1－2)。

图1－2 电镜扫描发现的粒缘微裂缝

2. 孔喉参数特征

孔隙喉道大小直接影响毛细管力大小，也影响水锁伤害程度，根据铸体薄片分析，某井区各气层的孔隙半径和喉道半径较小(表1－3)，要求选择压裂液时必须考虑水锁伤害因素。

表1－3 某井区孔隙和喉道参数统计表

层位	平均孔隙半径/μm	平均喉道半径/μm	孔喉比	平均配位数	均质系数	分选系数
盒3段	22.09	12.50	3.53	0.79	0.39	10.59
盒2段	31.08	15.15	4.01	0.70	0.39	18.23
盒1段	32.38	14.96	4.37	0.56	0.53	19.7
山2段	47.69	17.35	5.50	0.72	0.48	28.78
山1段	20.02	11.66	3.43	0.35	0.40	8.59
太2段	9.45	5.72	3.30	0.20	0.68	4.97

四、厚度特征

储层厚度影响改造体积和供气面积，是压后高产与稳产的关键因素之一，鄂尔多斯盆地上古生界各层组砂岩厚度变化大(表1－4)，有效含气砂层薄，对纵向上的穿层压裂与有效改造提出了挑战。

表1－4 某气田两个井区地层厚度、砂岩厚度统计表

层位	A井区			B井区		
	地层厚度/m	砂岩厚度/m	砂泥比	地层厚度/m	砂岩厚度/m	砂泥比
盒3段	35.5	11.3	0.47	40.1	13.4	0.502
盒2段	40.6	14.9	0.58	42.9	12.7	0.421
盒1段	50.3	27.8	1.24	47.5	21.1	0.799
山2段	46.9	23.8	1.03	53.5	17.5	0.486
山1段	58.2	25.9	0.80	40.4	7	0.210
太2段	19.5	2.8	0.17	36.3	16.2	0.806
太1段	24.1	3.5	0.17	26.2	7.3	0.386

五、气水关系

受沉积与气水重力分异等因素控制，鄂尔多斯盆地致密砂岩气藏部分区域气水关系复杂，气水同层、边底水等多种气水关系并存，对控缝控水增气差异化压裂改造带来了极大的挑战。

六、流体特征

1. 天然气组分

鄂尔多斯盆地各气层组地面天然气组分中甲烷含量总体较高，均在90%左右，乙烷以上组分含量较低，各层产出气体中均含有少量氮气(＜3%)和二氧化碳气体(＜3%)，不含硫化氢。不同层位气体组分有所不同，自下而上甲烷含量升高，重烃含量降低，气体相对密度降低(表1－5)。

表1－5 地面天然气组分特征表

气层组	相对密度/(g/cm^3)	甲烷/%	烃类/%	氮气/%	二氧化碳/%	硫化氢/%	甲烷占烃类含量/%
盒3段	0.59	94.06	97.65	2.1	0.25	0	96.3
盒2段	0.61	91.72	97.57	2.38	0	0	94.0
盒1段	0.63	87.37	96.66	2.85	0.49	0	90.4
山2段	0.627	88.01	96.75	2.76	0.94	0	91.0
山1段	0.624	88.64	95.39	2.98	1.6	0	92.9
太2段	0.625	89.1	96.29	1.46	2.25	0	92.5
太1段	0.615	89.7	95.65	2.29	2.06	0	93.8

按照天然气划分标准，太2段、山1段、山2段、盒1段天然气类型为湿气，盒2段、盒3段天然气类型为干气。

2. 地面原油特征

气田不同部位、不同层位产出的原油组分、特征相近。地面原油密度均较低，平均值为0.7512~0.7789g/cm³；运动黏度低，平均为0.84~1.46mm²/s；组分为C_6~C_{25}烃类，不含蜡质、低含水、微含硫，属凝析油(表1-6)。

表1-6　地面原油性质

气层组	地面原油密度/(g/cm³)	含水量/%	含硫量/%	条件黏度(E50℃)/(mm²/s)	运动黏度(V50℃)/(mm²/s)	初馏点/℃
盒3段	0.7783	<0.01	0.02	<1.0	1.46	139.21
盒2段	0.7512	<0.01	0.01	<1.0	0.96	102.2
盒1段	0.7672	<0.01	0.01	<1.0	0.84	98.51
山2段	0.7721	<0.01	0.01	1	0.92	94.29
山1段	0.7776	0.19	0.04	<1.0	0.97	99.22
太2段	0.7789	0.23	0.01	<1.0	0.95	99.68

3. 地层水性质

根据水分析结果，各气层地层水水型均为氯化钙型，说明气藏是封闭系统。各层总矿化度差别较大，但总体而言，自下而上总矿化度逐渐降低(表1-7)。

表1-7　地层水分析结果表

气层组	地层水阴阳离子含量/(mg/L)						总矿化度/(mg/L)	水型	pH值	密度/(g/cm³)
	$K^+ + Na^+$	Ca^{2+}	Mg^{2+}	SO_4^{2-}	HCO_3^-	Cl^-				
盒3段	4147	1822	114	0	566	9024	15838	$CaCl_2$	6	1.01
盒2段	4126	1236	108	89	751	7621	14057	$CaCl_2$	6.2	1.03
盒1段	4355	2177	66	0	769	8769	16485	$CaCl_2$	6	1.02
山2段	4355	2177	66	0	769	8769	16485	$CaCl_2$	6	1.02
山1段	11381	6247	380	99	223	33715	53686	$CaCl_2$	6	1.03
太2段	14435	8537.5	490.7	291	1013	38120	66969	$CaCl_2$	6	1.05
太1段	14175	13721	1028	276	1023	52678	87256	$CaCl_2$	6	1.06

七、温度与压力

根据鄂尔多斯盆地某气田测试获得的不同深度的温度资料[19,20]，回归得到全气田温度和埋藏深度关系曲线，相关系数较高，地温梯度为3.12℃/100m，与全国82个碎屑岩气藏平均地温梯度(3.4℃/100m)相近，折算到气层中部深度温度为80~90℃，属于正常地温系统。

DST测试压力资料统计结果(表1-8)表明：盒3段、盒2段、盒1段、山2段、山1段、太2段和太1段气层组的平均压力系数在1.0以下，各气层均属正常压力系统。这说明压裂液的彻底返排存在困难，需要考虑液氮伴注、气举等助排措施。

表1-8 某气田各气层压力、温度统计表

层位	气层中深/m	压力/MPa	压力系数	温度/℃
盒3段	2559.00	24.80	0.99	81.20
盒2段	2600.00	24.51	0.96	82.51
盒1段	2645.00	23.56	0.91	83.89
山2段	2693.00	24.78	0.94	85.36
山1段	2743.00	22.90	0.85	86.95
太2段	2767.00	23.58	0.87	87.70
太1段	2780.00	27.10	0.99	88.10

第三节 岩石力学与地应力

岩石力学与地应力是影响裂缝起裂与延伸压力、裂缝宽度以及裂缝复杂性的重要因素，对它们的认识是压裂工艺选择、裂缝模拟建模与裂缝参数优化的基础，压前必须采取技术手段测试分析与综合评价。

一、岩石力学特性

岩石力学性质如岩石杨氏模量、泊松比等是压裂设计中必不可少的参数，这些参数对施工成功与否起着决定性的作用，直接影响到压裂设计中造缝的几何形状、施工压力、裂缝垂向扩展等，所以，掌握准确可靠的岩石力学性质是开展压裂工程研究的基础。根据测试方法不同，可将岩石力学参数分为静态岩石力学参数和动态岩石力学参数两种。静态岩石力学参数是指依据岩石在静载荷作用下的应力-应变特征计算得到的岩石力学参数(图1-3)；动态岩石力学参数指利用

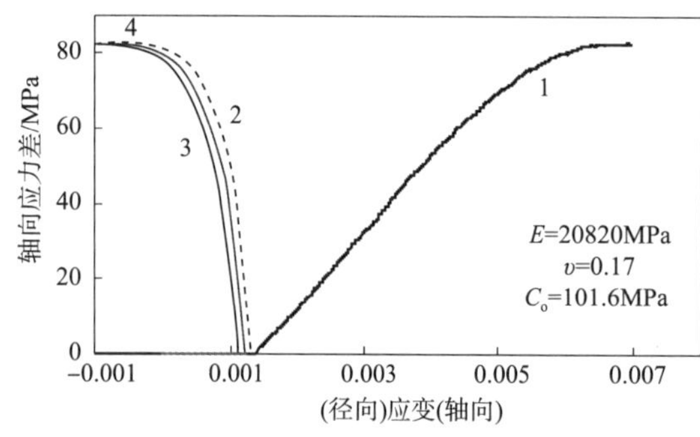

图1-3 某井岩心的应力-应变曲线

1—轴向应变；2—径向应变1；3—径向应变2；4—平均径向应变

弹性波在岩石中的传播速度计算得出的应力－应变关系参数。两者分别属于不同的检测方法和理论范畴，其数值有所不同。就压裂施工而言，压裂时对岩石的加载速率更接近于静载荷作用的情况，所以，压裂设计中要求输入静态岩石力学参数，静态岩石力学参数由室内静态岩石力学实验获得。

岩石作为多孔介质，其力学性质与应力、温度等条件有很大关系，所以，模拟就地条件下获得的岩石力学参数才较可靠。岩石在地下既受到上覆岩层的压力，也受到孔隙流体和地应力的影响，处于三向受力状态，加之受地温影响，其强度特征和变形特征明显不同于单轴应力状态。因此，利用三轴岩石力学参数测试仪，模拟就地条件测试杨氏模量、泊松比等岩石力学参数是目前常用的方法。

表1－9为某井区砂层段与泥岩隔层采用三轴岩石力学参数测试仪获得的静态杨氏模量、泊松比结果。由表可以看出：砂岩的静态杨氏模量在(1.672～2.016)×10^4MPa之间，静态泊松比在0.18～0.24之间，其中盒3段的泊松比最小；泥岩的静态杨氏模量在(2.210～2.672)×10^4MPa之间，隔层泊松比也大于储层泊松比，总体趋势为随深度的增加储隔层杨氏模量差增加；太原组静态杨氏模量为(2.395～2.615)×10^4MPa，明显高于其他几个层组，泊松比为0.19～0.20，在七个层组中属于中等。泥岩的杨氏模量与砂岩的差值有大有小，反映出储隔层的应力大小各不相同，有利于缝高控制与穿层压裂的因素均存在，具体井要具体分析。

表1－9 某井区岩石力学参数实验结果统计

层组	样品数	岩性	静态杨氏模量/(10^4MPa)	储隔层杨氏模量差/(10^4MPa)	静态泊松比
盒3段	3	砂岩	2.016	—	0.18
盒2段	5	砂岩	1.863	0.347	0.24
	2	泥岩	2.210		0.27
盒1段	10	砂岩	1.858	0.365	0.20
	4	泥岩	2.223		0.24
山2段	7	砂岩	1.948	0.607	0.20
	6	泥岩	2.555		0.26
山1段	10	砂岩	1.672	1	0.24
	7	泥岩	2.672		0.28
太2段	3	砂岩	2.615	0.553	0.19
	3	泥岩	3.168		0.33
太1段	3	砂岩	2.395	—	0.20

二、地应力特征

地应力特征包括地应力大小、垂向应力剖面、水力裂缝垂向延伸特征和最大水平主应力方位等参数，是影响施工压力大小、裂缝复杂性以及能否实现穿层压裂的重要因素，是压裂优化设计的重要参数之一。

1. 地应力大小

根据岩石力学单轴压缩和有效应力条件下的三轴岩石力学参数，应用摩尔破裂包络方程，可确定地层的最小主地应力大小。表 1－10 为某井区的地应力大小分析测试结果，由表可见：三向应力状态为 $\sigma_v > \sigma_H > \sigma_h$；砂岩最小地应力梯度为 0.015～0.016MPa/m，最大地应力梯度为 0.018～0.019MPa/m，两向水平主应力差为 5.6～9.7MPa；泥岩最小地应力梯度为 0.017～0.019MPa/m，最大地应力梯度为 0.019～0.023MPa/m，砂泥岩应力差为 3.66～6.23MPa。这反映各砂层组的隔层遮挡作用有强有弱，对裂缝穿层的影响各不相同。

表 1－10　某井区地应力测试结果

层位	岩性	井深/m	地应力/MPa			
			上覆地层压力	最大水平主应力	最小水平主应力	砂泥岩间地应力差
盒 1 段	泥岩	2600.0	60.46	49.56	43.34	3.66
	砂岩	2610.4	61.44	49.39	39.68	
山 2 段	砂岩	2661.0	—	49.87	42.41	5.37
	泥岩	2664.4	—	55.46	47.78	
太 2 段	泥岩	2759.7	—	63.37	51.89	6.23
	砂岩	2761.0	68.07	51.22	45.63	

2. 垂向应力剖面

利用测井得到的纵横波数据和密度测井数据可以计算得到地应力垂向连续剖面（图 1－4），用来分析判断储隔层地应力差异和对裂缝垂向延伸的遮挡作用，为穿层压裂工艺的选择提供依据。总体来看，储隔层地应力差值为 3～7MPa，与岩心分析结果基本接近，为部分井层的穿层压裂提供了可能性。

3. 水力裂缝垂向延伸特征

裂缝扩展的理想状态为压裂裂缝在纵向上控制在压裂目的层内，横向上按设计缝长扩展。裂缝垂向延伸特征的清楚认识是优化水力裂缝的关键环节，对于实现设计目标尤为重要。对于致密砂岩气藏裂缝垂向扩展特性的分析主要采用两种方法：一种为经验法；另一种为井温、示踪剂等直接测试方法。传统经验认为，泥岩隔层与砂岩储层的自然伽马差值超过 25API，水力裂缝在高度上将得到较好控制，由此，依据常规测井资料的自然伽马曲线可以预测裂缝垂向延伸高度。表 1－11 为某区块裂缝高度与砂体厚度的关系预测值，由表可见，致密砂岩气藏储层与隔层的自然伽马值的差异非常明显，通常达到 50～90API，说明隔层具有较强的遮挡能力，裂缝延伸高度与砂体厚度之比为 1.44～2.48，说明裂缝垂向延伸为有限延伸。

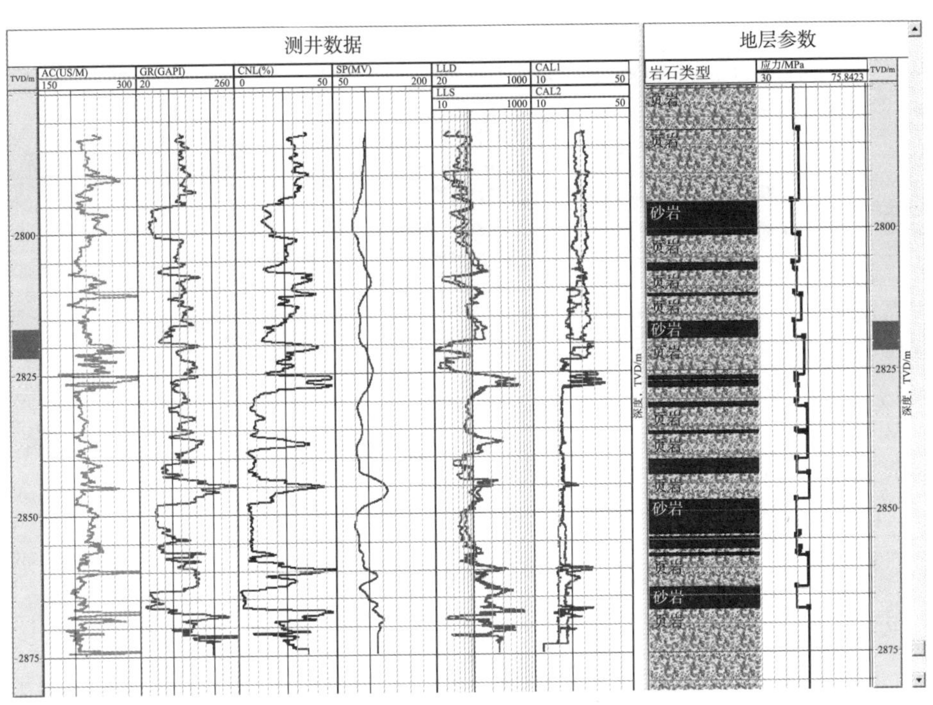

图 1-4 某井垂向地应力剖面

表 1-11 某区块裂缝垂向延伸预测结果

井号	层位	储层/API	隔层/API	砂体厚度/m	裂缝高度/m	H_f/H_s
X1	盒 1 段	44.0	125.0	24.6	46.0	1.87
X2	盒 1 段	45.0	125.0	18.2	30.0	1.65
X3	盒 1 段	35.0	125.0	14.9	37.0	2.48
X4	盒 1 段	37.5	112.5	20.8	32.0	1.54
X5	盒 1 段	25.0	120.0	14.0	25.0	1.78
X5	盒 1 段	50.0	125.0	18.1	26.0	1.44
	盒 1 段	37.5	125.0	14.9	23.0	1.54
X6	盒 1 段	25.0	125.0	16.6	30.0	1.81
X7	盒 1 段	30.0	200.0	13.3	26.0	1.95
平均	盒 1 段	37.3	121.5	18.5	29.0	1.78
X8	山 2 段	50.0	125.0	10.3	22.0	2.13
X9	山 2 段	50.0	112.5	9.9	16.0	1.61
X10	山 2 段	62.5	100.0	15.3	24.0	1.57
平均		54.2	112.5	11.8	20.7	1.77

压裂前后的井温测井是确定裂缝垂向扩展高度范围的常用方法，其通常做法是压前测一条井温基线，压后在不同的时间段多次测试井温曲线，对比同等深度的温度变化，

利用温度变化曲线的半幅点确定裂缝高度，见图1－5。图中的某井井温曲线显示，裂缝高度为30～40m，缝高与砂体厚度的比值为1.4～1.82，与经验预测基本一致。

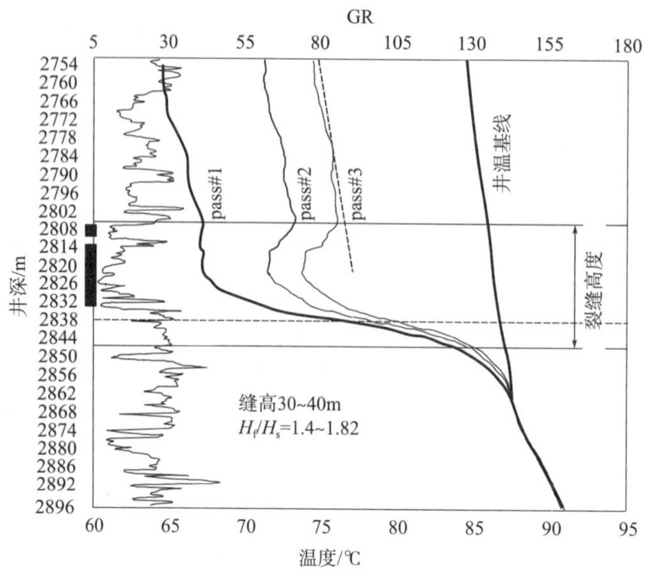

图1－5　某井压裂前后井温测井曲线

4. 最大水平主应力方位

最大水平主应力方位是影响水平井段方位设计和压裂裂缝形态的重要因素，全直径岩心古地磁定向和现场微地震监测等方法可确定最大水平主应力方位。从表1－12某井的测试和监测结果来看，最大主应力方位均为东北70°～80°。

表1－12　某井最大水平主应力方位测试结果

层位	井段/m	最大水平主应力方位	
		古地磁定向/(°)	微地震监测/(°)
盒1段	2745.00～2748.00	NE94	NE85.2
	2758.00～2791.00		NE64.8
	2796.50～2801.00		NE77.0
	2770.00～2776.00		NE73.0
太1段	2663.00～2673.00		NE75.4
	2732.00～2737.00		NE78.5

第四节　储层敏感特性

致密砂岩气藏的水敏、应力敏感等特性是影响压后初期产量和试采效果的重要因素。

一、水敏

黏土矿物的成分和含量是引起水敏、造成储层堵塞伤害的内因。黏土矿物主要有高岭石、伊利石、蒙脱石、伊/蒙混层、绿泥石等，其中绿泥石是引起酸敏效应的主要因素，蒙脱石和伊/蒙混层是引起水化膨胀的主要因素，而伊利石也将受外来流体的作用导致分散运移。

X－衍射实验是获取黏土矿物组成和含量的通用方法。一般而言，国内鄂尔多斯盆地、四川盆地等区域的致密砂岩气藏，储层黏土矿物中基本不含水敏性伤害的蒙脱石，对水有一定敏感性的伊利石含量也不高，见表1－13。

表1－13 某井区矿物成分与含量表

层位	碎屑颗粒含量/%			填隙物含量/%							
				泥质杂基	自生矿物						合计
	石英	长石	岩屑		高岭石	绿泥石	伊利石	方解石	石英	白云石	
盒3段	64~90 74.8	0~21 8.6	3~23 16.6	0~8 2.4	0~10 4.5	0~8 1.4	—	0~20 3.2	0~3 1.5	—	3~20 13.0
盒2段	59~95 73.1	0~25 4.6	4~36 22.3	0~10 3.3	0~8 1.8	0~26 4.0	0~18 1.7	0~10 1.5	0~3 1.1	—	4~30 13.4
盒1段	52~94 73.3	0~13 2.4	5~48 24.3	0~15 4.3	0~13 0.9	0~20 2.2	0~23 3.0	0~40 1.9	0~6 1.3	—	0~40 13.7
山2段	52~91 73.2	0~11 1.4	5~48 25.4	0~15 4.9	0~7 1.7	0~8 1.2	0~15 2.5	0~40 3.3	0~7 0.8	0~15 0.4	2~40 15.7
山1段	51~95 73.2	0~21 2.8	5~48 24.0	0~15 6.2	0~11 1.9	0~2 0.2	0~14 3.8	0~28 1.6	0~15 1.0	0~15 1.5	2~40 17.0
太2段	90~100 96.0	0~3 0.2	0~10 3.8	0~10 1.3	0~2 0.4	—	0~6 2.8	0~30 1.2	0~7 3.5	0~7 0.7	4~33 9.9
太1段	92~100 96.4	0~1 0.1	0~8 3.6	0~10 1.4	0~10 1.9	—	0~2 0.4	0~5 0.8	1~5 3	0~4 1.4	4~18 8.9

盒3段、盒2段、盒1段储层岩石泥质杂基含量较低，均小于5%，分别为2.4%、3.3%、4.3%；自生矿物则略有差异，盒3段主要为高岭石、方解石，少量绿泥石、石英；盒2段主要为绿泥石，少量高岭石、伊利石、方解石、石英；盒1段主要为伊利石和绿泥石，少量高岭石、方解石、石英。

山2段、山1段储层岩石泥质杂基含量较高，分别为4.9%、6.2%；自生胶结矿物种类均较多。山2段主要为伊利石和方解石，以及少量的高岭石、绿泥石、石英和菱铁矿、白云石；山1段主要为伊利石，以及少量的高岭石、绿泥石、石英和方解石、菱铁矿、白云石。

太2段、太1段储层岩石泥质杂基含量低，均小于2%，分别为1.3%、1.4%；自生胶结矿物成分一致，为石英、高岭石、伊利石、方解石、白云石等。太2段主要为石英、伊利石，少量高岭石、方解石、白云石；太1段主要为石英，高岭石、伊利石、方解石、白云石胶结物含量很少。

采用水敏评价方法得到的水敏指数如表1－14所示，水敏指数较小，显示储层弱水敏或无水敏。

表1－14　水敏程度评价表

井号	岩样号	深度/m	孔隙度/%	气体渗透率/($10^{-3}\mu m^2$)	水敏指数	水敏程度评价
X11	2－68－22－5－1	3454.74	11.4	1.05	—	无水敏
X12	1－113－85－6－1	3568.8	10.1	1.62	—	无水敏
X13	1－23－6	—	6.1	0.303	0.08	弱水敏
X14	3－29	3190.0	10.0	1.344	0.07	弱水敏
	3－49	3193.3	9.1	0.658	0.26	弱水敏

二、应力敏感

有效地应力对岩心物性具有较大影响，尤其对渗透率影响较大，随着压力的增加，渗透率逐渐下降。常规的岩心物性测定是在较小的围压(2MPa)条件下进行的，为了更准确地确定气藏就地条件下的物性，将岩石力学实验室的渗透率测试系统同岩石力学三轴实验系统充分地结合，测量模拟就地应力条件下储层渗透率的变化，从而为压裂设计提供更准确的物性参数，并为优选压后试采的生产压差、确定合理的生产制度提供参考依据。

实验室测试的某两口井岩心渗透率随有效围压的变化结果见图1－6。由图可见，岩心渗透率与有效围压具有相当好的相关性，在初始阶段，岩心渗透率随有效围压的增加快速下降，当有效围压超过25MPa时，岩心渗透率下降的趋势变缓。因此，对于致密砂岩气藏

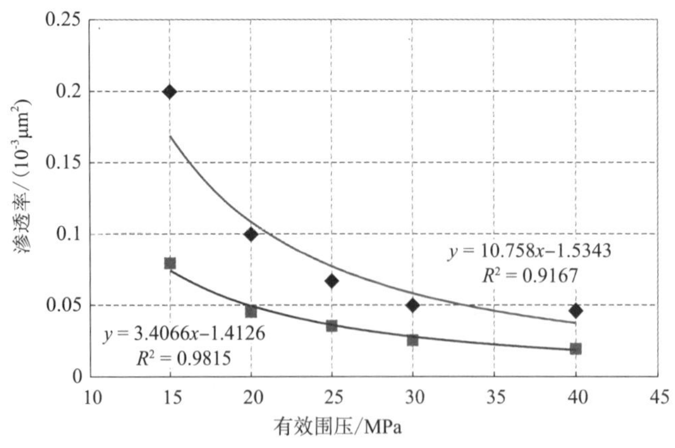

图1－6　某致密气田岩心应力敏感测试结果

来说，生产压差应适当地控制，特别是应当避免生产压差突然放大的情况发生，如出现上述情况，渗透率将大幅降低，而这种渗透率的损失是难以恢复的。

三、岩心润湿吸附特性

润湿与吸附是外来流体进入储层岩心孔隙和造成黏土膨胀、分散、运移，引起伤害的基础。

将岩心制成薄片，使用K12自动张力仪吸附测试系统，测试得到的不同流体对鄂尔多斯盆地致密砂岩气藏岩心的润湿吸附特性结果见表1－15。由表可见，致密砂岩气藏岩心亲水性很强，表现为对清水的吸附量和吸附速率明显大于对原油的吸附值，同时接触角小于对原油的接触角。

表1－15　致密砂岩岩心对清水和原油的润湿吸附实验结果

井号	吸附量/(10^{-2}mg/cm^2)		吸附速率/[10^{-2}mg/(cm^2·s)]		接触角/(°)	
	清水	原油	清水	原油	清水	原油
X15	8.70	1.19	16.71	2.93	29.4	91.8
X16	3.35	0.69	13.92	—	27.9	—
X17	10.65	1.47	18.06	3.65	22.4	83.6

上述地质、构造与储层等特征表明，鄂尔多斯盆地构造平缓，上古生界以河流、三角洲相沉积为主，岩性为石英砂岩，储层低孔、低渗、低压，孔隙喉道细小，非均质性强，部分井区气水关系复杂，自然产能低或无自然产能，属于典型的致密砂岩气藏，水平井或水平井组的分段压裂是商业开发该类气藏的最有效技术手段。

参考文献

[1]郝蜀民，陈召佑，刘忠群，等．大牛地气田大12－大66井区1亿方天然气产能滚动开发方案。2010.

[2]何登发，李德生，童晓光．中国多旋回叠合盆地立体勘探论[J]．石油学报，2010，31(5)：695－709.

[3]郑国璋．鄂尔多斯盆地——高原转型期区域动力学背景[J]．地球科学与环境学报，2008(2)：144－148.

[4]杨华，付金华，包洪平．鄂尔多斯地区西部和南部奥陶纪海槽边缘沉积特征与天然气成藏潜力分析[J]．海相油气地质，2010，15(2)：1－13.

[5]王起琮．鄂尔多斯盆地下古生界碳酸盐岩储层特征及天然气有利聚集区域优选．西安：西安石油大学，2011－05－31.

[6]郭彦如，赵振宇，张月巧，等．鄂尔多斯盆地海相烃源岩系发育特征与勘探新领域[J]．石油学报，2016，37(8)：939－951＋1068.

[7]乔博，夏守春，艾庆琳，等．鄂尔多斯盆地上古生界致密砂岩气成藏特征[J]．科学技术与工程，2018，18(13)：42－49.

[8]陈岳龙，李大鹏，王忠，等．鄂尔多斯盆地周缘地壳形成与演化历史：来自锆石U－Pb年龄与Hf同位素组成的证据[J]．地学前缘，2012，19(3)：147－166.

[9]袁苏杭，付金华，肖安成，等．鄂尔多斯盆地奥陶纪中央古隆起水平迁移规律——来自于同沉积记录的证据[J]．浙江大学学报：理学版，2014，41(1)：100－107.

[10]梁积伟，马晓军，刘亚兰，等．鄂尔多斯盆地南部岐山地区上奥陶统平凉组深水沉积特征及古地理分析[J]．西北地质，2019，52(1)：66－74.

[11]胡光明，李国栋，魏新善，等．靖边潜台西侧奥陶系马五－4 亚段岩相古地理特征[J]．沉积学报，2017，35(3)：527－539.

[12]魏红红，彭惠群，李静群，等．鄂尔多斯盆地石炭二叠系沉积特征与储集条件[J]．石油与天然气地质，1998(2)：50－55.

[13]何义中，陈洪德，张锦泉．鄂尔多斯盆地中部石炭－二叠系两类三角洲沉积机理探讨[J]．石油与天然气地质，2001(1)：68－71.

[14]郑葆英，杨铁汾，刘联群，等．鄂尔多斯盆地中部石炭系层序地层分析[J]．地球科学与环境学报，2000(1)：35－37＋41.

[15]谢传礼，蔡俩．靖边气田马五段碳酸盐岩层序地层研究[J]．断块油气田，2006(1)：17－19＋90.

[16]罗东明，谭学群，游瑜春，等．沉积环境复杂地区地层划分对比方法——以鄂尔多斯盆地大牛地气田为例[J]．石油与天然气地质，2008(1)：38－44.

[17]于波．鄂尔多斯盆地上古生界致密砂岩储层微观孔隙特征[J]．西安科技大学学报，2018，38(1)：150－155.

[18]袁野，赵靖舟，耳闯，等．鄂尔多斯盆地中生界及上古生界页岩孔隙类型及特征研究[J]．西安石油大学学报：自然科学版，2014，29(2)：14－19＋6－7.

[19]乐和美．东胜气田锦 140 井 TCP－DST 测试资料解释与评价[J]．内江科技，2018，39(7)：72＋97.

[20]秦玉英，龚才喜，杨安林，等．鄂北上古生界低压低渗地层 DST 测试曲线分析应用[J]．天然气工业，2001(S1)：102－104＋2－1.

第二章　水平井分段压裂诱导应力场与裂缝形态

致密砂岩气藏水平井或丛式水平井组依据砂体展布、储层特征及就地应力方位等采用不同的水平井段方位和完井方式，在实施分段压裂过程中，压裂液的大量注入会提高地层孔隙压力，从而改变人工裂缝区域应力场，影响相邻压裂裂缝的形态与施工压力，即所谓的应力阴影效应。对于该效应的影响有两种处理方式：一种是避开；另一种是利用。对于追求单一长缝的致密砂岩气藏，则要尽量避免应力阴影效应的影响，在段间距与簇间距的设计上拉大距离。若致密砂岩气藏要进行体积压裂，就要充分利用裂缝扩展产生的诱导应力来克服两向应力差使裂缝系统复杂化。为此，水平井分段压裂诱导应力场对于水平井分段压裂段间距、簇间距优化设计以及水平井组的布缝与压裂顺序优化至关重要。压裂裂缝形态不仅与水平井段方位、最小主应力方位、天然裂缝发育特征有关，而且与压裂工艺和效果密切相关。

第一节　水平井(井组)布井方式

水平井的井式、井距、方位、长度和穿行层位等布井方式是影响水平井或井组压后裂缝形态和效果的关键因素，因此，水平井布井方式要依据开发区域的构造、砂体展布、气水关系、天然裂缝、地应力方位等地震、地质与气藏工程资料来综合评价优选[1-3]。

水平井或丛式水平井组优化部署思路为：

(1)从控制储层发育程度和渗流特征的因素入手，对天然气富集条件进行分析，综合多因素划分储层有利区；

(2)通过储量动用分析和地层压力评价筛选未动用储量区域，综合划分布井有利区；

(3)利用地震解释成果，结合地质、气藏工程研究成果，综合优选并部署水平井井位；

(4)依据水平井渗流特征、产量效果和经济性确定水平井段长度；

(5)根据压裂形成横切主裂缝和复杂支裂缝的可行性等优选水平井段方位；

(6)依据纵向上小层分布、气水关系、主力气层位置和穿层压裂的可行性等优化水平井穿行层位和轨迹；

(7)依据丛式水平井组控制储量大小、缝控储量能力及压裂施工作业能力等优化其井式和井距等。

从鄂尔多斯盆地内的几大气田来看，其开发主要采用水平井和直井的联合井网，水平井段最大长度为5256m，主要长度为800～2000m，水平井井段方位沿最小主应力方位或沿最小主应力方位夹角小于30°的方向，穿行层位在主力气层的中部位置。丛式水平井组具有节约用地、减少搬迁、便于流水作业、统一管理和利于压裂形成复杂裂缝、使改造体积最大化等特点，在具备条件的开发区域经常部署，水平井组主要有两井式、四井式与六井式等，水平井井段长度为1000～1500m，井距为400～700m，其示意见图2－1。

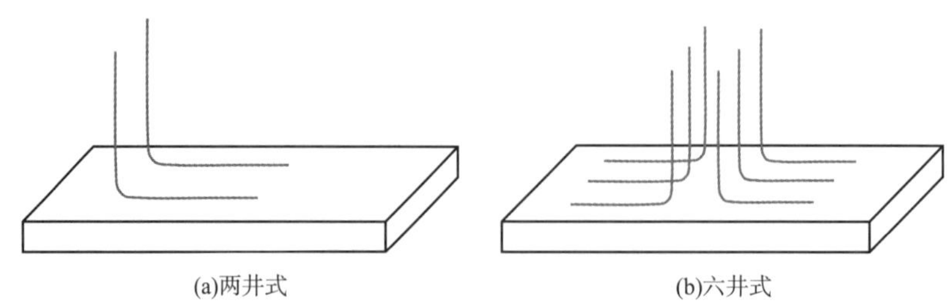

图2－1　丛式水平井组布井示意图

第二节　水平井分段压裂诱导应力场

水平井和丛式水平井组分段压裂诱导应力大小、方位等将影响裂缝内叠加应力大小和应力方位反转区域，是决定裂缝是否能够转向和复杂化的主要因素之一。特别对于丛式水平井组，还将影响布缝方式、压裂顺序和拉链式或同步压裂施工作业等。本节将介绍水平井和丛式水平井组分段压裂诱导应力场的研究方法和变化特征。

一、单井多缝诱导应力场

1. 研究方法

单一水平井多条裂缝之间的诱导应力大小和对地应力方位的影响相对简单，主要体现在前一井段压裂施工结束后对相邻的另一条压裂裂缝形态和施工压力的影响。利用现有的模拟软件可模拟计算不同缝内净压力条件下，距离裂缝壁面不同位置处的诱导应力大小，其应力方位的变化特征则需要建立数值模拟模型来分析。

2. 诱导应力大小与方位变化特征

图2－2为利用模拟软件计算的某口水平井的某段在压裂形成裂缝后，距离裂缝壁面不同位置处的应力大小变化曲线。由图看出，诱导应力出现三段式变化，在裂缝内最高，随着与裂缝壁面的距离增加而减少，但减少的程度不同，距离裂缝壁面一定距离范围内，诱导应力缓慢降低，离开裂缝壁面一定距离后，诱导应力将大幅度下降，当达到一定距离后，诱导应力下降速度又缓慢变小。这说明在距离裂缝壁面的小范围内，诱导应力保持较高水平，在这个区域内，诱导应力可能大于两向水平应力差，促使裂缝转向；在这个区域之外，裂缝很难转向形成分支缝。

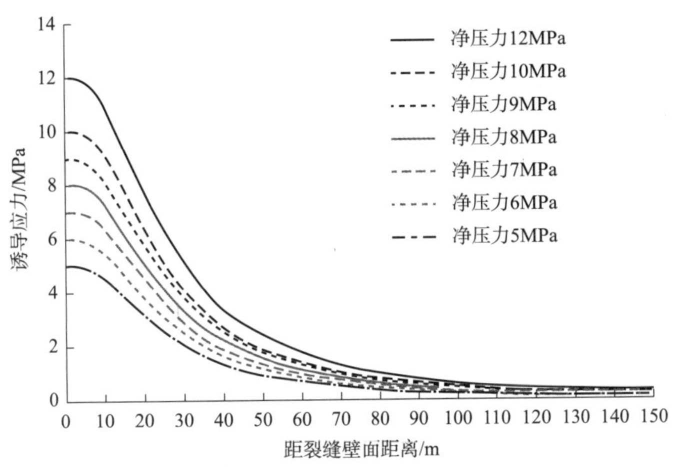

图2-2　水平井诱导应力大小与距裂缝壁面距离的关系曲线

关于应力阴影效应对裂缝扩展和施工压力的影响，国内外学者进行了大量的研究[4-6]。1998年Siebrits等研究了单条裂缝诱导应力干扰的问题；2004年Soliman和Adams运用解析法计算了多级裂缝的净压力和应力差，研究结果表明，增加裂缝条数和减小裂缝间距有助于提高产能；2004年Fisher通过微地震测试证明了多级横向裂缝间诱导应力干扰的存在；2008年Ketter等提出，当多级横向切裂缝同时延伸，应力阴影效应能够限制位于中间位置裂缝的延伸。

图2-3为Nicolas P. Roussel等[7]研究得到的水平井压裂应力方位反转区域示意图，即在两条压裂裂缝之间靠近井筒区域内存在两个地应力方位反转区，将最大主应力方位反转为最小主应力方位。这反映出：如果段间距太小，后一井段压裂时可能处于前一井段的应力反转区内，此时，压裂裂缝起裂时会发生转向和扭曲，导致施工压力异常高，这就是应力阴影效应。前人研究表明：应力阴影效应影响距离一般为缝高的1.5倍[8]，欲想避免其

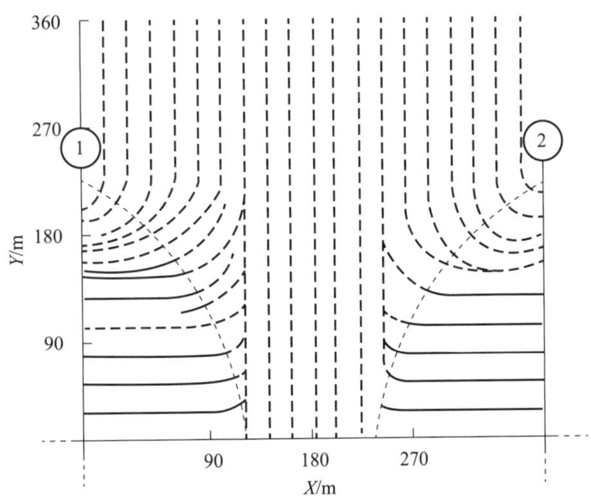

图2-3　水平井压裂应力方位反转区域示意图

影响，段间距设计须大于应力阴影效应影响距离。

二、多井多缝诱导应力场

对于水平井组压裂而言，因多口井和多条人工裂缝同时存在，其区域内的诱导应力场变化规律远比单一水平井复杂，通常建立数学模型来研究多井多缝诱导应力场[9,10]。丛式井组相邻两井的诱导应力场是影响布缝方式和压裂顺序的重要因素之一，欲要使丛式井组压裂形成复杂裂缝，提高改造体积，就要利用压裂过程中产生的诱导应力叠加效应来克服两向主应力的差异。研究认为，丛式水平井组的诱导应力场主要受布缝方式、压裂裂缝参数、井距等因素影响，分段压裂设计要充分考虑这些影响。一般建立双井多缝诱导应力预测模型来表征这种变化，其具体做法为：

1. 假设条件

水平井压裂施工作业时，井壁周围岩石的实际应力状态非常复杂，井眼内部作用有液柱压力，外部作用有原始地应力，岩石内部存在孔隙压力，压裂液由于压差向地层滤失引起附加压力，加上地层不均质和各向异性等因素，使得分析十分复杂。因此，基于致密砂岩储层的基本特性，在建立水平井分段压裂的力学模型时，做如下假设：

(1)地层岩石为各向同性体材料；

(2)裂缝表面为平面；

(3)岩体中流体为完全饱和，并且是不可压缩的；

(4)忽略渗流场中流体的惯性效应，流体重力可以作为一种体积载荷；

(5)忽略温度场变化对裂缝扩展的影响。

2. 建立模型

考虑水平井组中相邻井裂缝交错布置和压裂裂缝形态为椭圆形来建立二维平面应变模型，交错布缝和单一裂缝周围任意一点处诱导应力计算示意见图2-4。

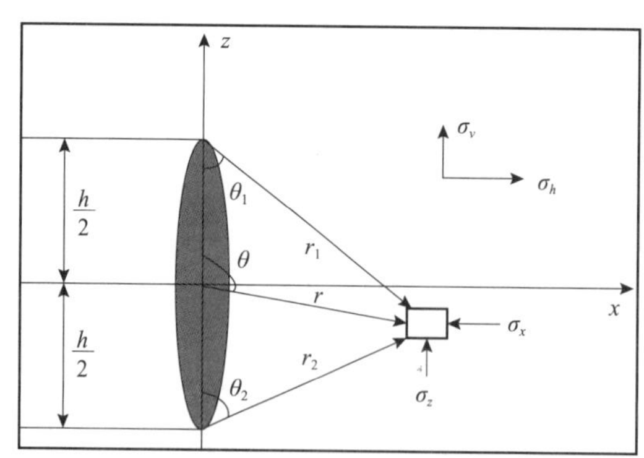

图2-4 裂缝周围任意一点处诱导应力计算示意

裂缝最大宽度可用式(2-1)表示：

$$w_0 = \frac{4(1-\nu^2)}{E}\Delta p(x) \tag{2-1}$$

裂缝内净压力可用式(2－2)表示：

$$\Delta p(x) = p(x) - \sigma_h \tag{2-2}$$

在人工裂缝周围，最小水平主应力方向产生的诱导应力最大，而最大水平主应力方向产生的诱导应力最小，裂缝周围任意一点处的诱导应力可用式(2－3)和式(2－4)表示：

$$\begin{aligned}\sigma_x &= p\,\frac{r}{c}\left(\frac{c^2}{r_1 r_2}\right)^{3/2}\sin\theta\sin\frac{3}{2}(\theta_1+\theta_2)\\ &\quad + p\left[\frac{r}{(r_1 r_2)^{1/2}}\cos\left(\theta-\frac{1}{2}\theta_1-\frac{1}{2}\theta_2\right)-1\right]\end{aligned} \tag{2-3}$$

$$\begin{aligned}\sigma_y &= -p\,\frac{r}{c}\left(\frac{c^2}{r_1 r_2}\right)^{3/2}\sin\theta\sin\frac{3}{2}(\theta_1+\theta_2)\\ &\quad + p\left[\frac{r}{(r_1 r_2)^{1/2}}\cos\left(\theta-\frac{1}{2}\theta_1-\frac{1}{2}\theta_2\right)-1\right]\end{aligned} \tag{2-4}$$

式中 w_0——裂缝宽度，mm；

E——弹性模量，MPa；

ν——泊松比；

$\Delta p(x)$——缝内净压力，MPa；

$p(x)$——井底压力，MPa；

σ_h——闭合应力，MPa；

σ_x——最小主应力方向诱导应力，MPa；

σ_y——最大主应力方向诱导应力，MPa；

P——地层压力，MPa；

r——任意一点到裂缝中心处的距离，m；

r_1、r_2——任意一点到裂缝尖端处的距离，m；

θ、θ_1、θ_2——夹角，(°)。

两井同步压裂人工裂缝形成过程中，井筒周围主应力场由原地应力场和人工裂缝产生的诱导应力场组成。根据叠加原理，两井之间任意位置处 i 的应力见式(2－5)：

$$\left.\begin{aligned}\sigma'_H(i) &= \sigma_H + \sum_{j=1}^{T-1}\sigma_x(i,j)\\ \sigma'_h(i) &= \sigma_h + \sum_{j=1}^{T-1}\sigma_y(i,j)\end{aligned}\right\} \tag{2-5}$$

式中 $\sigma'_H(i)$、$\sigma'_h(i)$——i 点处的复合应力分量；

$\sigma_x(i, j)$、$\sigma_y(i, j)$——第 j 条裂缝对位置 i 处产生的诱导应力分量。

(x, y, z)坐标系中正应力和剪应力分量见式(2－6)：

$$\left.\begin{aligned}\sigma_{yy} &= \sigma'_H(i)\sin^2\alpha + \sigma'_h(i)\cos^2\alpha \\ \sigma_{xx} &= \sigma'_h(i)\sin^2\alpha + \sigma'_H(i)\cos^2\alpha \\ \sigma_{xy} &= [\sigma'_h(i) - \sigma'_H(i)]\sin\alpha\cos\alpha\end{aligned}\right\} \tag{2-6}$$

式中 α——水平井方位角，(°)。

式(2－5)和式(2－6)构成了在 $x-y$ 平面上存在人工裂缝条件下水平井井筒周围应力场的数学模型。

3. 模型基本参数和处理方法

依据致密砂岩气藏有代表性的水平井组的部署及储层的岩石力学和地应力情况，模型基本参数设置为：水平井井筒方向与最小水平主应力方向一致，模型的长、宽分别为2000m 和 2000m，水平井井段长度为 1000m，两井间距离为 600m 和 700m，x 方向为最小水平主应力方向，y 方向为最大水平主应力方向；弹性模量为 18. 58GPa，泊松比为 0. 20。裂缝半缝长为 200m，宽度为 10. 8mm，缝间距 120m；最小主应力为 39MPa，最大主应力为 49MPa，两向应力差为 10MPa。

将应力边界条件设置为加载力，位移边界条件设置为初始条件，网格划分采用先定义模型的整体网格尺寸，然后在裂缝尖端及周围、井筒端部等局部网格细化加密，设置单元类型为 8 节点双二次平面应力四边形单元，最后对几何模型划分结构化网格。两井中间区域诱导应力受多裂缝的影响，采取线性叠加方式处理。按照上述方法建立的数学模型和采用的模型参数，在 ABAQUS 软件上建立模拟模型，可以计算分析不同参数条件下的诱导应力场特征。

4. 诱导应力场变化特性

(1) 布缝方式对诱导应力场的影响

从式水平井组上的多口水平井中相邻两口井之间的布缝主要有正对与交错两种方式(图 2－5)，布缝方式不同，裂缝控制的区域和压裂产生的诱导应力场各不相同。

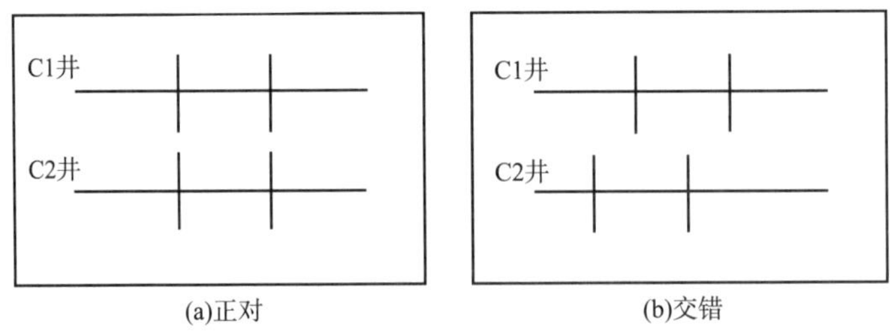

(a)正对　　(b)交错

图 2－5　从式水平井组正对与交错布缝方式示意图

利用上述模型模拟计算认为：在相同井距条件下，交错布缝产生的诱导应力值高于正对布缝，见图 2－6、图 2－7。井间距对诱导应力值影响大，井间距增加，两井间中间位置的诱导应力将大幅度降低。

交错布缝裂缝方位变化矢量由图 2－8 反映出，因诱导应力叠加的作用，在两井之间有一个明显的裂缝方位反转区域，使井与井之间的裂缝系统更加复杂。因此，交错布缝可增大波及面积，增加裂缝复杂性。

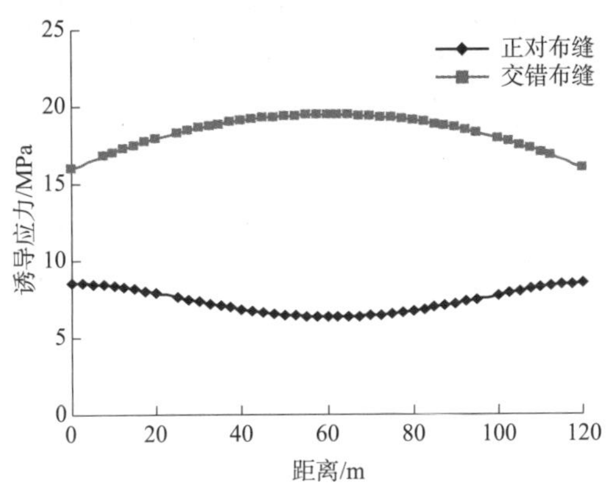

图2－6　正对和交错布缝诱导应力比较曲线(井距600m)

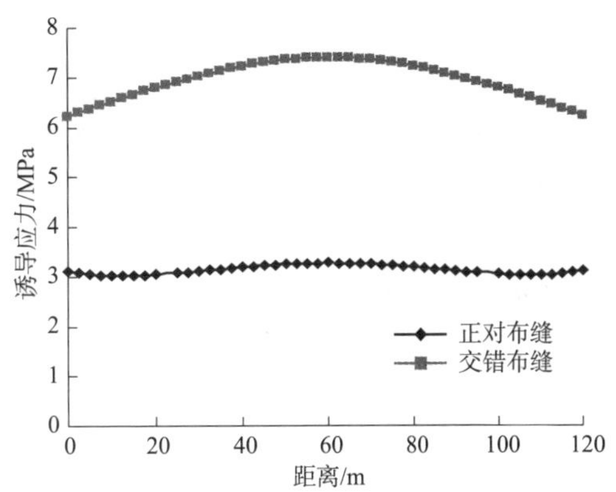

图2－7　正对和交错布缝诱导应力比较曲线(井距700m)

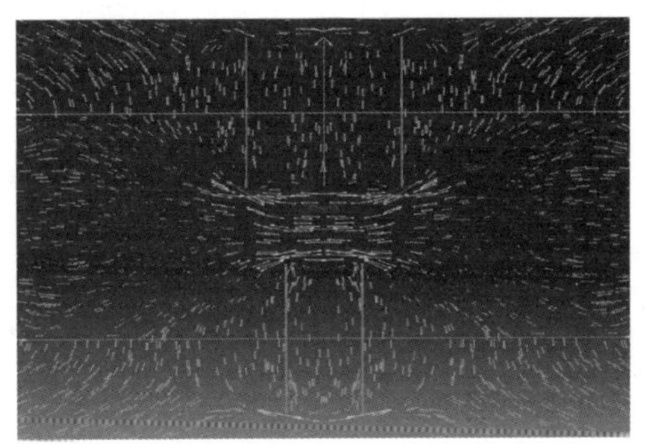

图2－8　交错布缝裂缝方位变化矢量

(2)压裂裂缝参数对诱导应力大小的影响

①裂缝长度(缝长比)对诱导应力大小的影响。图2－9为某水平井组井距600m，裂缝

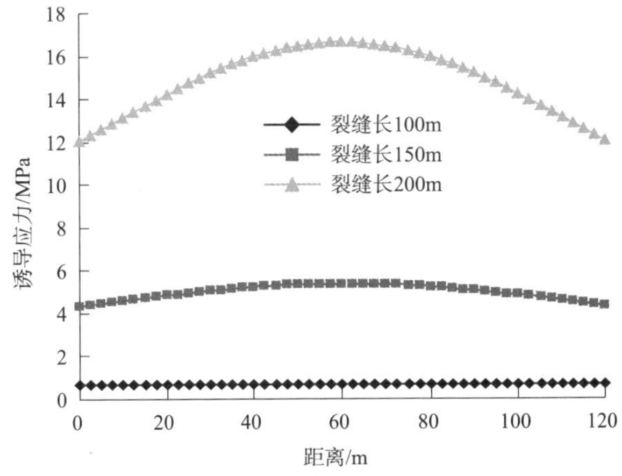

图2－9　不同裂缝长度下两井中间位置诱导应力变化曲线

交错布置与裂缝长度分别为100m、150m和200m等条件下的两井中间位置诱导应力大小变化曲线。由图看出，裂缝长度对诱导应力大小影响比较大，相同的裂缝长度增加值对诱导应力的影响是不相同的，缝长从150m到200m的诱导应力增加值远大于从100m增加到150m，这也说明两井间的裂缝越靠近，应力叠加作用越明显，当裂缝长度达到200m时，诱导应力超过了原始应力差。因此，要使两井间区域形成复杂的转向缝或次生裂缝，提高改造体积，缝长比(缝长/井距)应达到0.3以上。

②裂缝宽度对诱导应力大小的影响。交错布缝，裂缝长度为200m，裂缝宽度分别为3mm、6mm、10.8mm、15mm和18mm等5种情况下的两井中间位置诱导应力变化曲线见图2－10。由图可知，裂缝宽度的提高有利增加诱导应力值，当裂缝宽度为3mm时，两井中间位置处的诱导应力在5MPa以下，远小于地层的原始应力差，当两口井的裂缝宽度达到18mm时，两井中间位置处的诱导应力为20MPa以上。而水平井如果实施同步压裂，缝宽就会同步增加，当两口井的缝宽达到最大时，产生的诱导应力也达到最大。因此，同步压裂能大幅度提高诱导应力，使裂缝更加复杂，增加改造体积，是提高水平井组压裂效果的关键因素之一。

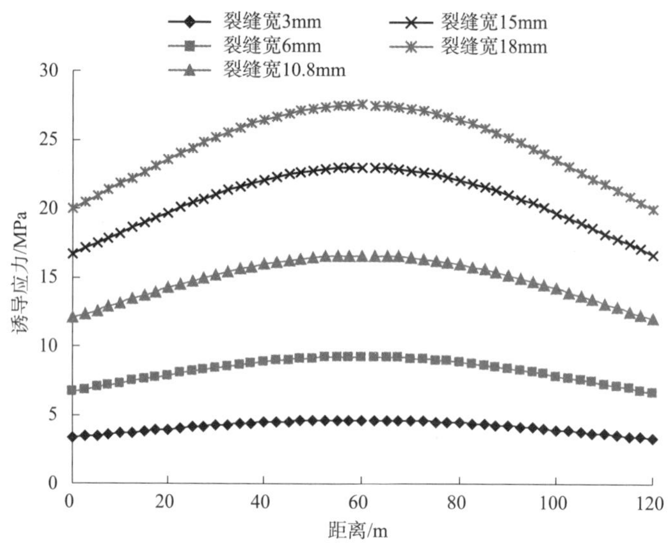

图2－10　不同裂缝宽度下两井中间位置诱导应力变化曲线

(3)水平井组井距对诱导应力场的影响

从式水平井组井距为600m和700m条件下，诱导应力场的变化情况见图2－11，由图说明，井距的变化对诱导应力影响较大，井距增大，两井中间位置处的诱导应力减小，井距从600m增加到700m，两井间中间位置的诱导应力减少约60%，当井距达到700m时最大诱导应力小于8.0MPa，低于初始两向应力差值。

图2－12所示的裂缝方位矢量图也表明，井距达到700m后，两井中间裂缝偏转减少，裂缝复杂程度降低。因此，欲使两井中间区域复杂化，不仅要优化设计裂缝参数，还要合理设置井距大小。

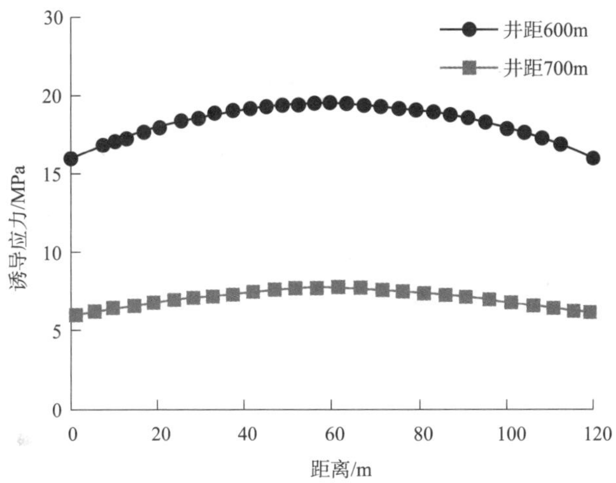

图2-11　不同井距下诱导应力变化曲线

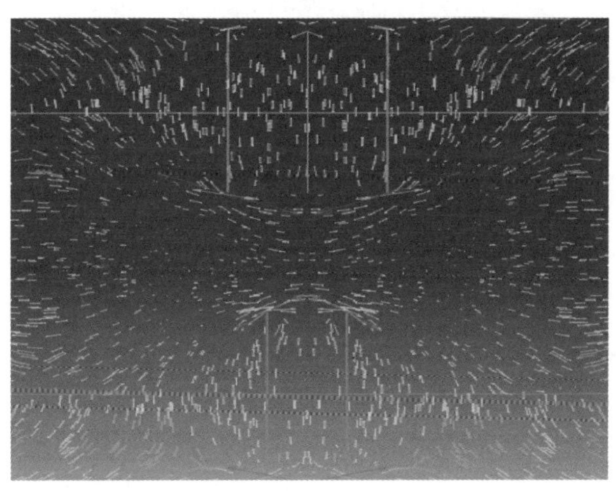

图2-12　井距700m裂缝方位变化的方位矢量图

综上说明，水平井组的诱导应力场较单井复杂，合理利用可为井组的布缝优化、提高压裂裂缝的复杂性提供基础理论支持。

通过以上分析，总体认识如下：

(1)水平井组压裂诱导应力场受布缝方式、裂缝长度、裂缝宽度、压裂顺序和井距等关键因素影响，但影响程度各不相同，两井中间位置处产生的诱导应力最大，裂缝复杂程度高；

(2)合理布置相邻两井的裂缝参数与井距，优化压裂顺序，实施拉链式压裂，可产生超过原始应力差的诱导应力，使裂缝转向，提高裂缝的复杂性、改造体积与效果；

(3)前期部署水平井组时要兼顾后期的压裂作业能力，使缝长、缝宽和每条裂缝的控制能力等与井组整体匹配，以获得较高的最终采收率。

第三节　水力裂缝形态

水平井水力裂缝形态是控制气体渗流区域大小和影响压后效果的因素之一，水平井分段压裂设计之前必须认识与预判，以供布缝优化设计与泵注程序优化之用。国内外学者采用室内物理模拟与现场微地震、测斜仪等裂缝监测手段研究了致密砂岩气藏水平井水力裂缝形态的变化规律[11]，结果表明，其水力裂缝形态与水平井水平段方位和最小主应力方位的夹角、天然裂缝发育程度及方位、水平两向应力差、压裂工艺等因素相关。具体为：

(1)当储层天然裂缝不发育，水平两向应力差较大，段间距较大，采用传统的单段单簇压裂工艺时，其水力裂缝形态相对单一，主要取决于水平井水平段方位和最小主应力方位的夹角。通常压裂形成三种较为单一的裂缝形态(图 2－13)，即横切裂缝、纵向裂缝和转向裂缝，其常见变化规律为：

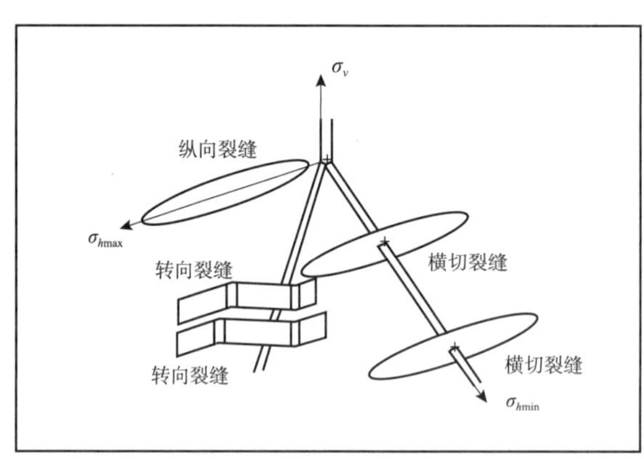

图 2－13　水平井压裂裂缝常见形态示意图

①水平井段方位与最小地应力方位的夹角小于 30°时，压裂形成横切裂缝；

②水平井段方位与最小地应力方位的夹角介于 30°～70°之间时，压裂形成转向裂缝；

③水平井段方位与最小地应力方位的夹角大于 70°时，主要形成平行于水平井筒的纵向裂缝。

(2)当储层天然裂缝发育，且方位与最小主应力方位夹角小于 60°，水平两向应力差较小，采用非常规的段内多簇压裂工艺时，将出现主裂缝和分支缝共存的复杂水力裂缝形态，主裂缝仍取决于水平井水平段方位和最小主应力方位的夹角，分支缝的复杂程度则受天然裂缝特性、压裂工艺产生的诱导应力大小及原始水平两向应力差影响。

因此，水平井分段压裂设计之前可以依据储层的天然裂缝特征、水平两向应力差、水平井段的方位和区域最小主应力方位的关系，以及压裂工艺可能产生的诱导应力大小来判断是单一压裂裂缝形态，还是复杂裂缝形态，为裂缝模拟和压裂优化设计提供基础依据，并在压裂施工过程中设计采用微地震、测斜仪或电位电磁法等技术手段来监测，以进一步评价本井或本区域水力裂缝形态，为完善压裂优化设计提供依据。

参考文献

[1]张海勇，何顺利，门成全．靖边气田难动用储量区水平井布井优化研究[J]．科学技术与工程，2013，13(1)：141－144.

[2]侯艳华．低渗透砂岩油藏水平井开发布井方式的实践认识[J]．民营科技，2017，1：139.

[3]胡纳川，何东博，郭建林，等．致密砂岩气藏水平井整体开发提高采收率——以长岭气田登娄库组气藏为例[J]．西安石油大学学报：自然科学版，2021，36(5)：55－62.

[4]韩春艳，朱炬辉，耿周梅，等．应力阴影在水平井水力压裂增产作业中的重要性[J]．天然气工业，2014，34(S1)：66－69.

[5]才博，唐邦忠，丁云宏，等．应力阴影效应对水平井压裂的影响[J]．天然气工业，2014，34(7)：55－59.

[6]曾顺鹏，张国强，韩家新，等．多裂缝应力阴影效应模型及水平井分段压裂优化设计[J]．天然气工业，2015，35(3)：55－59.

[7]Nicolas P. Roussel，Mukul M. Sharma. Optimizing Fracture Spacing and Sequencing in Horizontal－Well Fracturing[J]．SPE127986，2011.

[8]Ketter，A. A.，Daniels，J. L，Heinze，J. R，et al. A Field Study Optimizing Completion Strategies for Fracture Initiation in Barnett Shale Horizontal Wells[J]．SPE103232，2008.

[9]郭建春，周鑫浩，邓燕．页岩气水平井组拉链压裂过程中地应力的分布规律[J]．天然气工业，2015，35(7)：44－48.

[10]陈作，周健，张旭，等，致密砂岩水平井组同步压裂过程中诱导应力场变化规律[J]．石油钻探技术，2016，44(6)：78 83.

[11]Jon E. Olson，KanWu. Sequential versus Simultaneous Multi－zone Fracturing in Horizontal Wells：Insights from a Non－planar，Multi－frac Nonmerical Model[J]．SPE152602，2012.

第三章　水平井分段压裂优化设计

水平井或丛式水平井组的分段压裂设计是指导分段压裂工具、压裂液、支撑剂优选和现场压裂施工工艺设计，实现有效改造的关键环节，其技术方法及步骤与直井存在较大差异。本章将重点介绍设计原则、压裂设计关键参数与方法、布缝与裂缝参数优化及施工参数优化等。

第一节　压裂优化设计原则

水平井及丛式水平井组压裂改造目标为：使长水平井段得到分段改造，最大限度地动用缝控储量，获得有经济效益的最终可采储量(EUR)。其压裂设计原则与直井有所不同，主要有以下四方面：

(1)裂缝复杂化：致密砂岩气藏物性差、非均质性强，压裂裂缝控制的渗流半径有限，需要沟通天然裂缝或使压裂裂缝转向共同形成复杂的裂缝系统，增加气体低阻渗流通道。此外，对于丛式水平井组则要把井组中的所有井作为一个整体单元来考虑，充分利用多井诱导应力的叠加效应，使裂缝复杂化。

(2)改造体积最大化：致密砂岩气藏储层纵向上多呈多薄层分布，且水平段从 A 靶点到 B 靶点不同位置面临的纵向储隔层情况不尽相同，单一动用某一个小层难以实现高产与稳产。因此，压裂设计既要考虑横向上密切割改造，又要在纵向上充分利用相邻气层，实现立体穿层改造，使改造体积最大化，扩大渗流面积。

(3)技术可行性：水平井一般有上千米的水平井段长度，要实现水平段的彻底改造，不仅受水平两向应力差、天然裂缝、相邻含水层及储隔层应力状态等地层条件限制，而且水平井段穿行层位、砂体钻遇率、完井方式等也影响分段压裂技术的采用，分段压裂工具与材料性能、压裂装备能力等也制约压裂设计水平的发挥，除此之外，还要兼顾后期二次井筒作业。因此，压裂设计要综合考虑各种因素，制订切实可行的方案。

(4)经济可行性：水平井分段压裂是一项投入较大的增产措施，并不是压裂段数越多，产量就越高，经济效益就越好，要平衡投入与产出的关系，以获得最大经济效益为目标来设计压裂段数、簇数和压裂施工参数。

第二节 压裂设计关键参数与方法

一、压裂设计关键参数

水平井或丛式水平井组分段压裂设计主要包含储层与水平井眼评价、裂缝形态识别、布缝与选段选位、射孔参数、压裂施工参数、压裂规模、压裂工具与管柱、压裂材料、泵注程序等。要形成一个优化的压裂设计方案，确认准确的基础参数是关键。一般而言，要提供如下七类参数：

(1)压裂井参数。包括水平井段长度、钻遇砂岩长度、钻遇泥岩长度、气显示砂岩长度、井眼轨迹、穿行层位、井径、完井方式、井身结构、水泥返高、套管头强度、井组井距等。

(2)压裂目的层参数。包括：①地震解释的砂体纵、横向展布数据；②导眼井岩心分析的岩性、物性、天然裂缝、岩石力学参数，测井解释的岩石力学和最大、最小主应力数据以及储层纵向分布情况等；③水平井段录井、全烃显示及测井解释数据等。

(3)储层流体性能参数。包括：①气体的组分、密度、黏度、压缩系数以及 PVT 参数等；②地层压力系数与温度。

(4)压裂材料性能参数。包括：①压裂液的类型、基液黏度、流变性能、滤失性能、降阻性能、破胶性能以及伤害性能等；②支撑剂类型、粒径、密度、沉降速度、圆度、球度、酸溶解度以及不同闭合压力下的导流能力和渗透率等。

(5)分段压裂工具性能参数。已经发展成熟了裸眼封隔器多级滑套、固井无限级滑套、桥塞、连续油管带底封封隔器、水力喷射等系列化分段压裂工具，不同的分段压裂方式要确认相应压裂工具的性能参数，如裸眼多级滑套压裂，则需提供封隔器耐温、耐压差、尺寸与长度、球座级差，管柱外径和内径以及憋压球直径大小、密度等参数。

(6)压裂装备参数。包括：①压裂泵车最大功率、工作压力、泵注排量、最大砂浓度、比例泵排量参数等；②液氮泵车的最大功率、工作压力、泵注排量等；③连续油管的长度、尺寸、排量、工作压力等参数。

(7)经济评价参数。包括天然气价格、压裂液单价、支撑剂单价、压裂工具费用、压裂施工费用、液氮材料与泵注费用、连续油管作业费用以及排液试气费用等。

二、压裂设计方法

致密砂岩气藏采用水平井或丛式水平井组开发的目标为最大限度地动用井控储量，使最终可采储量最大化，要实现这个目标，则要求压裂改造后每条裂缝之间以及井与井之间没有死油区，且相邻井之间裂缝不串通，使井控与缝控储量均得到充分动用。因此，水平井分段压裂设计方法与直井有所不同，直井压裂重点考虑的是裂缝与地层的匹配性，设计关键参数为裂缝半长和裂缝导流能力，通常采用净现值(NPV)设计方法，即以获得最大净现值为目标来设计裂缝半长和裂缝导流能力。而水平井(井组)压裂不仅要考虑裂缝与地层的匹配性，还要考虑缝与缝之间的连通性，设计关键参数为段间距、簇间距、裂缝半长(缝长比)、裂缝导流能力、改造体积等，要综合采用油藏数值模拟、复杂裂缝模拟和诱导应力模拟等技术手段。油藏数值模拟主要模拟研究不同段间距、裂缝半长、裂缝导流能力对渗流场的影响，优化出合理的段间距、裂缝半长(缝长比)、裂缝导流能力。诱导应力模拟研究不同裂缝之间的诱导应力变化，依据需要对数值模拟研究的段间距进一步优化。裂缝模拟则分析实现每条裂缝长度、导流能力和裂缝复杂性的施工排量、液量、砂量、砂液比等参数或实现穿层压裂的可行性与相应参数。最后进行经济评价，以最大净收益确定裂缝条数、簇间距以及每条裂缝的长度(缝长比)、导流能力等。

第三节　水平井分段压裂裂缝参数优化

对于一口水平井或丛式水平井组，每口井压裂多少段以及每一段的裂缝参数如何设置是水平井分段压裂技术的核心。为了最大限度地动用井控储量，优化布缝条数、裂缝位置以及压裂裂缝长度(缝长比)、导流能力等裂缝参数尤为关键。总体上既要考虑渗流场，也要考虑诱导应力场，以获得最高采出和经济效益为目标实施优化。

一、水平井分段压裂渗流场特征

致密砂岩气藏相对于常规天然气气藏孔喉更细微，渗流规律更为复杂，水平井分段压裂后形成水力裂缝系统，将导致渗流复杂性进一步加剧。因此，对于压裂渗流场的认识是优化水平井裂缝布缝的前提[1,2]。

油藏数值模拟法是水平井分段压裂渗流场研究的基本方法，通过不同气层组储层和裂缝条件下的模拟计算，给出压裂裂缝之间压力场变化和流量分配特征，提供水力裂缝布缝的最基本原则。

1. 数值模拟模型建立

要研究水平井分段压裂后的渗流场特征，可以在某区块致密砂岩气藏一个区域的某个气层组设置一口水平井为研究对象，建立单井模拟模型，模型中流体为气、水两相，其中水处于束缚水状态。压裂裂缝方向与最大主应力方向一致，即矩形长的方向，并与井轴垂直。采用块中心划分网格，其中水力压裂裂缝是通过模型中局部网格加密和“等效导流能力”的方法来实现。

使用表3－1的地层流体参数计算出PVT参数，高低压黏度比与拟对比压力、拟对比温度关系图版，得到地层温度、地层压力条件下天然气黏度为0.0205mPa·s。地层压力为30MPa时天然气黏度为0.0260mPa·s。

表 3－1　PVT 参数计算表

气层	原始压力/MPa	原始温度/℃	气油比/(m^3/m^3)	凝析油密度/(g/cm^3)	压缩系数/(1/MPa)	偏差系数	气体密度/(g/cm^3)
H1	23.26	86	38500	0.7683	0.037233	0.9442	0.1562
气体黏度/(mPa·s)	相对密度	甲烷/%	烃类/%	氮气/%	二氧化碳/%	硫化氢/%	甲烷占烃类含量/%
0.0205	0.63	87.37	96.66	2.85	0.49	0	90.4

天然气体积系数计算：

由公式 $B_g=\frac{V_R}{V_{sc}}=\frac{ZTp_{sc}}{T_{sc}p}=\frac{273+t}{293}\frac{Zp_{sc}}{p}$ 可得：大气压条件下，B_g 为 1.0；地层压力条件下，B_g 为 0.0047；压力为 30MPa 时，B_g 为 0.00376。

水的 PVT 特性：30MPa 下黏度为 0.508mPa·s，体积系数为 1.009m^3/m^3。

储层有效渗透率取值为 $0.05\times10^{-3}\mu m^2$，相对渗透率数据采用区块某一气层组岩心分析结果，见表 3－2。

表 3－2　相对渗透率表

S_w	K_{rw}	K_{rg}
0.2483	0	0.4213
0.3046	0.0050	0.3539
0.3642	0.0090	0.2865
0.4238	0.0169	0.2247
0.4834	0.0285	0.1742
0.5400	0.0500	0.1250
0.6093	0.0787	0.0780
0.6589	0.1020	0.0451
0.7152	0.1348	0.0225
0.7748	0.1685	0.0056
0.8344	0.2079	0

原始地层压力、井底流压、生产压差等开发参数和工作制度取区块某一气层组数值，模拟时间为 3 年。

2. 水力裂缝设置

以水平段长 1200m 为例，每条裂缝长度和导流能力设定为恒定值，考虑裂缝等间距和非等间距设置，共设计 5 套方案来研究单一裂缝缝间渗流问题，不同布缝方式示意见图 3－1。

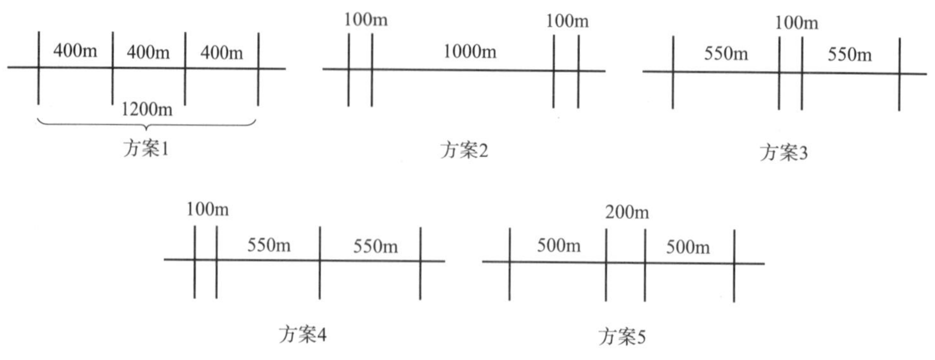

图 3－1 不同裂缝间距的布缝方案示意图

3. 缝间渗流特征

通过所建立的水平井压后产能预测模型计算的结果表明：

(1)不同裂缝间距对压裂水平井的产量有一定影响，在 5 套方案中，产量由低到高的排序为：方案 2 < 方案 3 < 方案 4 < 方案 5 < 方案 1；

(2)中间裂缝间距过大或过小均不利于气体产出，方案 2 和方案 3 产量较低，即中间裂缝间距大、两边裂缝间距小或中间裂缝间距小、两边裂缝间距大都导致了低产，这主要是由于裂缝之间存在相互干扰现象，中间区域的裂缝泄气面积有限，当裂缝区域压力下降波及两条裂缝间距的一半时，开始产生干扰，导致裂缝区域压力不断下降以及产气量降低；

(3)均匀等间距布缝产量最高，方案 1 采用了均匀等间距布缝方式，因渗流干扰少，产量较高(图 3－2)。

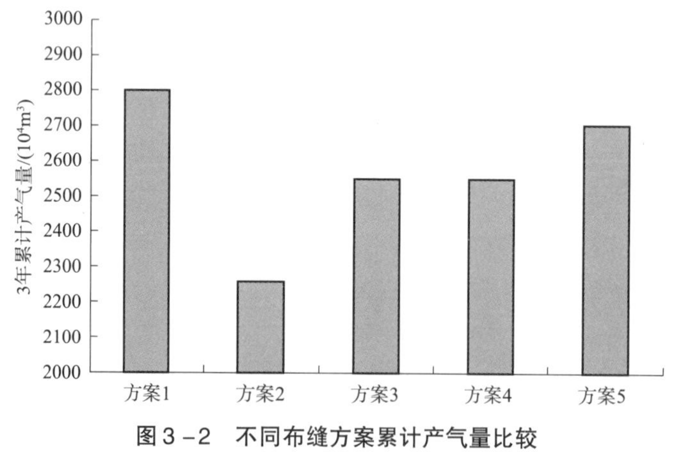

图 3－2 不同布缝方案累计产气量比较

方案 2、方案 3、方案 5 的压力场分布对比图(图 3－3 ~ 图 3－5)进一步表明：当两条裂缝靠近时，相互间的干扰作用相对明显；但是当等间距时，相互干扰作用相对小，产量也明显高于其他几种情况。因此，在裂缝条数一定时尽量保证等间距分布，以减少裂缝间的相互干扰。

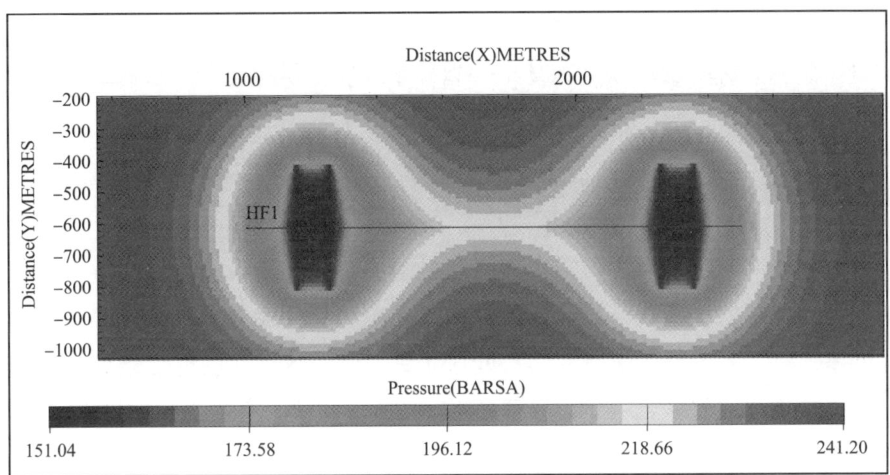

图3-3　方案2生产3年的压力场分布图

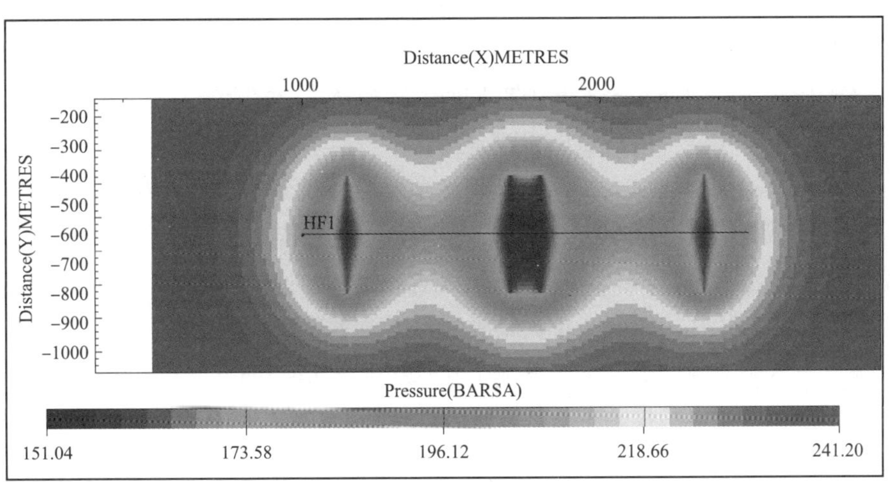

图3-4　方案3生产3年的压力场分布图

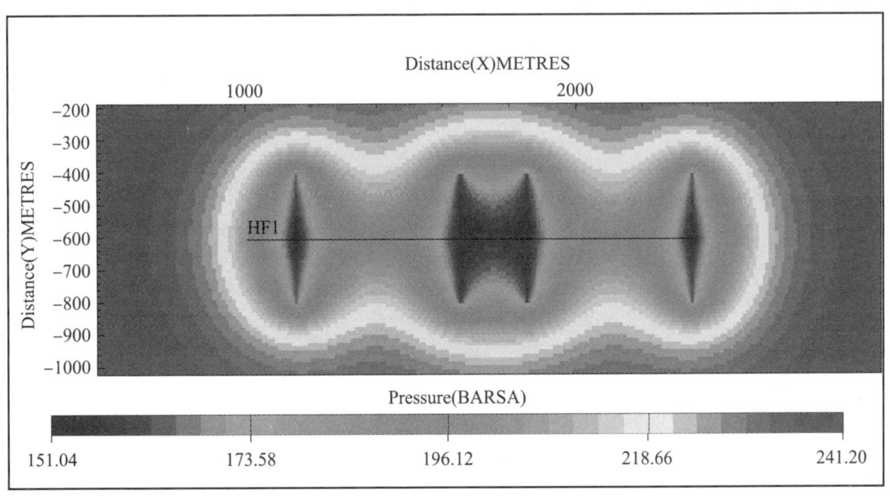

图3-5　方案5生产3年的压力场分布图

因此，水平井分段压裂缝间渗流场是影响产量的重要因素，当采用段内多簇压裂工艺技术形成复杂裂缝系统时渗流场更为复杂，裂缝布缝优化要综合考虑各种因素，以获得最佳收益。

二、单一水平井分段压裂裂缝参数优化

对于一口水平井，压裂多少段以及每一段的裂缝参数如何设置是水平井分段压裂优化设计的核心。布缝条数、裂缝位置以及压裂裂缝长度、导流能力等参数均是影响水平井产能的重要因素[3-7]。为了最大限度地动用井控储量，提高水平井产能，总体上既要考虑渗流场，也要考虑诱导应力场，以获得以最高累计产气量和经济效益为目标的优化裂缝参数。

1. 布缝优化

单一水平井分段压裂布缝优化主要包括裂缝间距(条数)、每条裂缝长度的配置关系以及导流能力等，下面以气藏中的一口水平井为例来说明其优化方法。

(1)裂缝间距优化

裂缝的间距是决定裂缝在水平井中贡献的关键因素。随着水平井分段压裂工艺技术的不断进步，理论上水平井可以压裂出无限条裂缝[8]，使裂缝间距无限小，但往往裂缝间距缩小到一定程度，渗流干扰加大，中间地带的地层流体受到两个方向相反的渗流驱动力，因此，在这片区域内形成一个“死油区”，并且该区域内所能采出的气是有限的，当达到束缚气饱和度时，就不会有气体流向裂缝，产量增幅就会变缓。如果考虑到最佳投入产出比，则存在一个相对优化的裂缝间距，裂缝间距优化通常采用油藏数值模拟方法。

对于某一区块某一气层组一定长度水平井段水平井裂缝间距的优化，一般设计不同的裂缝间距，通过油藏数值模拟，考察其对累计产气量的影响，确定合理的裂缝间距。以水平井段长度1000m为例，等间距分布裂缝，见表3-3。

表3-3　裂缝条数与缝间距对应表

裂缝条数/条	4	5	6	7	8	9	10	11	12
裂缝间距/m	327	245	196	163	140	123	109	98	89

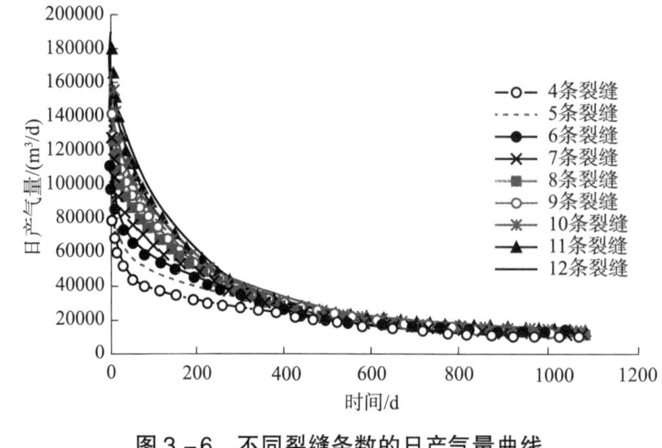

图3-6　不同裂缝条数的日产气量曲线

按照前述方法建立均质气藏模拟模型，每条裂缝长度和导流能力设定为恒定值，计算出不同裂缝条数下的日产量变化，见图3-6。再以裂缝条数或裂缝间距为横坐标，做出累计产气量随裂缝条数或裂缝间距的变化曲线，见图3-7。依据曲线斜率变化，定性给出最佳裂缝条数或裂缝间距。

由图3－8裂缝条数与产气量的定性分析图可知，在相同的水平井段长度下，裂缝条数越多，缝间距长度的差值就越小，而产量间的差值也随之减小，裂缝条数与产量并不是呈简单的正比关系，因为裂缝条数增加使得裂缝间距变小，且压后各条水力裂缝的流态为线性流和径向流并存的复杂流态，在生产一定时间后，水平井中多条裂缝间干扰加剧，从而影响到各条裂缝的产量。因此，本例中1000m水平段裂缝合理条数为9～11条，裂缝间距为100～110m。

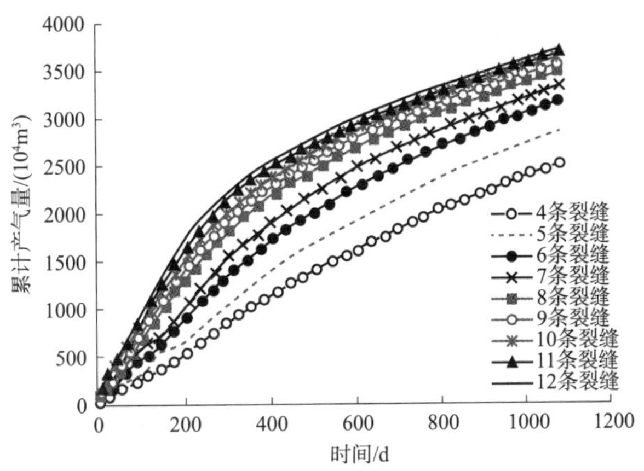

图3－7　不同裂缝条数的累计产气量曲线

虽然裂缝条数较多能加快气藏的开发速度，但盲目增大裂缝条数会导致成本大幅度增长。所以，对于具体的水平井，存在一个最优的裂缝条数值，这个最优值还要考虑压裂成本的影响，以经济效益最大化来最终确定压裂条数或裂缝间距。

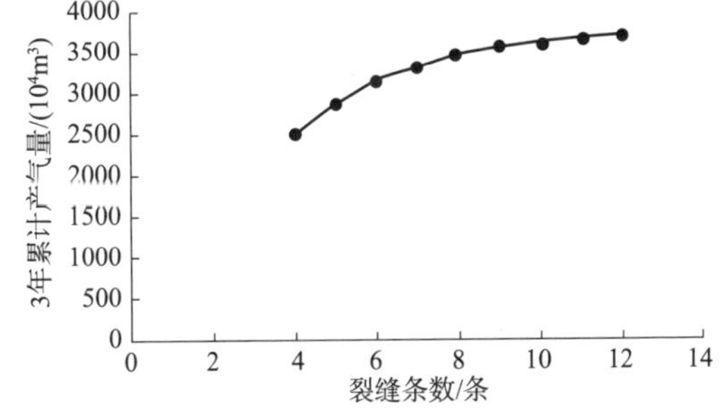

图3－8　裂缝条数优化定性分析图

(2)裂缝长度优化

人工裂缝长度通常用裂缝半长来表示，它是影响压裂水平井生产动态的一个重要因素。受气藏物性非均质性、沿水平井井筒方向上砂体展布以及每条裂缝贡献不同的影响，沿水平井井筒方向每条裂缝长度的设计应当有所差异，裂缝长度的优化对于提高单井产量和采收率至关重要。

油藏数值模拟是裂缝长度优化最基本的方法之一，可建立如前述的单井基本模型，将裂缝条数和导流能力设为恒定值，考察每条裂缝长度相同和不同条件下对产量的影响，以获得最高产气量或最佳经济效益的缝长为优化的缝长。

①裂缝长度等长条件下对产气量影响

图3－9和图3－10所示为不同裂缝半长条件下对水平井产能的影响曲线，图中显示，裂缝半长对压裂水平井产能的影响非常大，随着裂缝长度的增加，水平井的产能近似线性增加，但是当裂缝长度超过一定值后，增加的幅度明显减小。这是因为裂缝长度增加到一

定程度时，受到泄气面积和井间干扰的影响，产量增幅不断减小。考虑到经济及技术因素，对于具体水平井来说，在井间距、裂缝条数、储层渗透率及裂缝导流能力等参数一定时，存在最优的缝长。

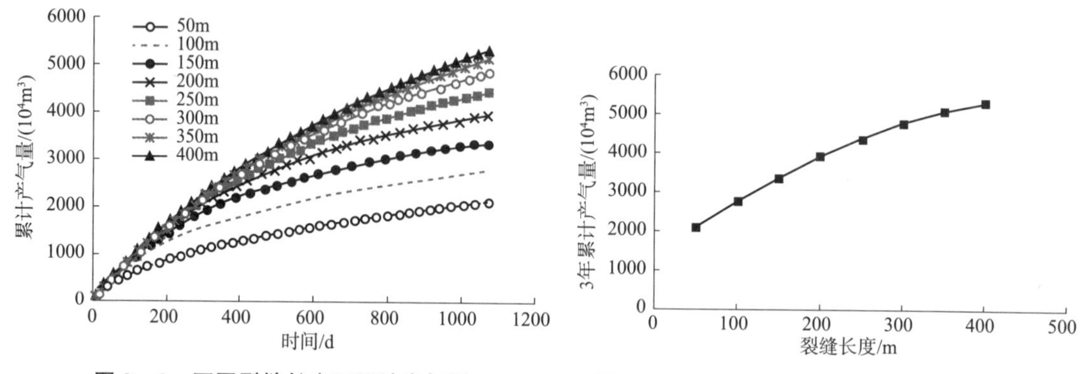

图 3-9　不同裂缝长度下累计产气量随时间的变化曲线

图 3-10　累计产气量随裂缝长度的变化曲线

②不同位置的裂缝对产气量的贡献

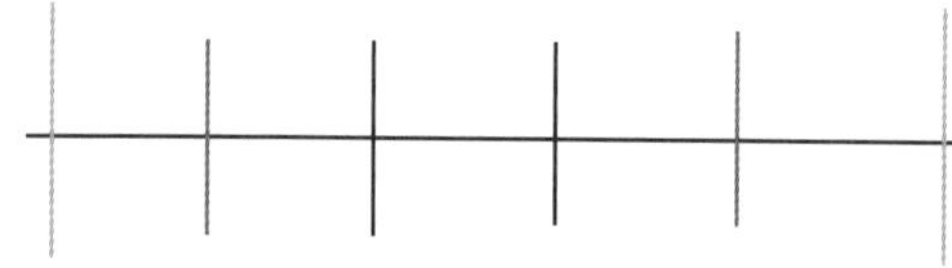

图 3-11　水平井不同位置缝长设置示意图

水平井中不同位置的裂缝所控制的渗流区域和所受的渗流干扰不同，其对产气量的贡献大小不一，以图 3-11 为例设置 6 条裂缝：2 条外裂缝、2 条次外裂缝、2 条中间裂缝。其不同位置裂缝对产量的贡献率研究结果见图 3-11。

结果表明，每条裂缝对产量的贡献率不同，两端裂缝对产量的贡献率最大，次外裂缝次之，中间裂缝贡献率最小(图 3-12)。

③裂缝长度的优化设计

上述研究表明，裂缝长度和裂缝在水平井段上的不同位置对产气量的作用是不同的，这意味着水平井分段压裂要优化每一条裂缝的长度，不能简单以等缝长来设计裂缝，应把趾部和跟部位置的裂缝设计为长缝，中间的裂缝长度可适当减小，可采取 U 形或 W 形布缝方式，以充分发挥每条裂缝的产气贡献。

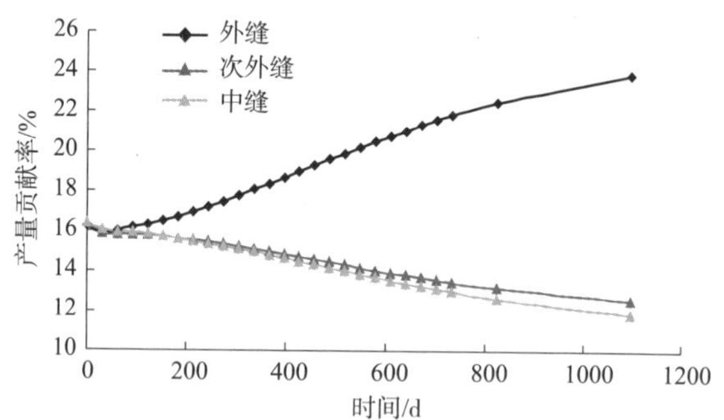

图 3-12　不同位置的裂缝对产量的贡献率曲线

(3)裂缝导流能力优化

裂缝导流能力是指裂缝渗透率与裂缝宽度的乘积。实践表明，裂缝导流能力是影响压裂水平井产能的敏感因素之一，致密砂岩水平井的高产与稳产要求裂缝具备一定的导流能力。裂缝导流能力优化常采用油藏数值模拟方法来进行。

在前述的单井数值模型中，可恒定裂缝长度和条数，分别计算不同裂缝导流能力下的水平井生产动态，得到3年时间内累计产气量与导流能力关系曲线(图3-13)，再以导流能力为横坐标，做出与3年累计产气量的关系曲线(图3-14)，作为优化裂缝导流能力的依据。

在图3-14中，存在导流能力的拐点值，由此说明，对于致密砂岩气藏来说，导流能力的增加对增产的贡献不是无限的，当导流能力增加到一定程度时，产量上升幅度很小，其拐点可作为产量优化的导流能力值，当然还要结合压裂成本优化出最经济的裂缝导流能力值。

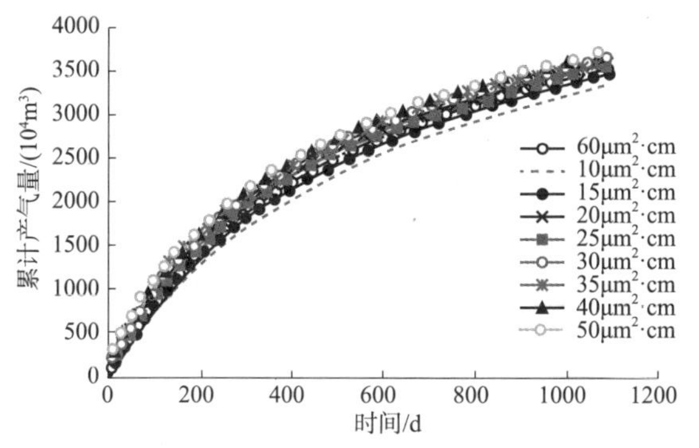

图3-13 不同裂缝导流能力下的累计产气量曲线图

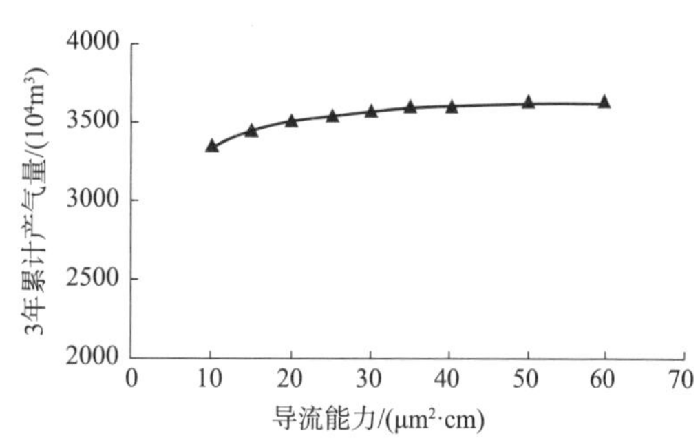

图3-14 累计产气量与裂缝导流能力关系曲线

2. 储层条件对裂缝参数优化结果的影响

不可否认的是，前述单一水平井布缝优化研究是在某一恒定储层条件下进行的，但不同致密砂岩气藏储层物性与厚度变化较大，对裂缝参数优化结果存在一定程度的影响。研究认为：储层渗透率对裂缝条数和导流能力优化结果的影响较为明显，不同渗透率和厚度的储层，压裂裂缝条数、缝长和导流能力要与之相匹配(图3-15、图3-16)。

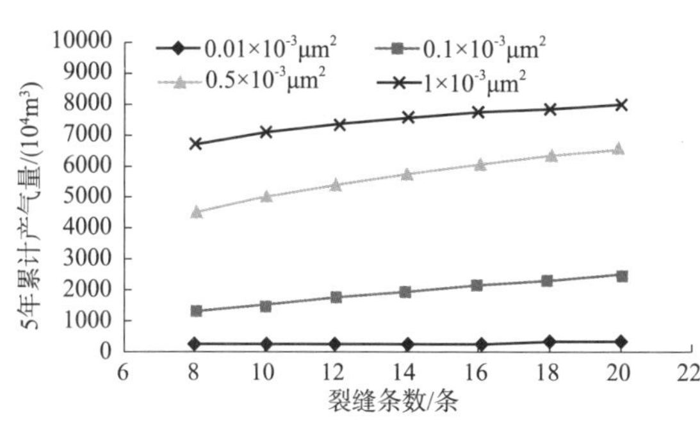

图3-15 储层渗透率对裂缝条数优化的影响

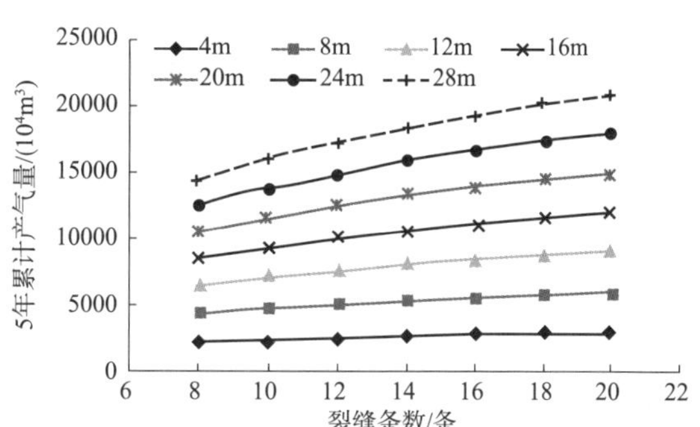

图3-16 储层有效厚度对裂缝条数优化的影响

为此，水平井分段压裂参数优化要综合考虑储层物性、厚度、水平井段长度等因素影响，不同区块、不同气层组和不同水平井的压裂裂缝参数不能直接借用邻区或邻井，必须做到一井一优化和一段一优化，真正践行一井一策和一段一策。

三、水平井组分段压裂参数优化

丛式水平井组具有可减少占地面积、共用钻完井设备、实施工厂化作业提高压裂施工效率和降低压裂作业成本等优势，国内外广泛采用平台式布井，一个平台多达数十口井。对于一个平台上的多口水平井，A、B 靶点附近和中间井段裂缝的作用各不相同，其压裂位置与裂缝规模直接影响井组控制面积、死油区的大小、压后效果和最终采收率；同时，相邻两井间的正对布缝、交错布缝方式也将影响最终采收率。因此，丛式水平井组分段压裂布缝优化与单一水平井有所不同，必须将井组作为整体来考虑井间与缝间参数的优化匹配关系，即优化布缝方式、缝长比等参数，尽量扩大井组裂缝控制面积，减少死油区，使采出程度最大化[9]。丛式水平井组中相邻井的布缝对于整个井组而言是影响最大的，因此，以平台中的相邻 2 口井来阐述裂缝参数优化方法。

1. 布缝方式优化

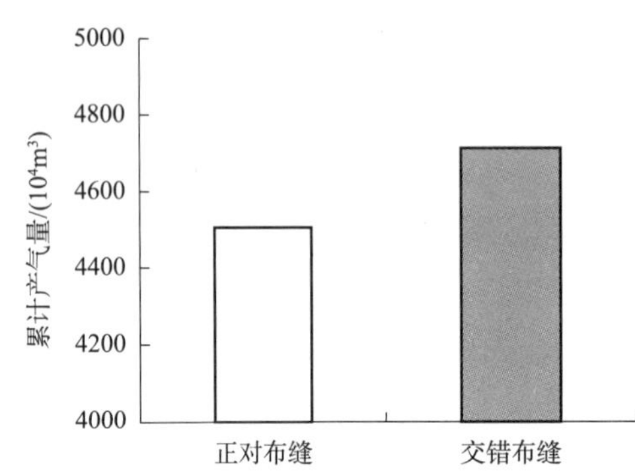

图 3－17　正对与交错布缝 3 年累计产气量柱状图（井距 600m）

水平井组布缝方式优化采用油藏数值模拟方法和应力场相结合的方法，抽取第二章中图 2－5 的两口井作为基本单元来研究，井距设定为固定值，两口井中的压裂裂缝以交错与正对布缝两种方式设置。研究认为：在相同储层条件、裂缝导流能力、缝长比和工作制度条件下，交错布缝产气量明显优于正对布缝，见图 3－17。

前述诱导应力场研究结果也表明：交错布缝将产生更高的诱导应力，且在两口井之间使应力方位发生反转，使裂缝复杂化。

在实际工作中，采用交错布缝的优势还在于压裂裂缝可以设置更长，将另一口井两条裂缝中间区域波及，从而提高渗流面积，同时避免正对布缝两口井容易压串的不利局面。为此，丛式水平井组应以交错布缝为好。

2. 缝长比优化

对于水平井组，通常定义缝长比作为裂缝长度设置的依据，缝长比是指裂缝半长与井距的比值。下面以井距为 600m、水平井段长度为 1000m 以及交错布缝为例来说明缝长比优化方法。井距为 600m 的水平井组不同裂缝半长下的缝长比对应见表 3－4。

表 3－4　缝长比对应表

缝长/m	300	250	240	220	200	150
缝长比	0.5	0.42	0.4	0.37	0.33	0.25

首先建立两口水平井交错布缝的油藏数值模型（图 3－18），模型基本参数、裂缝参数和工作制度等可以参照采用单一水平井数据，井距按实际参数设置，利用新建的双井双缝裂缝模拟模型来模拟计算不同缝长比、不同裂缝条数对累计产气量的影响并作如图 3－19 所示的曲线。

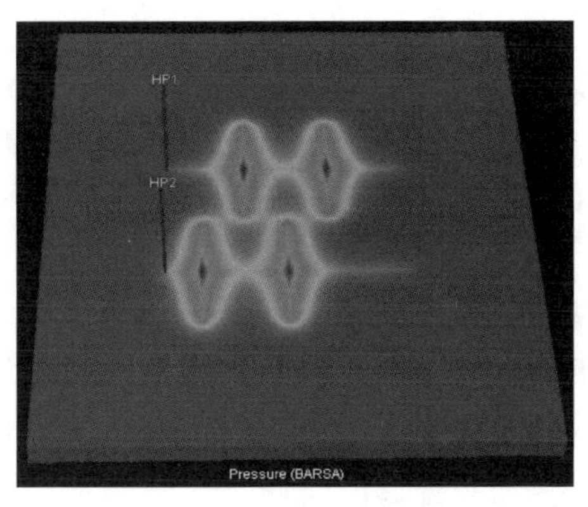

图3－18　水平井组裂缝模拟示意图

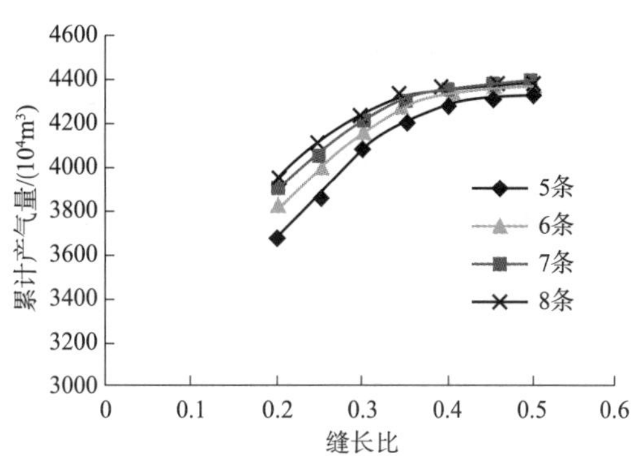

图3－19　不同缝长比和不同裂缝条数与累计产气量的关系曲线

可以发现，在一定的储层物性、水平井段和井距长度条件下，随缝长比的增加，累计产气量增加的幅度越来越小，缝长比存在拐点，超过这个数值后，对累计产气量影响不大，可以认为这个拐点是以累计产气量为目标的最优缝长比。在本例中，缝长比 0.4 为最优缝长比。

研究发现，储层渗透性变化同样影响缝长比优化结果，不同的渗透率存在一个优化的缝长比(图 3－20)。渗透率越小，缝长比对产量的影响越敏感，物性差的储层需要更大的缝长比来提高产量。因此，水平井组要依据各自储层条件来优化缝长比，以实现区域整体最佳的增产改造。

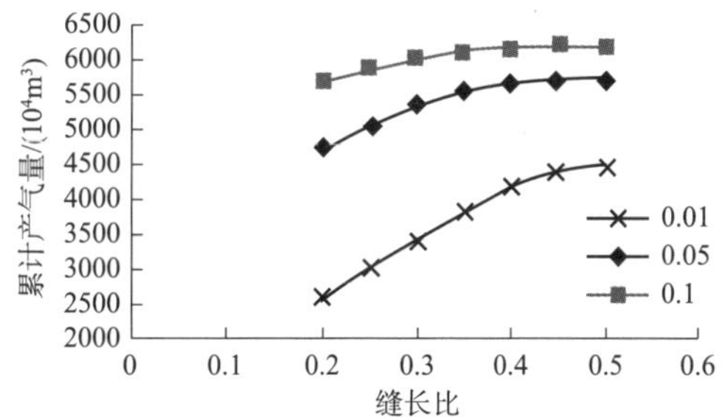

图3－20　不同渗透率对缝长比优化的影响

3. 裂缝导流能力优化

从式水平井组裂缝导流能力研究方法与单一水平井类似，即假定缝长比一定条件下模拟计算不同导流能力对压后产量的影响，绘制累计产气量随导流能力变化的曲线，依据曲线特征判断优化的导流能力值。从图 3－21 可以看出：随着裂缝导流能力的增大，产量逐渐增加，当导流能力为 20$\mu m^2 \cdot cm$ 时出现拐点。可以将裂缝导流能力 20$\mu m^2 \cdot cm$ 作为产量优化的导流能力。另外，还要进行经济优化，进一步确定最终导流能力值。

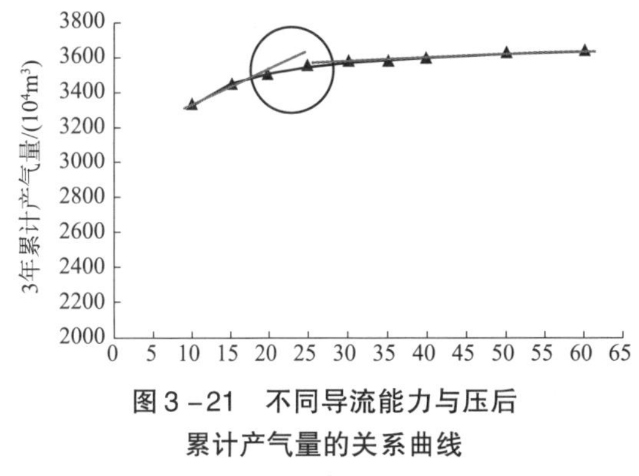

图3－21　不同导流能力与压后累计产气量的关系曲线

四、段内多缝优化

前面介绍的裂缝参数优化方法主要是针对均质储层段内单缝条件，鄂尔多斯盆地、四川盆地的致密砂岩属于河流相沉积，储层非均质性强，甚至存在阻流带。在此情况下，压裂形成的单一裂缝控制范围有限，必须在段内压裂形成多簇裂缝，提高缝控储量，以提高非均质致密砂岩气藏压裂效果。段内多缝优化主要优化簇间距，使裂缝在诱导应力和缝内净压力的双重作用下发生转向，使裂缝系统复杂化和天然气渗流通道最大化[10-13]。

1. 优化方法

致密砂岩气藏段内多簇主要采用渗流半径和诱导应力相结合的方法，利用渗流公式计算天然气在不同储层渗透率和压差下、不同时间内的渗流距离，再计算不同簇间距条件下的诱导应力，结合压裂过程中的缝内净压力，以缝控半径为主，兼顾可实现裂缝转向的诱导能力下的簇间距来优化合理的压裂簇数。具体方法与步骤如下：

(1)确定渗流距离

依据公式(3-1)计算不同渗透率和时间条件下天然气在基质中的渗流距离，定性判断缝控半径：

$$t=\frac{L^2\phi_m\mu}{1.2\times10^{-4}k_m\Delta p} \tag{3-1}$$

式中 t——时间，d；

L——距离，m；

ϕ_m——基质孔隙度，%；

μ——气体黏度，mPa·s；

k_m——基质渗透率，$10^{-3}\mu m^2$；

Δp——压差，MPa。

以基质渗透率 $0.5\times10^{-3}\mu m^2$、孔隙度10%、生产压差10MPa为例计算渗流距离，可以看到：仅依靠基质渗透，30d其渗流距离不超过5m。由此可见：致密砂岩气藏在没有压裂裂缝的情况下，在基质中渗流距离很短，必须在地层中建立人工裂缝系统，使天然气尽可能在裂缝中渗流，才可能获得高产。

(2)计算最大簇间距

采用裂缝模拟软件中的诱导应力计算模块计算不同裂缝间距和缝内净压力条件下的诱导应力，再结合两向应力差来确定合理的簇间距，以诱导应力能超过两向应力差时的裂缝间距为最大簇间距。如第二章中图2-2为裂缝间距为10~150m时距裂缝壁面不同距离处的诱导应力曲线，离裂缝越近，诱导应力越高，离裂缝越远，诱导应力越低，且在距离裂缝壁面某一特定位置后快速降低，通常把这个距离作为段内各簇的间距。

将渗流距离和诱导应力最大化的距离相结合，确定最优簇间距。在压裂过程中由于段内多簇的存在，可能会导致施工压力的增加，在压裂施工设计中要考虑这种因素的影响[14]。

2. 段内多缝对产量的影响

假设不同渗透率的水平井一个压裂井段内分别有3条裂缝和1条裂缝，压裂段长为80m，簇间距为20m，利用油藏数值模拟软件计算段内多簇和段内单簇对产量的影响。从比较结果来看，可得到如下认识：

(1)段内多缝较段内单缝累计产气量有较大幅度的提高(图3－22、图3－23)，致密砂岩气藏可采取页岩气油气体积压裂方式；

(2)基质渗透率大小影响段内多簇效果，渗透率越低，缝内多簇对提高压后效果越有利；

(3)致密砂岩气藏段内多簇压裂提升初期产量效果作用非常明显。

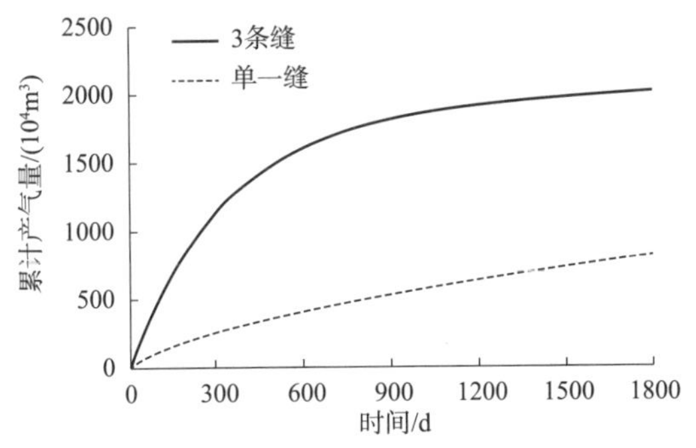

图3－22　段内多缝与段内单缝累计产气量曲线($k_e=0.001\times10^{-3}\mu m^2$)

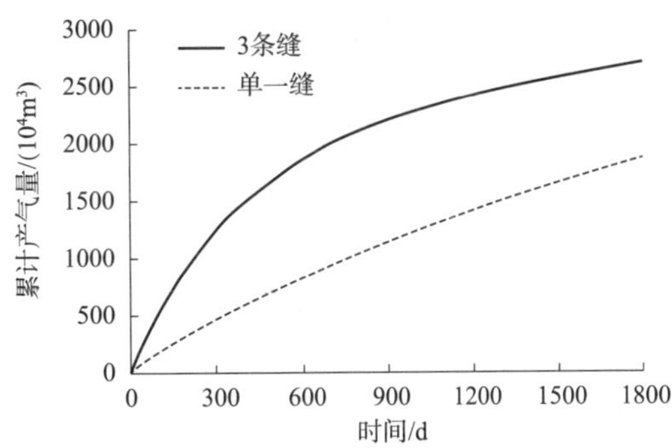

图3－23　段内多缝与段内单缝累计产气量曲线($k_e=0.01\times10^{-3}\mu m^2$)

总体而言，致密砂岩气藏段内多缝有利于提高压后效果，但其提高的倍数与渗透率大小有关，特别是对于非均质性强的储层，提产效果会更好。对于不同渗透率特性的储层，要优化段内裂缝的数量。

第四节　水平井分段压裂施工参数优化

水平井分段压裂施工参数优化是指在给定水平井井眼轨迹、穿行层位、水平井井段长度、全烃显示、完井方式等地质与工程条件下，借助水力裂缝模拟软件，设计出一套现场可执行的实现压裂设计目标的施工参数系统，主要包括：选段选位、压裂工艺、施工参数、压裂规模、压裂顺序等。

一、选段选位

致密砂岩气藏渗透性差，一般无自然产能或自然产能低，通常需在压裂位置形成高导流裂缝通道后方有产出气体，因此，水平井压裂段与裂缝起裂位置的选择对于气井的高产和稳产至关重要。

1. 选段选位原则

油藏工程师和压裂工程师往往依据“地质甜点”和“工程甜点”双甜点标准来确定压裂井段和裂缝起裂位置点。但因各个区块的地质与工程条件不同，难以用一套标准来做选择，一般依据如下原则选择：

(1)全烃和可动流体显示较好；

(2)天然裂缝及诱导缝发育;

(3)泥质含量低，脆性指数高;

(4)地层压力系数高;

(5)地应力梯度低，破裂压力梯度低;

(6)水平两向应力差异小。

2. 选段选位注意事项

依据现场压裂经验和水平井井眼实际轨迹情况，选段选位有以下事项需特别注意:

(1)一个压裂井段内储层物性、全烃显示和地应力尽可能相同，以提高裂缝改造的均衡性;

(2)不把测录井明确解释为泥岩或高含泥岩的泥砂岩段作为压裂井段，除非有确切资料表明井眼轨迹穿行在泥岩最边缘位置，泥岩可压开且可沟通到砂岩;

(3)对于裸眼完井和管外封隔器不固井完井，封隔器坐封位置要避开裂缝发育位置和井径扩大位置，避免封隔器不密封，无法实现段与段之间的有效封隔;

(4)采用多级滑套工具或水力喷射工具压裂的水平井，设计的滑套喷砂口位置或喷嘴位置要避开高含泥岩段，以免出现高施工泵压甚至压不开地层等不利情况。

二、分段压裂施工工艺优选

水平井有裸眼、套管、筛管或组合完井等多种完井方式，要依据分段压裂工具对水平井筒封隔的有效性和适应性以及实现设计的压裂裂缝参数选择不同的分段压裂施工工艺。

1. 水平井分段压裂施工工艺类型

要实现水平井中每条裂缝的彻底改造，对水平井筒的有效封隔是关键。水平井分段压裂施工工艺技术发展至今，封隔水平井筒的方法有三类：第一类是依靠封隔器的膨胀特性封隔地层或套管，包括遇油遇水膨胀式封隔器和压差水力扩张式封隔器；第二类是用砂塞或液体胶塞等暂堵材料封隔套管；第三类是基于伯努利原理，依靠水力负压作用封隔已压开井段。由此形成了表3－5所列的适应裸眼、套管与筛管等不同完井方式的水平井分段压裂施工工艺[15]。

表3－5 水平井分段压裂施工工艺表

封隔类型	分段压裂施工工艺	裸眼完井	套管完井	筛管完井
封隔器封隔	裸眼封隔器多级滑套分段压裂施工工艺	√		
	套管固井无限级滑套分段压裂施工工艺		√	
	连续油管带底封封隔器分段压裂施工工艺		√	
	管内封隔器多级滑套分段压裂施工工艺		√	
	双封单卡拖动管柱分段压裂施工工艺		√	
	泵送桥塞(易钻或可溶)分段压裂施工工艺		√	

续表

封隔类型	分段压裂施工工艺	裸眼完井	套管完井	筛管完井
负压封隔	拖动式水力喷射分段压裂施工工艺	√	√	√
	滑套式水力喷射分段压裂施工工艺	√	√	√
暂堵封隔	连续油管环空压裂砂塞封隔施工工艺		√	
	连续油管环空压裂液体胶塞封隔施工工艺		√	

2. 水平井分段压裂施工工艺优缺点

由于水平井储层条件、完井方式和压裂工具自身性能等因素的制约，各种水平井压裂施工工艺有其适应性，既有优点，也存在不足，选择何种压裂施工工艺要综合考虑储层条件、井筒条件、压裂裂缝设计参数要求和后期作业等各种因素。国内致密砂岩气藏应用较多的有裸眼封隔器多级滑套、套管固井无限级滑套、连续油管带底封封隔器、泵送桥塞和管内封隔器多级滑套等分段压裂施工工艺。表 3－6 列举了几种主体压裂施工工艺的优缺点，供压裂方案设计者选择时参考。

表 3－6　水平井分段压裂施工工艺的优缺点分析表

序号	施工工艺名称	优点	缺点
1	裸眼封隔器多级滑套分段压裂施工工艺	(1)自然选择甜点； (2)施工过程不动管柱； (3)工序少，施工快捷； (4)井下工具无须取出	(1)裂缝起裂位置无法控制； (2)压裂级数受限，施工排量受限； (3)工具内通径小，影响后期作业
2	套管固井无限级滑套分段压裂施工工艺	(1)施工过程不动管柱； (2)工序少，施工快捷， (3)可大排量施工； (4)井筒全通径	(1)滑套打不开风险大； (2)井筒与地层连通性受限，施工压力偏高
3	连续油管带底封封隔器分段压裂施工工艺	(1)可多簇射孔； (2)可定点压裂； (3)施工快捷； (4)压裂级数不受限制； (5)井筒全通径	(1)对套管头承压要求高； (2)深度定位易出现偏差； (3)施工排量受限； (4)砂卡封隔器风险相对较大
4	管内封隔器多级滑套分段压裂施工工艺	(1)可多簇射孔和定点压裂； (2)施工快捷； (3)压后工具可取出	(1)压裂级数受限，施工排量受限； (2)砂卡封隔器风险相对较大
5	泵送桥塞(易钻或可溶)分段压裂施工工艺	(1)可多簇射孔； (2)可定点压裂； (3)可大排量、大规模施工； (4)桥塞可钻除或溶解； (5)压裂级数不受限制； (6)井筒全通径	(1)对套管强度和套管头抗压要求高； (2)配套工序多，周期长； (3)套管直接承压，套变风险大

续表

序号	施工工艺名称	优点	缺点
6	水力喷射分段压裂施工工艺	(1)应用范围广，可用于裸眼、套管和筛管等不同完井方式； (2)可定点压裂； (3)井下工具串简单； (4)井筒全通径	(1)施工压力高，施工排量和加砂规模受限； (2)拖动管柱施工周期长； (3)砂卡管柱风险大； (4)深井、高压井应用难度大

三、射孔优化

泵送桥塞、连续油管带底封封隔器以及水力喷射等分段压裂施工工艺均须对套管进行射孔后再进行加砂压裂施工，因此，射孔簇数、间距、孔数、孔密、相位等参数均须依据储层条件和压裂工艺要求进行优化[10]。

射孔簇数和间距是影响诱导应力大小和裂缝复杂性的主要因素之一，可依据第二章所述的方法，先利用模拟软件计算不同簇间距对诱导应力大小的影响，以获得最大诱导应力的间距作为优化的簇间距，从而结合段长计算每一个压裂井段内的射孔簇数。

射孔孔数主要影响孔眼摩阻和裂缝起裂的均衡性[11]。因此，射孔总孔数要综合考虑孔眼摩阻不严重增大施工压力和裂缝均衡起裂对孔数的限制来确定。孔眼摩阻可以采用公式(3－2)计算。

$$P_{\mathrm{M}}=\frac{22.45Q^2\rho_{\mathrm{a}}}{N_{\mathrm{P}}^2d_{\mathrm{P}}^4C_{\mathrm{d}}^2} \tag{3-2}$$

式中 P_{M}——射孔孔眼摩阻，MPa；

Q——泵注排量，m^3/min；

ρ_{a}——压裂液密度，g/cm^3；

N_{P}——井下射孔总数(孔)，无因次；

d_{P}——射孔孔眼直径，cm；

C_{d}——孔眼流量系数，取0.8～0.9，无因次。

为使每簇射孔处裂缝均衡起裂，则要依据限流射孔原理进一步优化射孔孔数。限流量法就是依据水力学中的泊肃叶定律而提出的一种一次压开多个井段的分压技术，它是利用孔数的多少和孔眼直径的大小来保证各层段有大致相等的破裂压力，用套管所允许的最大排量进行压裂，迅速在井底建立起一个高于各个井段破裂压力的井底压力，从而一次性把所有射开的井段都压开裂缝。欲要发挥限流射孔作用，还应当满足以下条件[16]：①单孔流量必须大于200L/min；②总的孔眼摩阻必须达到4.9MPa以上。

为减少近井裂缝扭曲，一般采用孔密16孔/m、相位角60°等射孔参数。射孔位置则依据地质要求和避开套管接箍位置来确定。

对于泵送桥塞分段压裂施工工艺而言，若第一段没有与地层的联通通道，则需要采用油管传输、油管加压引爆射孔方式，4½″套管中油管传输射孔基本参数见表3－7。其他井段使用电缆泵送桥塞和射孔枪联作射孔，一般采用73枪、超深穿透弹、孔密16孔/m、相位角60°等射孔枪弹和参数，射孔孔径≥8.0mm，穿透深度≥550mm。

表3－7　油管传输射孔基本参数

枪型	弹型	孔密/(孔/m)	射孔数/孔	相位/(°)	孔径/mm	穿深/mm
73	SDP32RDX18－1	16	16	90	8	690

四、压裂施工参数优化方法

施工排量、前置液百分数、砂量、液量、平均砂液比等施工参数是现场压裂施工遵照执行的依据。压裂施工参数的确定不仅与地层特性息息相关，也与压裂施工工艺及工具性能密不可分，不同压裂施工工艺要分类优化确定各自工艺参数。施工排量受多种因素影响，除考虑缝高扩展、裂缝复杂性等因素外，还与井口限压、压裂液摩阻、井下工具与管柱等相关。前置液百分数、砂量、液量、平均砂液比等参数主要取决于地层条件。因此，施工排量主要依据不同分段压裂施工工艺及管柱分别优化，前置液百分数、砂量、液量、平均砂液比等参数则依据地层特性和人工裂缝要求来确定。

1. 施工排量优化方法

施工排量主要影响压裂液携砂、施工压力、裂缝复杂性及几何形态，合理的施工排量确定要综合考虑这些影响因素。分段压裂施工工艺不同，施工排量的计算方式不同，以下从满足施工限压的角度介绍三种分段压裂施工工艺的施工排量计算方法。

(1)裸眼封隔器多级滑套分段压裂井施工排量设计

以鄂尔多斯盆地常用的6″裸眼水平井预置4½″套管带管外封隔器和多级滑套，再回接3½″或4½″压裂管柱为例计算井口施工压力，其井口施工压力计算公式为：

$$P_W = P_B - P_H + P_F + P_M + P_J \tag{3-3}$$

式中　P_W——井口压力，MPa；

P_B——井底压力，MPa；

P_H——静液柱压力，MPa；

P_F——管路摩阻，MPa；

P_M——孔眼摩阻，MPa；

P_J——球座节流摩阻，MPa。

以储层垂深3000m、水平井斜深4500m，压裂液降阻率按70%考虑来计算3½″和4½″两种尺寸压裂管柱施工压力与排量的关系，得到表3－8所示的井口施工压力与排量的关系，再依据井口限压值将施工限压下的排量作为相应施工工艺和管柱条件下施工排量的上限，但确定施工排量还要考虑留有一定的压力窗口，便于施工中的调整。

表3-8 井口压力与排量关系

施工管柱尺寸	裂缝延伸压力梯度/(MPa/m)	不同施工排量下的井口压力/MPa						
		3.0	4.0	5.0	6.0	7.0	8.0	9.0
3½″	0.016	31.8	41.6	53.9	71.0	85.7	102.9	127.4
	0.018	37.5	47.3	59.6	76.7	91.4	108.6	133.1
	0.020	43.2	53.0	65.0	82.4	97.1	114.3	138.8
4½″	0.016	20.8	23.1	25.7	30.6	34.3	37.9	41.6
	0.018	26.5	28.8	31.4	36.3	39.9	43.6	47.3
	0.020	32.2	34.5	37.1	42.0	45.7	49.3	53.0

(2)泵送桥塞分段压裂井施工排量设计

致密砂岩气藏泵送桥塞分段压裂井一般采用4½″和5½″两种尺寸套管完井，采用套管注入方式，若考虑全程液氮助排，其井口压力计算公式为：

$$P_W = P_B - P_H + P_F + P_M + P_Y \tag{3-4}$$

式中 P_Y——液氮摩阻，MPa。

先依据公式计算井口施工压力随施工排量的变化(表3-9)，再依据套管的抗压强度、井口限压、多簇射孔的单孔流量和缝内净压力等多种因素综合分析确定。

表3-9 井口压力与排量关系

施工排量/(m^3/min)	孔眼摩阻/MPa	近井筒摩阻/MPa	压裂液摩阻/MPa	液氮摩阻/MPa	井口压力/MPa
5.5	4.3	3	8.3	5	42.4
6.0	5.1	3	9.5	5	44.4
6.5	5.9	3	10.7	5	46.4
7.0	6.7	3	11.8	5	48.3
8.0	8.3	3	13.0	5	51.1
9.0	9.9	3	14.3	5	54.0
10.0	11.7	3	15.7	5	57.2

(3)连续油管带底封封隔器分段压裂井施工排量设计

连续油管带底封封隔器分段压裂施工工艺要求水力喷射射孔和环空加砂压裂连作，因此，既要通过连续油管注入含砂液喷砂射孔，又要环空注入压裂液进行加砂压裂，即要优化确定连续油管施工排量和环空施工排量。

①连续油管施工排量优化。现场一般采用2″(外径50.8mm)连续油管进行喷砂射孔，在套管与连续油管的环空加砂过程中连续油管以低排量维持管内压力。喷砂射孔时的井口压力计算公式为：

$$P_W = P_B - P_H + P_F + P_J \tag{3-5}$$

式中 P_J——喷嘴节流摩阻，MPa。

喷砂射孔时施工排量的选择不仅要满足井口限压的要求，而且喷嘴出口流速要达到130m/s以上。

②环空施工排量优化

压裂施工时环空压力计算公式为：

$$P_W = P_B - P_H + P_F + P_M + P_h \tag{3-6}$$

式中 P_h——连续油管回压，MPa。

正式压裂施工时，环空注入的排量要同时考虑井口限压和携砂液对连续油管的冲蚀，要控制施工排量在一个合理范围内。连续油管与不同直径套管的环空允许的最大排量参考表3-10。

表3-10 1.75″连续油管与不同直径套管的环空允许的最大排量

套管尺寸/(″)	最大环空排量/(m^3/min)	套管尺寸/(″)	最大环空排量/(m^3/min)
3½	1.7	5½	5.7
4½	4.0	7	8.7

环空注入的同时连续油管要维持约0.2m^3/min的排量来平衡管外压力，以保护连续油管。

(4)水力喷射分段压裂井施工排量设计

水力喷砂分段压裂一般分为喷砂射孔和加砂压裂两个阶段，喷砂射孔过程中油管内注液，加砂压裂过程中以油管注液、环空补液为辅。喷砂射孔时的井口压力计算公式为：

$$P_W = P_F - P_H + P_J \tag{3-7}$$

对于致密砂岩气藏水平井，一般采用3½″或2⅞″油管作为压裂管柱计算井口压力和射流速度随排量的变化(表3-11)，将同时满足限压和射流速度的排量作为喷砂射孔排量。

表3-11 井口压力、射流速度与施工排量的关系

排量/(m^3/min)	1.5	2.0	2.5	3.0	3.5
油管压力/MPa	18.56	33.57	49.91	69.09	91.03
射流速度/(m/s)	147.44	196.59	245.73	294.88	344.03

正式压裂施工时油管和环空同时注入，环空补液控制井底压力小于已压开井段的裂缝延伸压力。因此，环空与油管压力分别设计，计算公式如下：

环空压力计算公式： $$P_C = P_B - P_H + P_{F(环空)} + P_M \tag{3-8}$$

油管压力计算公式： $$P_W = P_B - P_H + P_{F(油管)} + P_J \tag{3-9}$$

油管排量综合考虑井口限压和射流速度确定，环空施工排量则同时考虑套管头承压和井底延伸压力来确定。

油管压力和环空压力与施工排量的关系见表3－12。

表3－12　油管压力、环空压力与施工排量的关系

油管施工排量/(m^3/min)	1.5	2.0	2.5	3.0	3.5
油管压力/MPa	33.68	46.96	61.05	77.46	106.85
环空压力/MPa	17.81	18.03	18.26	18.48	18.85

2. *前置液百分数优化方法*

前置液是建造好宽度足够的裂缝便于支撑顺利充填的关键载体，前置液过多会造成液体的浪费，也会引起对储层更大的伤害。理想的前置液量是指当停泵时前置液刚好滤失完，或考虑停泵后由于岩石的特性裂缝继续延伸一段距离，当裂缝不再延伸及支撑剂停止移动时前置液刚好滤失完，此时的裂缝支撑缝长等于动态缝长，裂缝有效支撑程度最高，此时的前置液量是最佳的。

理想的前置液百分数计算式如下：

$$PAD=\frac{1-\eta}{1+\eta} \tag{3-10}$$

式中　PAD——前置液百分数,%；

η——压裂液效率，小数。

压裂液效率是指停泵时的裂缝体积与压裂液总注入量的比值。一般由小型测试压裂获得。如没有小型测试压裂结果，则由式(3－11)计算压裂施工过程中的滤失量。

Crawford 提出了更为精确的考虑了初滤失情况下的每个裂缝面上的滤失量 V_s 为：

$$V_s=A\cdot(0.75C_t\cdot T^{0.5}+S_{purt}) \tag{3-11}$$

式中　A——单翼裂缝面积，ft^2；

V_s——每个裂缝面上的滤失量，ft^3；

S_{purt}——压裂液的初滤失量，ft^3/ft^2。

由式(3－11)可计算出停泵时的滤失量，再由注入总量可获得压裂液效率。

实际施工之前，由于对压裂液效率数据无法掌握，因此，常用支撑裂缝与动态缝长比值(以下简称动态比)来确定前置液百分数。裂缝动态比越高，说明前置液利用效率越高，施工风险也越大；反之，裂缝动态比越低，说明进入地层的前置液越多，施工风险越小。通常情况下，动态比取值为0.85～0.9，一方面保证了施工的安全，另一方面尽可能降低前置液的用量，减少对地层的伤害。

储层综合滤失系数影响动态比，在相同前置液百分数条件下，综合滤失系数越高，动态比越高(表3－13)。因此，在高滤失地层要相应增加前置液百分数，反之亦然。

表 3－13 不同储层滤失系数下的动态比

综合滤失系数/(m/min$^{0.5}$)	前置液百分数/%	造缝长度/m	支撑长度/m	动态比
5.0×10^{-4}	30	218.4	201.8	0.92
	35	228.6	204.6	0.89
	40	235.3	202.4	0.86
	45	241.8	200.3	0.83
7.0×10^{-4}	30	201.2	188.6	0.94
	35	214.2	196.6	0.92
	40	221.9	198.2	0.89
	45	230.9	198.4	0.86
	50	240.7	196.7	0.82
9.0×10^{-4}	35	192.8	180.6	0.94
	40	205.2	189.4	0.92
	45	218.5	196.7	0.90
	50	230.4	198.5	0.86
	55	239.6	197.0	0.82

3. 平均砂液比优化方法

平均砂液比的大小直接影响裂缝内支撑剂铺置浓度，进而影响裂缝的导流能力大小，其数值的确定主要依据不同支撑剂铺置浓度与导流能力的相互关系，由铺置浓度再确定平均砂液比，如图 3－24 所示，某区块匹配的裂缝导流能力为 25μm^2·cm，利用压裂模拟软件得到此导流能力下的加砂浓度为 300kg/m^3，则对应的平均砂液比为 17%。

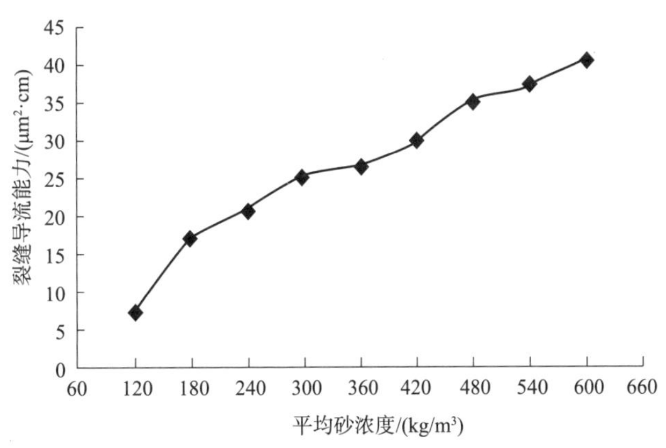

图 3－24 裂缝导流能力与平均砂浓度的关系

4. 加砂规模优化方法

加砂量的多少直接影响到裂缝几何尺寸、铺置浓度与导流能力。加砂量太小不能起到提高裂缝产能的目的；加砂量太大，一方面影响到安全施工，另一方面造成施工材料的浪费，达不到最优的目标。因此，加砂规模优化主要以某区块或某井优化出的裂缝长度、导流能力或改造体积为目标，通过 FracProPT、Stimplan、MFrac 等裂缝模拟软件做出多个方案，从而确定合理较优的加砂规模。通常做出支撑缝长、支撑缝高、平均铺砂浓度等随加砂量的变化曲线(图 3－25 和图 3－26)，以增幅变缓处的加砂量作为优化的加砂量，或进一步进行产量模拟和经济评价，以获得最高净收益处的加砂量作为最优值。

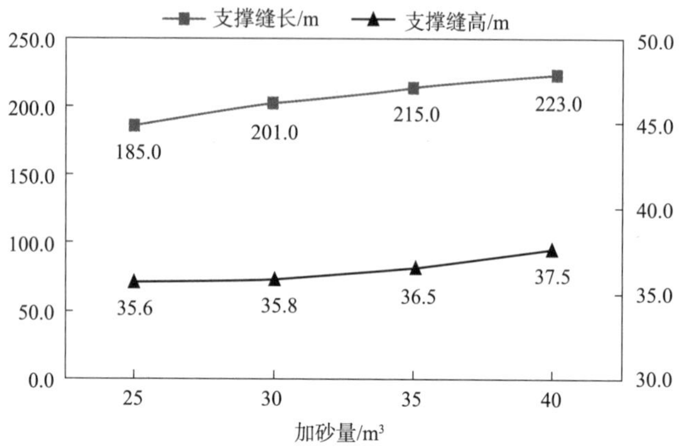

图 3－25　加砂量与支撑缝长及缝高的关系

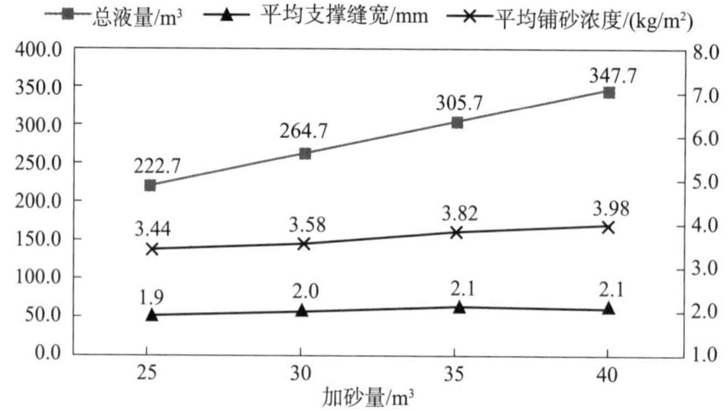

图 3－26　加砂量与总液量、平均支撑缝宽、平均铺砂浓度的关系

5. 丛式水平井组压裂顺序优化

一个丛式水平井组有多口水平井，这些井是采用逐口井压裂的方式还是相邻井同步压裂的方式对于现场施工组织和形成复杂裂缝提高体积均直接相关[17]，至于采用何种压裂顺序，主要取决于不同压裂顺序下的诱导应力大小。

(1)不同压裂顺序下的诱导应力大小

水平井每个井段的压裂裂缝在压裂施工过程中的宽度是不断变化的：泵注开始后，裂缝宽度迅速提高；达到一定时间后，宽度提高的幅度变小；停泵后，裂缝宽度逐渐降低，完全闭合后达到最低。而裂缝宽度是影响诱导应力大小的最关键因素，第二章中图 2－10 的曲线表明：裂缝宽度越大，诱导应力越高，当两口井的裂缝宽度同时达到最大时，两井中间位置处的诱导应力最大，远远超过地层的原始应力差，形成复杂裂缝的概率大大增加。当裂缝宽度同时为最小时，两井中间位置处的诱导应力也最小，远小于地层的原始应力差。因此，压裂过程就是一个诱导应力从小到大再变小的变化过程，当两口井的缝宽达到最大时，产生的诱导应力也达到最大，即两口井同步压裂可以产生最大的诱导应力，使裂缝更加复杂，增加改造体积。因此，丛式水平井组最好采取同步压裂方式。

(2)压裂顺序优化

当一个丛式水平井组中同侧有3口井以上时，压裂施工就存在一个顺序的问题，不同的压裂顺序对诱导应力有很大的影响。图3－27为一个6口井的丛式井组，分析认为有5种压裂顺序，即①从1→2→3→4→5→6逐口井压裂；②1、2(同步压裂)→3、4（同步压裂)→5、6(同步压裂)；③先压1井→3、5(同步压裂)→2→4、6(同步压裂)；④先压3井→1、5(同步压裂)→4→2、6(同步压裂)；⑤1、3、5（同步压裂)→2、4、6（同步压裂)。显然，方案1和方案2不会对诱导应力带来大的影响，方案5无疑是对诱导应力影响最大的，对于方案3和方案4，是先压中间的井再压两边的井，还是先压一边的井再压相邻的两井，是研究的重点。研究表明：如果先压中间的井再压两边的井，由于中间井压完后，裂缝闭合后宽度变小，同时两边的井距离太远，即使两边的井同步压裂产生的诱导应力也大大减少，对形成复杂裂缝不利；而先压一边的井再同步压相邻的两井，则相邻的两井间会产生高的诱导应力，提高了裂缝的复杂性与改造体积[18]。

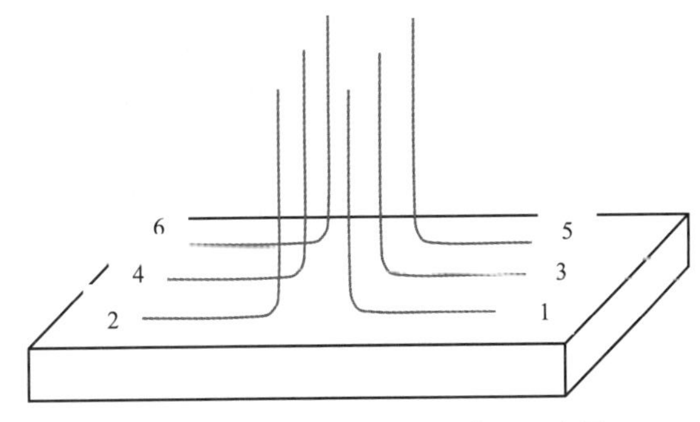

图3－27　六井式丛式水平井组示意图

因此，对于丛式水平井组，在具备施工条件的情况下，最好采取相邻井同步压裂方式，以提高诱导应力和裂缝复杂性，最大限度地提高改造效果。

参考文献

[1]雷群，杨正明，刘先贵，等．复杂天然气藏储层特征及渗流规律[M]．北京：石油工业出版社，2008：48－53.

[2]梁冰，姜云，孙维吉．低渗气藏滑脱效应对启动压力梯度的影响试验研究[J]．渗流力学进展，2018，8(2)：15－21.

[3]张学文，方宏长，裘怿楠，等．低渗透率油藏压裂水平井产能影响因素[J]．石油学报，1999，20(4)：51－55.

[4]李允，陈军，张烈辉．一个新的低渗透气藏开发数值模拟模型[J]．天然气工业，2004：24(8)：

65 – 68.
[5]曾凡辉. 影响压裂水平井产能的因素分析[J]. 石油勘探与开发，2011，34(4)：474 – 477.
[6]王晓泉，张守良，吴奇，等. 水平井分段压裂多段裂缝产能影响因素分析[J]. 石油钻采工艺，2009，31(1)：71 – 79.
[7]蒋廷学. 复杂难动用油气藏压裂技术及案例分析[M]. 北京：中国石化出版社，2017：190 – 213.
[8]刘世华，蒋廷学，吴春方，等. 低渗 – 致密气藏压裂井产能理论计算方法[J]. 渗流力学进展，2018，8(2)：35 – 42.
[9]何青，李国峰，陈作，等. 丛式水平井井组压裂工艺技术研究及试验[J]. 石油钻探技术，2014，42(4)：79 – 85.
[10]曾义金. 页岩气开发的地质与工程一体化技术[J]. 石油钻探技术，2014(1)：1 – 4.
[11]潘林华，张士诚，程礼军，等. 水平井“多段分簇”压裂簇间干扰的数值模拟[J]. 天然气工业，2014，34(1)：74 – 79.
[12]尹建，郭建春，曾凡辉. 水平井分段压裂射孔间距优化方法[J]. 石油钻探技术，2012，40(5)：67 – 71.
[13]Shihua Liu. Multistage Fractures Optimum of Different Cluster Wells in Tight Gas Reservoirs[J]. Springer，2019，978 – 981 – 13 – 7127 – 1：24 – 41.
[14]郭天魁，张士诚，刘卫来，等. 页岩储层射孔水平井分段压裂的起裂压力[J]. 天然气工业，2013，33(12)：1 – 6.
[15]陈作，王振铎，曾华国，等. 水平井分段压裂工艺技术现状及展望[J]. 天然气工业，2007，27(9)：78 – 80.
[16]俞绍诚. 水力压裂技术手册[M]. 北京：石油工业出版社，2010：6.
[17]曾青冬，姚军. 水平井多裂缝同步扩展数值模拟[J]. 石油学报，2015(12)：1571 – 1571.
[18]周健，张保平，李克智，等. 基于地面测斜仪的“井工厂”压裂裂缝监测技术[J]. 石油钻探技术，2015(3)：71 – 75.

第四章　水平井分段压裂工具

欲实现所优化的每条裂缝的长度、导流能力或改造体积等设计参数，必须要依靠分段压裂工具协助来实现，即在水平井中前一井段压裂改造结束后进行有效层段封隔，以便于改造其后的井段。水平井分段压裂工具经过多年的发展，已经基本成熟配套，形成了适应裸眼完井、套管固井完井、筛管完井以及组合完井等不同完井方式的分段压裂工具系列。本章重点介绍裸眼封隔器多级滑套、泵送桥塞、连续油管带底封封隔器、水力喷射等主要分段压裂工具的作用原理及性能。

第一节　水平井分段压裂主要封隔方式

一、水平井主要完井方式

致密砂岩气藏水平井完井方式的确定要综合考虑储层岩性、物性、井眼轨迹、井壁稳定性、压裂改造方式与后期的生产管理等诸多因素，一般有裸眼、套管、筛管(割缝或打孔)与组合完井等方式。

对于储层天然裂缝较发育的致密砂岩储层，在井壁稳定的条件下，为发挥天然裂缝的渗流能力，增加井筒渗流面积，一般采用裸眼完井方式，见图4-1。

对于需要定点压裂和生产后期二次作业的致密砂岩储层，一般采用套管固井完井，便于压裂后留下全通径井筒，给后期作业留有余地，见图4-2。

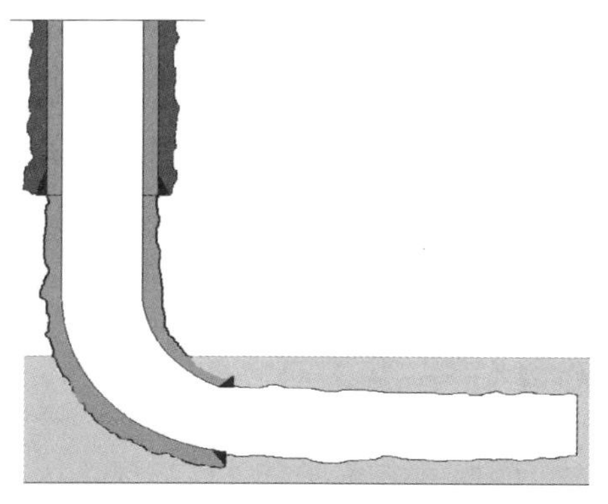

图4-1　裸眼完井示意图

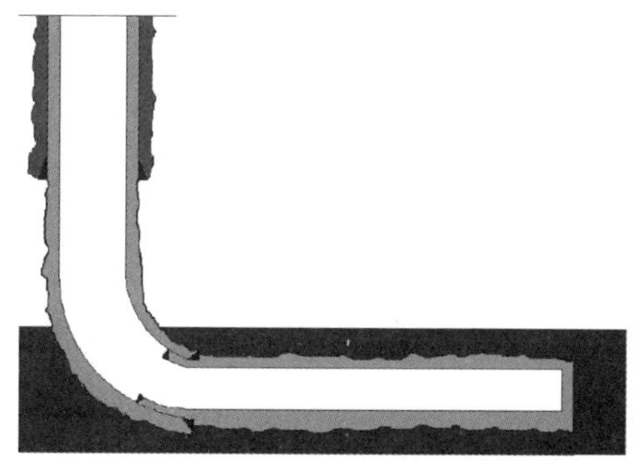

图4-2　套管固井完井示意图

针对储层渗透率相对较好，可以自然建产的水平井一般采用割缝或打孔筛管完井方式，见图4－3、图4－4。

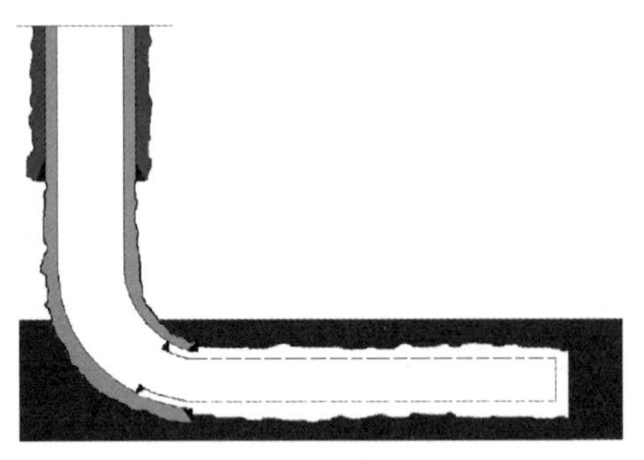

图4－3　割缝筛管完井示意图

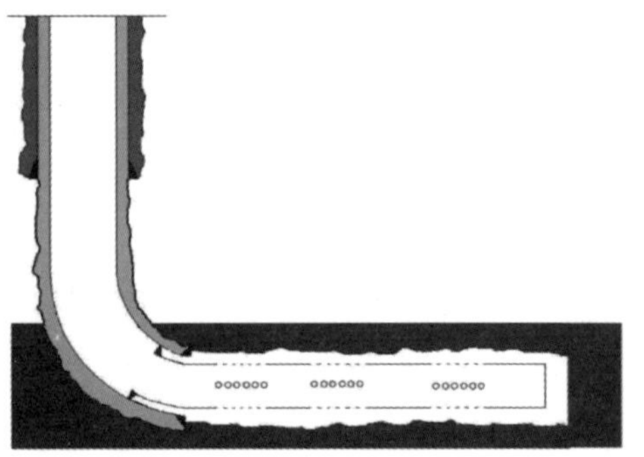

图4－4　打孔筛管完井示意图

二、分段压裂封隔方式

水平井多段裂缝之间的封隔方式主要取决于完井方式和对压裂工艺的要求。目前对水平井段或水平井筒的封隔方式有三种类型：第一类是依靠封隔器的胶筒膨胀特性，包括遇油遇水膨胀式封隔器和压缩式、水力扩张式封隔器；第二类是基于伯努利原理，依靠水力负压作用封隔；第三类是砂塞或者液体胶塞，压裂过程中暂时封隔井筒，压后冲砂或溶解胶塞。前两类封隔方式比较成熟，应用广泛。

基于封隔器封隔原理发展的分段压裂工具种类齐全，最为成熟，已形成系列化，包括裸眼封隔器多级滑套、固井无限级滑套、管内封隔器＋多级滑套、连续油管带底封封隔器以及机械桥塞、易钻桥塞、可溶桥塞等；利用水力负压封隔原理形成了拖动式水力喷射工具和滑套式水力喷射工具；基于暂堵胶塞发展了可控成胶与破胶的液体胶塞材料。

第二节　分段压裂工具工作原理及性能

各种分段压裂工具的工作原理及性能各不相同，优缺点也显而易见，了解与掌握其工作原理与性能是压裂工程师进行水平井分段压裂方案设计和现场施工指挥的必修课，这会影响到压裂工艺与储层条件的适应性及施工的安全性。本节主要介绍裸眼封隔器多级滑套、固井无限级滑套、连续油管带底封封隔器及水力喷射工具等主要分段压裂工具的原理与性能。

一、裸眼封隔器多级滑套分段压裂管柱主要工具

裸眼封隔器多级滑套分段压裂管柱主要应用于裸眼完井水平井，已形成7″×4½″、9⅝″×5½″等适应不同井眼尺寸的管柱系列。

(一)管柱组成

裸眼封隔器多级滑套分段压裂管柱由悬挂封隔器、封隔器、多级投球式压裂滑套、压差式压裂滑套、球座等构成，其在井筒内的位置示意见图4－5。

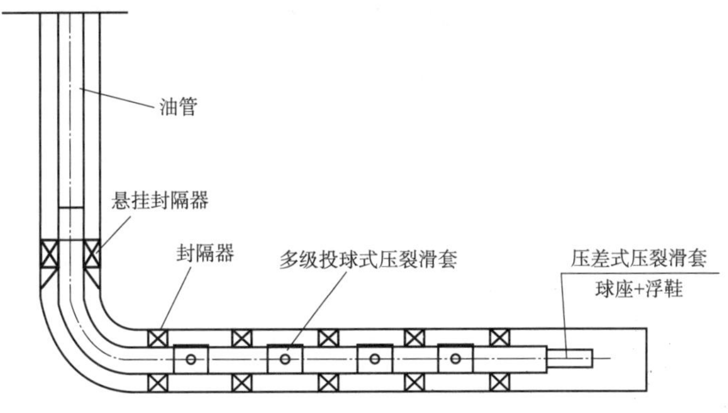

图4－5　裸眼封隔器＋滑套分段压裂管柱示意图

(二)工具结构、原理及性能

1. 悬挂封隔器

悬挂封隔器是裸眼封隔器多级滑套分段压裂管柱组成中的最关键工具之一，具有承上启下的作用，它将分段压裂管柱悬挂于上层技术套管，并封隔油套环空，防止管柱移动和保护上部套管。悬挂封隔器的上部连接插管装置，插管装置上部与送入钻具连接，下部与悬挂封隔器本体连接锁紧，以保证完井管柱顺利下入[1-5]。

(1)工具结构

插管装置与悬挂封隔器一般做成一体化的插管悬挂封隔工具。插管装置与悬挂封隔器组成分别见图4－6、图4－7。

悬挂封隔器的双向卡瓦在坐封机构作用下张开，锚定到套管内壁，将完井管柱锚定到上部技术套管上，防止管柱发生移动。在卡瓦坐封的同时压缩胶筒变形实现坐封，封隔环空。

(2)工作原理

插管装置由密封部分和脱接丢手部分组成。其原理是：将密封部分插入插管，使脱接丢手部分的特殊锯齿公螺纹与插管母螺纹配合，承受分段压裂管柱的重力，组合密封与插管内孔配合形成密封。插管装置上端接送入钻具，当送入钻具需与悬挂封隔器脱开时，上提钻具，保持插管承

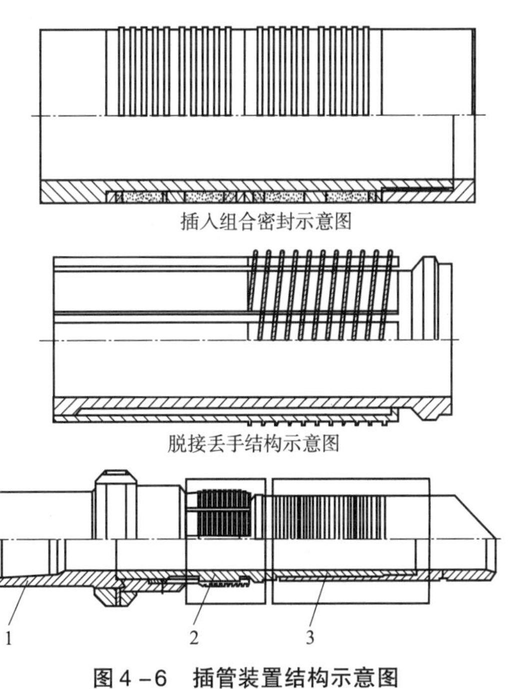

图4－6　插管装置结构示意图

1—上接头；2—脱接丢手；3—组合密封

受拉伸载荷 10~20kN，连续正转管柱大于 10 圈，再上提管柱即实现丢手。

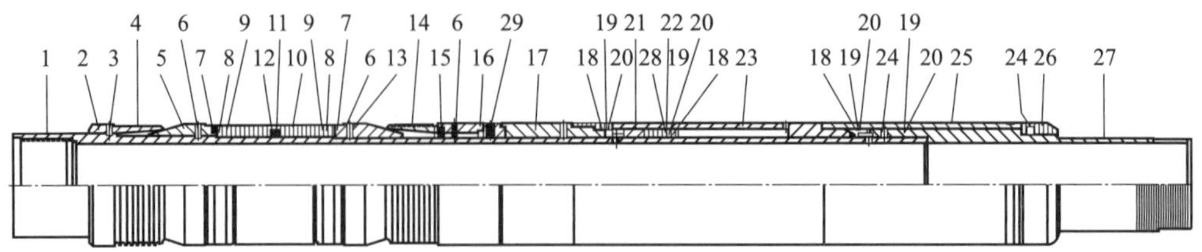

图 4-7 悬挂封隔器结构示意图

1—中心管；2—调整环；3，24—紧定螺钉；4—上卡瓦；5，13—锥体；6—剪切销；7—外背圈；8—内背圈；9—橡胶套挡圈；10—胶套；11，18，19—O 形圈；12—承留环；14—下卡瓦；15，28—锁环；16—锁环套；17，22—活塞；20—O 形圈挡圈；21—锁环支撑套；23—上坐封套；25—下坐封套；26—护环；27—下接头；29—剪钉

(3)性能参数

①悬挂封隔器外径：Φ149.23mm。

②悬挂封隔器内通径：Φ101.6mm。

③启动压力：20MPa(可调节)。

④坐封压力：30MPa。

⑤胶筒外径：Φ146mm。

⑥耐温：177℃。

⑦耐压：70MPa。

⑧插管螺纹承受拉力：1000kN。

2. 封隔器

封隔器是将水平井段分隔成若干段，实现有效分段隔离的主体工具。长水平井段对封隔器的防误坐封、坐封及封隔等性能提出了全面要求，即“下入顺利、坐封可靠、封隔有效”，主要在胶筒的橡胶配方、胶筒成形、结构优化设计、肩部保护优化设计、胶筒数量和胶筒布置及封隔器本体的结构优化设计等方面综合提高整体性能，以实现满足要求的性能指标。封隔器[6-14]一般分为压缩式封隔器、扩张式封隔器及自膨胀式封隔器三种。

(1)压缩式封隔器

①工具结构

压缩式封隔器一般由上接头、中心管、下接头及密封胶筒总成和坐封机构等组成，见图 4-8。

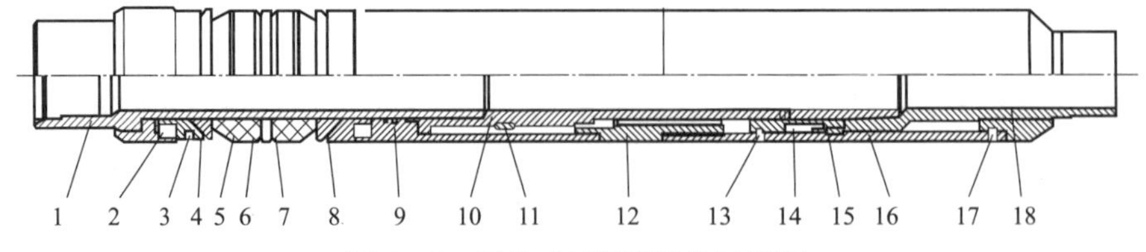

图 4-8 压缩式封隔器结构示意图

1—上接头；2—调节环；3—保护块；4—卡簧；5—护盘；6—胶筒；7—隔环；8—锥环；9—上液缸；10—中心管；11—锁环；12—锁套；13，17—剪钉；14—活塞；15—锁块；16—下缸套；18—下接头

压缩式封隔器单胶筒、双胶筒单元结构见图 4－9、图 4－10。

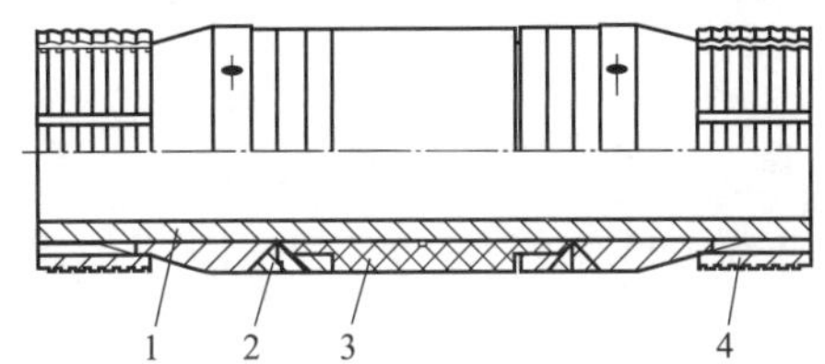

图 4－9　压缩封隔器单胶筒单元结构示意图

1—中心管；2—组合防突部件；3—密封胶筒；4—卡瓦

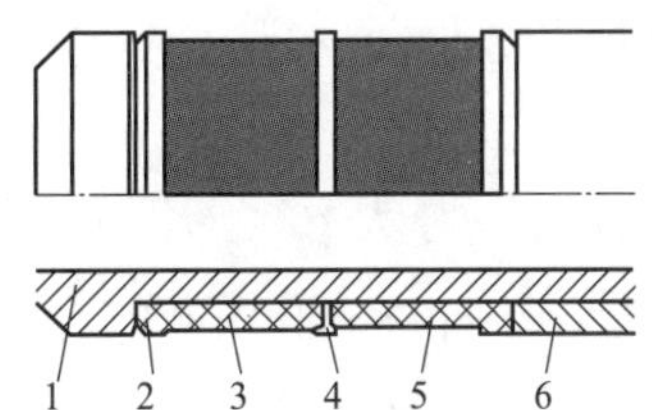

图 4－10　压缩封隔器双胶筒单元结构示意图

1—中心管；2—防突保护件；3—胶筒 1；4—隔环；5—胶筒 2；6—坐封缸

②工作原理

封隔器胶筒在液压力或管柱重力作用下发生变形，胶筒受力变形贴紧套管内壁，完成封隔，胶筒在变形外力撤去后，依靠橡胶的弹力恢复至原来的形状，封隔器解封。

③性能参数

a. 耐压：35MPa、70MPa、105MPa。

b. 耐温：120℃、150℃、180℃。

(2) 扩张式封隔器

①工具结构

扩张式封隔器一般由上接头、中心管、下接头及扩张胶筒等组成，见图 4－11。

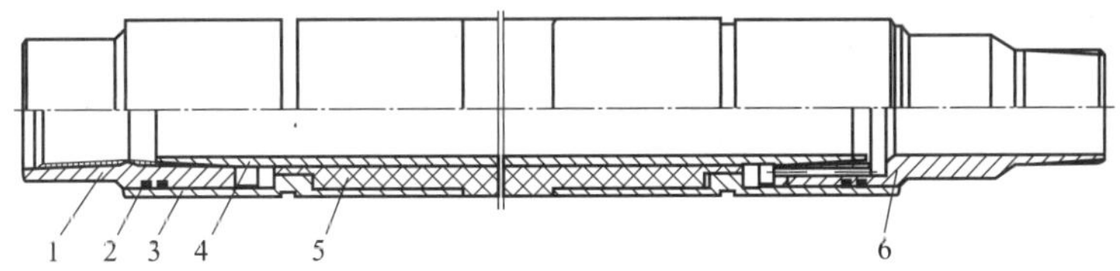

图 4－11　扩张式封隔器结构示意图

1—上接头；2—密封圈；3—胶筒钢碗；4—中心管；5—扩张胶筒；6—下接头

②工作原理

封隔器胶筒受到中心管与胶筒内液压力作用，胶筒扩张变形，封隔油套环空，液压力撤掉后，胶筒回收并解封。

③性能参数

a. 耐压：35MPa、70MPa、105MPa。

b. 耐温：120℃、150℃、180℃。

(3) 自膨胀式封隔器

①工具结构

自膨胀式封隔器一般由中心管、保护套及胶筒等组成，见图 4－12。

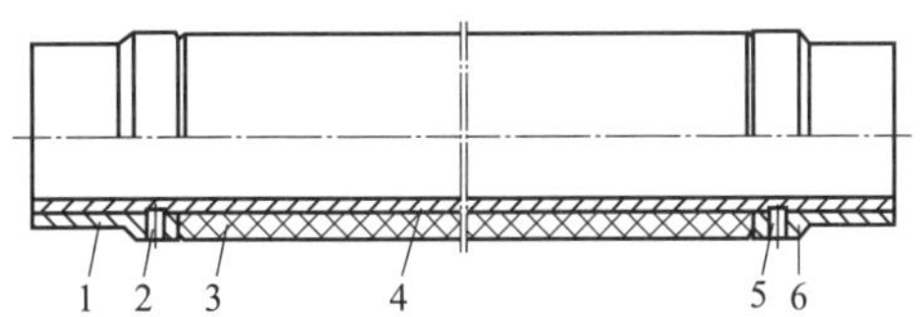

图 4－12　自膨胀式封隔器结构示意图

1，6—保护套；2，5—螺钉；3—胶筒；4—中心管

②工作原理

该封隔器胶筒为一种新型橡胶材料，遇到

油基或水基液体时体积能够自行膨胀，在一定时间内封隔油套环空。

③性能参数

a. 耐压：70MPa。

b. 膨胀率：最大1000%。

c. 膨胀时间：5～30d(可调)。

d. 耐温：120～180℃。

3. 压裂滑套

压裂滑套在水平井裸眼分段压裂工艺管柱中，是建立井筒与地层连通的通道，供压裂后地层流体流向水平井筒的关键工具。压裂滑套一般分为投球式压裂滑套和压差式压裂滑套。

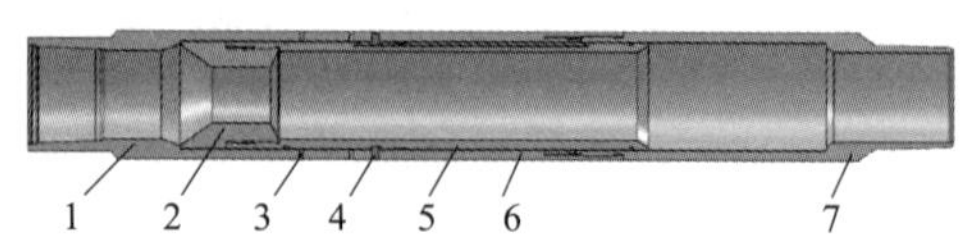

图4－13　投球式压裂滑套结构示意图

1—上接头；2—球座；3—滑套出口；4—滑套剪钉；5—滑套；6—本体；7—下接头

(1)投球式压裂滑套

①工具结构

投球式压裂滑套主要由上接头、本体、球座、滑套、下接头等组成，见图4－13。

②工作原理

投球式压裂滑套内部设有球座，球座内通径设计成等差数列，成等差数列的密封球(图4－14)与球座匹配形成密封[图4－15(a)]；通过压差剪断滑套剪钉，球座下行，打开滑套，过流通道连通[图4－15(b)]。在压裂施工过程中，密封球与球座密封隔离已压裂段，压裂施工结束后，密封球随返排液返出井口。

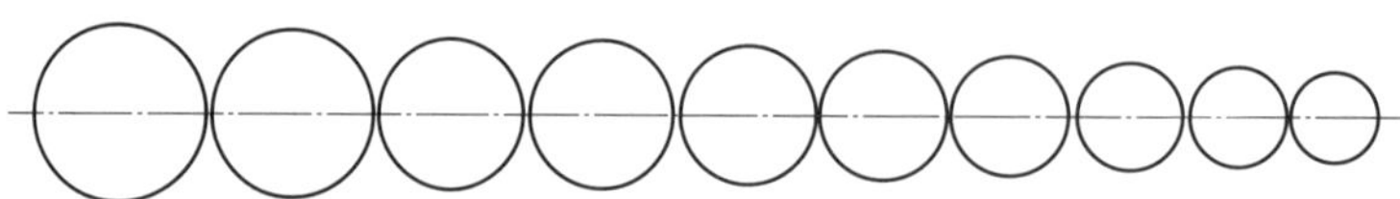

图4－14　投球式压裂滑套用系列密封球示意图

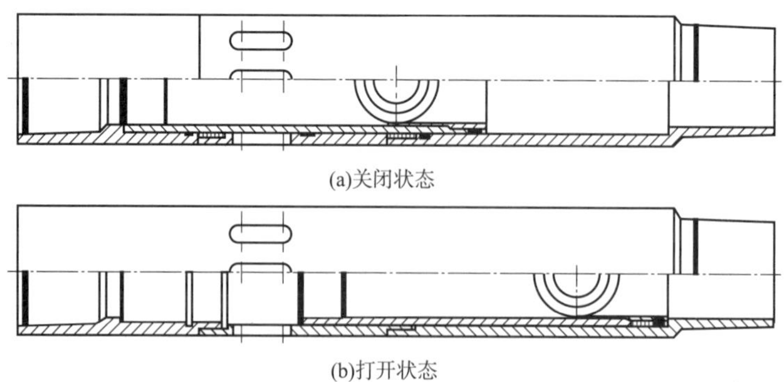

(a)关闭状态

(b)打开状态

图4－15　投球式压裂滑套工作状态示意图

③性能参数

a. 耐压：70MPa。

b. 打开压差：10～15MPa(可调节)。

c. 耐温：120～150℃。

d. 规格：4½″、5½″。

e. 密封球密度：小于2.0g/cm³。

④密封球级差

¼″、⅙″、⅛″、⅒″。

⑤密封球类型（按材质分类）

普通钢球、空心钢球、复合材料球、可溶材料球。

(2)压差式压裂滑套

①工具结构

压差式压裂滑套[15]主要由本体、剪钉、滑套等组成（图4－16），连接在管柱下端，其底部一般连接隔离阀和浮鞋，隔离阀和浮鞋的压力等级与管柱中的裸眼封隔器、锚定封隔器的压力等级相匹配。

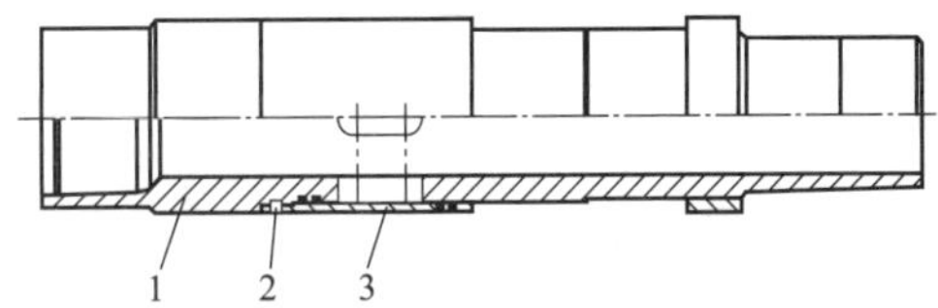

图4－16 压差式压裂滑套结构示意图

1—本体；2—剪钉；3—滑套

②工作原理

待球座（或称为隔离阀，见图4－17）封堵后，在管柱内压力小于或等于35MPa（或设定数值）条件下，裸眼封隔器和悬挂封隔器首先完成坐封，此时压差式压裂滑套的剪钉不剪断，待将悬挂封隔器上部的投送管柱更换成压裂管柱并完成井口安装压裂时，再次将管柱内压力升高至压差式压裂滑套打开的数值，压差式压裂滑套打开，进行第一段压裂作业。

③性能参数

a. 打开压差：35MPa（可调）。

b. 耐温：120～180℃。

c. 规格：4½″、5½″、7″。

4. 隔离阀

隔离阀是一种特殊结构的球座，关闭后球座锁紧，并保持关闭状态。

(1)工具结构

隔离阀连接在管柱下端，其底部连接浮鞋，一般做成一体，压力等级与管柱中的裸眼封隔器、悬挂封隔器的压力等级相匹配，主要由外壳、限位套、球座、剪钉、卡簧、引鞋等组成（图4－17）。

(2)工作原理

密封球落座后，在管内压力作用下，剪断剪钉，密封球和球座一起下移，密封流道，卡簧卡住限位台阶，防止球座再次移动。工作状态示意见图4－18。

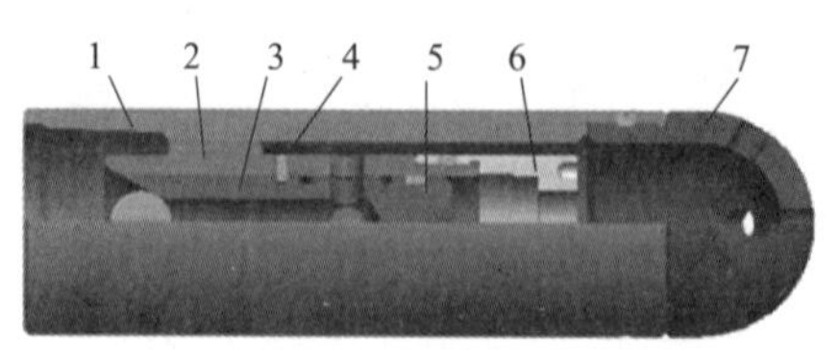

图4-17　隔离阀结构示意图

1—外壳；2—上限位套；3—球座；4—剪钉；5—卡簧；6—下限位套；7—引鞋

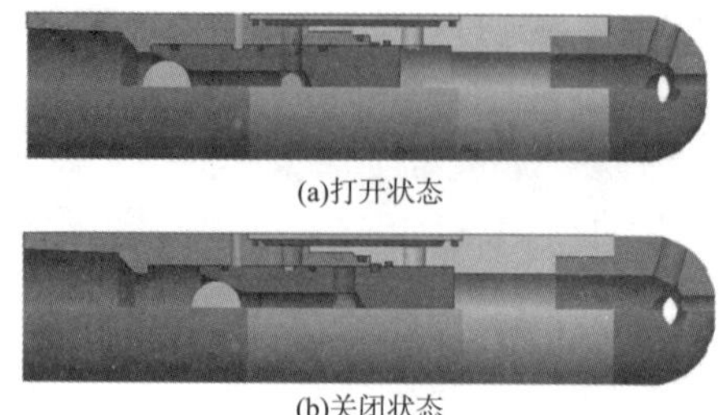

图4-18　隔离阀打开、关闭示意图

(3)性能参数

①球座关闭压差：20MPa(可调节)。

②耐温：120～180℃。

③规格：4½″、5½″、7″。

二、固井无限级滑套

固井无限级滑套可以减少固井完井工艺中射孔工序并能使压裂在定点位置起裂。该压裂工具主要利用可开、关式固井滑套和套管串连接，放置在油层设定位置，固井完成后利用飞镖或连续油管连接开关工具等方式将滑套打开，并利用同一套管柱进行压裂作业。该压裂工具压裂级数、压裂排量不受限制，适合于大规模体积压裂改造，压后管柱能够保持大通径。固井无限级滑套按照结构和打开方式的不同[16-25]，主要分为飞镖打开式固井滑套、连续油管带工具开关式固井无限级滑套。下面主要介绍斯伦贝谢、威德福、贝克休斯等石油公司的几种固井无限级滑套。

(一)TAP固井滑套

1. 工具结构

斯伦贝谢公司的TAP压裂滑套系统是一种飞镖打开式滑套系统，主要包括启动阀、TAP滑套、中继阀、飞镖、导压管等，见图4-19。其TAP滑套结构见图4-20，包含上接头、导压管、内滑套、销钉、液压腔、压差滑套和C形环。

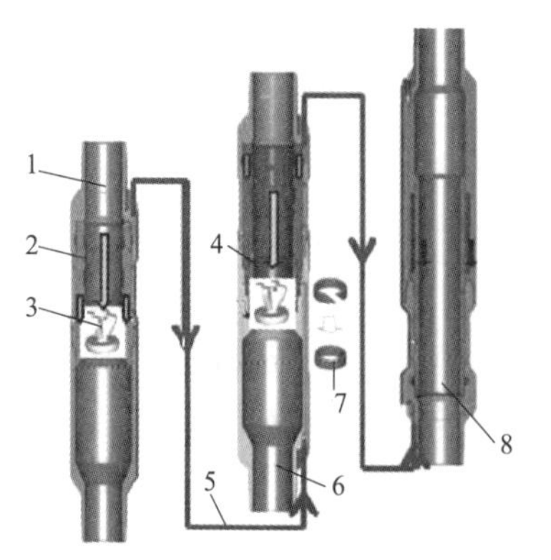

图4-19　斯伦贝谢公司的TAP压裂滑套系统

1—启动阀；2—内滑套；3—飞镖；4—压差滑套；5—导压管；6—TAP滑套；7—C形环；8—中继阀

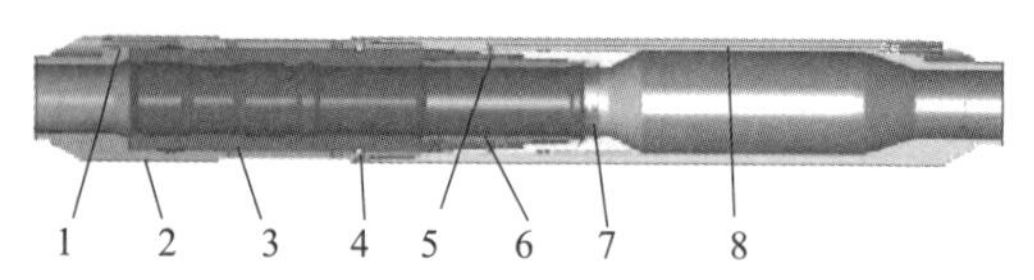

图4-20　TAP滑套结构示意图

1，8—导压管；2—上接头；3—内滑套；4—销钉；5—液压腔；6—压差滑套；7—C形环

2. 工作原理

压裂时，首先打开启动阀，进行第一级压裂。压裂施工时，液体压力会通过导压管流道传到上一级 TAP 滑套的液压腔，压力推动压差滑套挤压 C 形环，C 形环收缩形成球座。上一级压裂完成后，投入的飞镖坐在球座上，完成 TAP 滑套的打开，开始压裂。重复此过程，实现不同产层间的连续分段压裂。

3. 性能参数

(1)套管规格：Φ114.3mm、Φ139.7mm。

(2)井斜要求：最大井斜不超过 68°。

(3)狗腿度：最大狗腿度 25°/30m。

(4)滑套间距：大于 3m。

(5)耐压：70MPa。

(6)耐温：160℃。

(二)Monobore 固井滑套

1. 工具结构

威德福公司(Weatherford)的 Zone Select Monobore 滑套系统属于机械开启式压裂滑套，主要由压裂滑套和井下组合工具(BHA)两部分组成，见图 4－21。Monobore 滑套结构由上接头、密封环、内滑套和下接头等组成，见图 4－22。

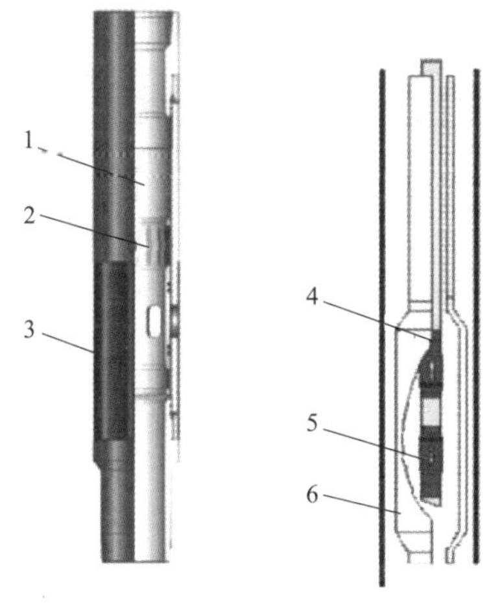

图 4－21 Monobore 滑套系统结构示意图

1—Monobore 滑套；2—内滑套；3—保护层；4—HWB 开关工具；5—锁块；6—工具腔

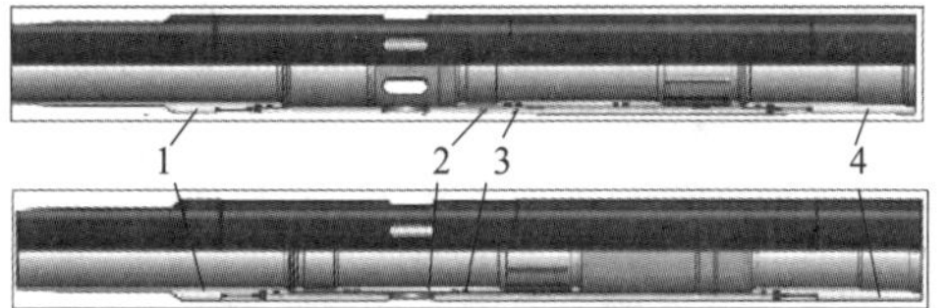

图 4－22 Monobore 滑套结构示意图

1—上接头；2—内滑套；3—密封环；4—下接头

2. 工作原理

连续油管连接的井下组合工具可以选择性地打开或关闭任何一个滑套。当需要压裂某一层时，首先，将井下组合工具通过滑块与相应的压裂滑套相配合，下放连续油管，带动井下组合工具和内滑套下移，打开滑套。然后，上提连续油管将井下组合工具停在工具腔内，如图 4－21 所示，最后加压压裂施工。当压裂完成后，将井下组合工具移动到其他滑套处，实现其他地层的压裂。直到所有的地层压裂完成，关闭不需要的地层，取出连续油管及开关工具。

3. 性能参数

(1)规格：Φ88.9mm、Φ114.3mm、Φ139.7mm。

(2)耐压：134MPa。

(3)耐温：163℃。

(4)开关工具用连续油管：Φ25.4mm、Φ38.1mm、Φ50.8mm、Φ60.3mm。

(三)OptiPort 固井滑套

1. 工具结构

贝克休斯公司的 OptiPort 滑套系统主要包括套管滑套和井下组合工具(BHA)(图 4-23)。BHA 主要包括接箍定位器、锚定装置和封隔器等。OptiPort 滑套结构主要包括主体、内滑套、销钉、外滑套等，见图 4-24。

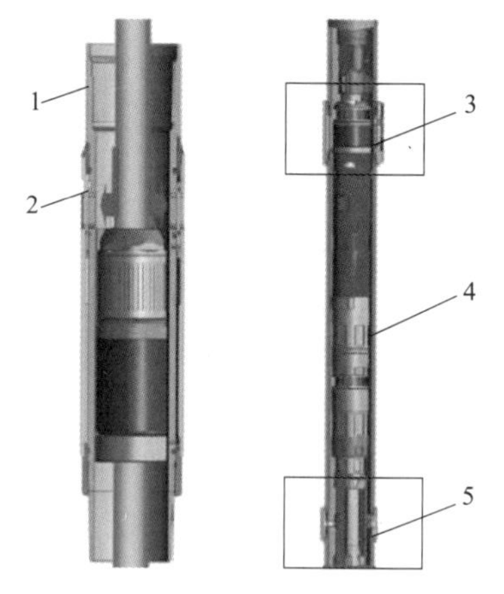

图 4-23　OptiPort 滑套系统结构组成示意图

1—套管；2—套管滑套；3—封隔器；4—锚定装置；5—接箍定位器

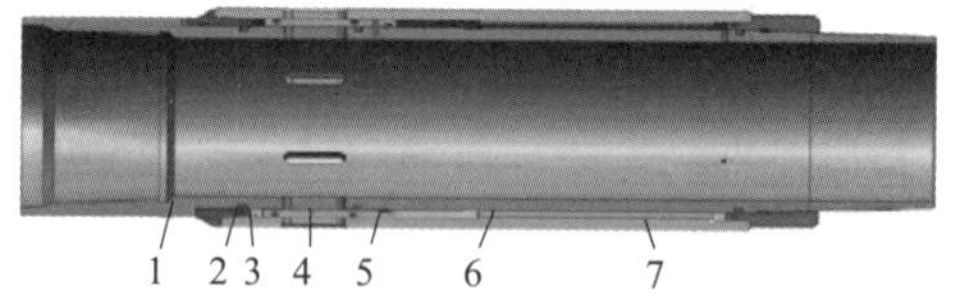

图 4-24　OptiPort 滑套结构示意图

1—主体；2—油孔；3—上腔；4—内滑套；5—销钉；6—流道；7—外滑套

2. 工作原理

当 OptiPort 套管滑套随套管入井进行常规固井后，由连续油管将 BHA 工具送入井内，通过接箍定位器确定滑套所在位置，然后连续油管内加压，坐封封隔器，锚定装置锚定 BHA 工具管串，连续油管与套管环空内加压，开启滑套，并进行储层压裂改造。压裂结束后，停泵泄压，封隔器解封，锚定装置解挂，上提管柱，进行下一层压裂作业，直到所有井段压裂完成。

3. 性能参数

(1)规格：Φ114.3mm、Φ139.7mm。

(2)适应井眼：Φ155.6mm、Φ200mm。

(3)耐压：70MPa。

(4)耐温：160℃。

(5)液压打开压力：21～18MPa。

(6)井下组合工具长度：约4.0m。

(7)连续油管：Φ50.8mm、Φ60.3mm。

三、泵送桥塞

泵送桥塞分段压裂技术是采用泵送方式，通过电缆将射孔枪和桥塞同时传送到指定位置，实现桥塞坐封、分簇射孔和压裂一体化工艺方法，见图4－25，已形成用于5½″、4½″套管的系列工具。桥塞分为易钻桥塞和可溶桥塞两大类型[26－40]。

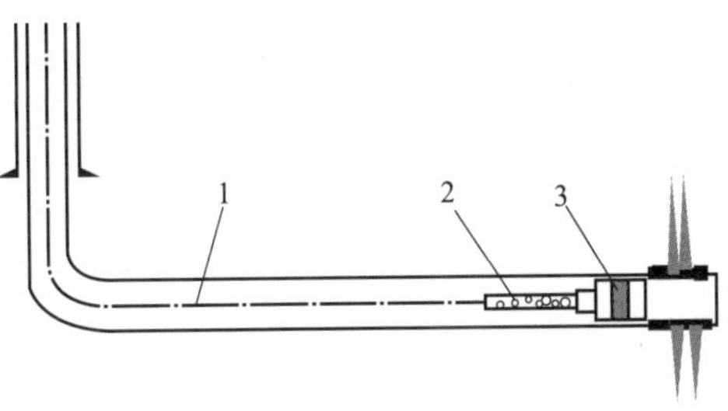

图4－25　泵送桥塞电缆射孔联作压裂示意图

1—电缆；2—射孔枪；3—桥塞

(一)易钻桥塞

桥塞本体由复合材料制作，和铸铁材料相比，复合材料硬度低，桥塞易钻性好，钻除作业时间短，有利于提高施工效率。

1. 工具结构

易钻桥塞作为一种应用较多的分段压裂工具，主要由中心管、密封球、滑环、胶筒、背环、锁环、锥体、卡瓦和下接头等组成，见图4－26。除胶筒等少数部件外，其余大部分部件都是由复合材料制成的，易于钻除。

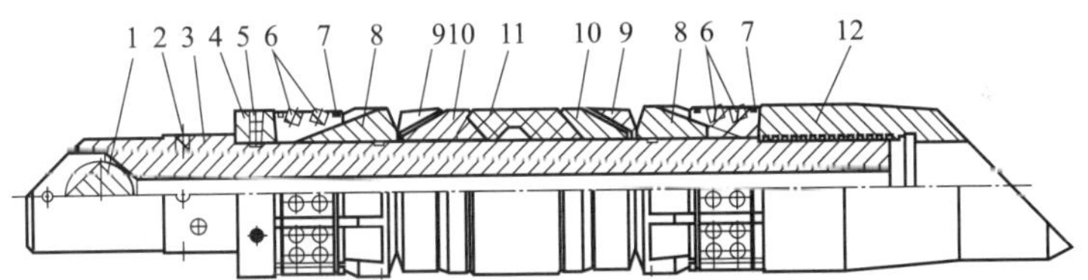

图4－26　易钻桥塞结构示意图

1—密封球；2—丢手剪钉；3—中心管；4—滑环；5—坐封剪钉；6—卡瓦；7—锁环；8—锥体；9—背环；10—压缩环；11—胶筒；12—下接头

配套的桥塞电缆投送工具主要由点火头、火药燃烧室、上接头、上缸体、上活塞、下缸体、下活塞等组成，见图4－27。

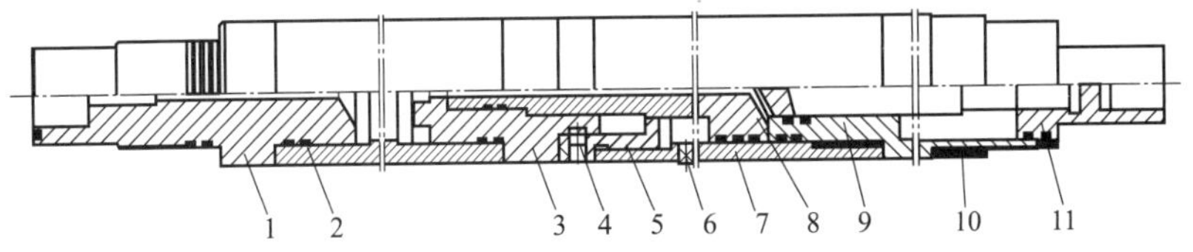

图4－27　桥塞电缆投送工具结构示意图

1—点火头；2—火药燃烧室；3—剪切接头；4—剪切螺钉；5—上接头；6—尼龙塞；7—上缸体；8—上活塞；9—下缸体；10—锁紧螺母；11—下活塞

2. 工作原理

电缆通电点火，引燃火药，火药燃烧室产生高压气体，上活塞下行压缩液压油推动下活塞，使下活塞连杆推动外推筒下行挤压上卡瓦，与此同时，由于反作用力使得外推筒与中心管之间发生相对运动，桥塞中心管向上挤压下卡瓦；在上、下卡瓦的夹击下，上、下压缩环压缩胶筒，使得胶筒胀开封隔套管；当胶筒、卡瓦与套管配合压紧后，压缩力继续增加，剪断释放销钉，使投送工具与桥塞脱开，完成丢手动作，压裂后需下钻塞工具钻除桥塞。

3. 性能参数

(1)套管系列：4″、4½″、5″、5½″、7″。

(2)耐压：70MPa。

(3)耐温：120℃、150℃、180℃。

(4)密封球密度：1.80g/cm³。

(二)可溶桥塞

桥塞本体材料由高强度、可溶解金属制成，胶筒也是由添加可溶解成分的橡胶复合材料制成，整体具有可溶性，在地层产出流体的作用下，包括密封球、桥塞本体、胶筒、卡瓦完全溶解，利于长水平井段压裂施工。

1. 工具结构

可溶桥塞作为一种分段压裂工具，结构类似于常见的易钻复合桥塞，主要由本体和胶筒部分组成。本体部分主要材质为可溶的镁基合金，橡胶部分采用可溶解橡胶制成，卡瓦和橡胶均可完全溶解。其结构见图4-28。

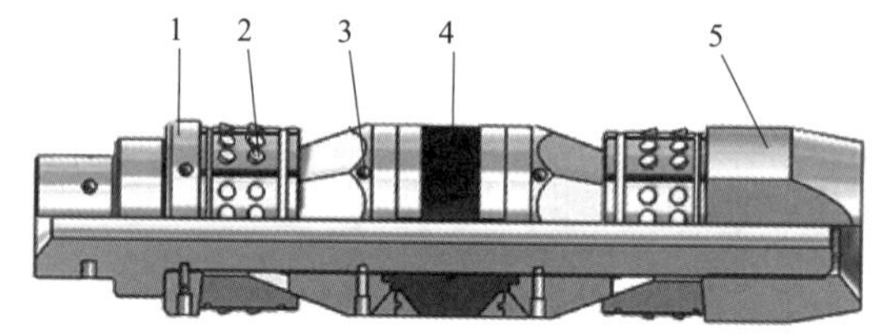

图4-28 可溶桥塞结构示意图

1—推力环；2—锚瓦牙；3—卡瓦锥体；4—胶筒；5—下接头

2. 工作原理

可溶桥塞的坐封原理和易钻桥塞一样，电缆通电点火，引燃火药，燃烧室产生高压气体，上活塞下行压缩液压油推动下活塞，使下活塞连杆推动外推筒下行挤压上卡瓦，与此同时，由于反作用力使得外推筒与中心管之间发生相对运动，桥塞中心管向上挤压下卡瓦；在上、下卡瓦的夹击下，上、下压缩环压缩胶筒，使得胶筒变形膨胀封隔套管；当胶筒、卡瓦与套管配合压紧后，压缩力继续增加，剪断释放销钉，使投送工具与桥塞脱手，完成丢手动作，压裂后桥塞可溶解，无须专门下钻塞工具。

3. 性能参数

(1)套管系列：4½″、5½″。

(2)耐压：70MPa。

(3)耐温：120℃、150℃、180℃。

四、连续油管带底封封隔器

(一)整体管柱

1. 管柱结构

连续油管带底封封隔器压裂管柱[41-46]由上而下主要由连续油管+连续油管接头+安全接头+水力喷射器+扶正器+封隔器+接箍定位器+导向头等组成，见图4-29。

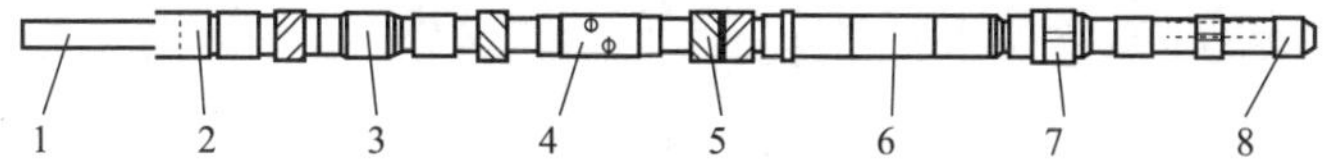

图4-29 连续油管带底封封隔器压裂管柱示意图

1—连续油管；2—连续油管接头；3—安全接头；4—水力喷射器；5—扶正器；6—封隔器；7—接箍定位器；8—导向头

2. 工作原理

连续油管与工具按顺序连接，下入井底，通过接箍定位器实现工具精确定位，然后封隔器坐封，由连续油管将含砂射孔液通过水力喷射工具进行喷砂射孔，射孔完毕通过环空进行加砂压裂，压裂结束解封封隔器，拖动管柱到达下一层段，实现工具定位，封隔器坐封，开始第二层段射孔、压裂。如此循环完成所有层段的压裂施工。

3. 性能参数

(1)规格：4½″、5½″、7″。

(2)耐压：70MPa。

(3)耐温：120℃、150℃。

(4)连续压裂段数：大于10段。

(二)机械式套管接箍定位器

1. 工具结构

机械式套管接箍定位器是定位套管接箍位置的工具，由中心管、定位块、弹簧、定位环、紧定螺钉组成，见图4-30。

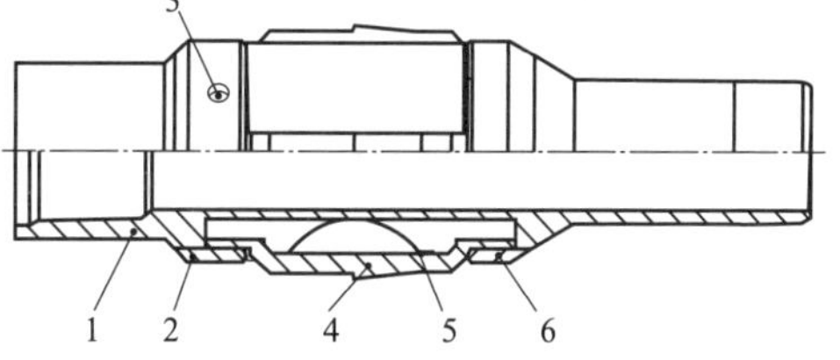

图4-30 机械式套管结箍定位器结构示意图

1—中心管；2，6—定位环；3—紧定螺钉；4—定位块；5—弹簧

2. 工作原理

连接定位器及管柱，将工具串匀速缓慢下井，对照测井相关数据，在预定深度匀速上提管柱，观察地面指重仪的载荷变化，当有20kN左右的载荷变动时，反复在此处上提、下放管柱，确认封隔器坐封位置。

3. 性能参数

(1)套管规格：Φ139.7mm。

(2)外径：Φ116mm。

(3)耐压：70MPa。

(4)耐温：150℃。

(三)机械式封隔器

1. 工具结构

机械式封隔器由上接头、反洗阀、中心管、胶筒、锥体、卡瓦、卡瓦弹簧、导向销、下接头等组成，见图4－31。

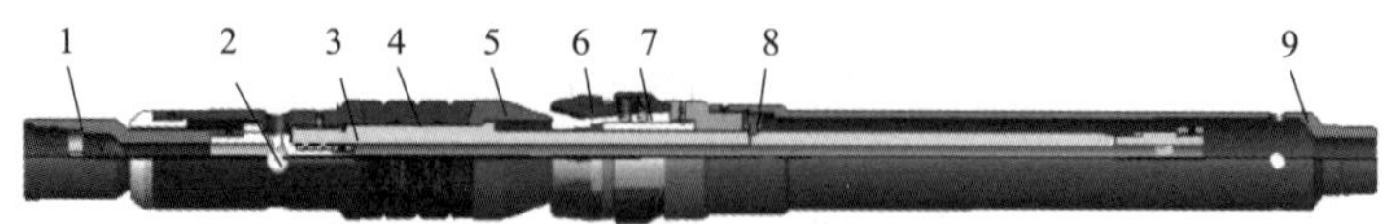

图4－31　机械式封隔器结构示意图

1—上接头；2—反洗阀；3—中心管；4—胶筒；5—锥体；
6—卡瓦；7—卡瓦弹簧；8—导向销；9—下接头

2. 工作原理

该封隔器为机械式封隔器，采用上提下放坐封，再上提解封。

(1)坐封：下至预定坐封深度时，上提管柱0.4～0.5m，再下放管柱，导向销将位于换向槽的长轨道处，卡瓦被撑开并卡住套管壁，施加10～35kN下压力(管柱井口悬重下降)使封隔器胶筒压缩，封隔油套环形空间。

(2)解封：上提管柱，封隔器胶筒先解封；继续上提管柱，中心管继续上行，锥体与卡瓦脱开，卡瓦回缩。

3. 性能参数

(1)套管规格：Φ139.7mm。

(2)外径：Φ116mm。

(3)耐压：70MPa。

(4)耐温：150℃。

(5)重复坐封10次以上。

五、水力喷射工具

水力喷射分段压裂技术(HJF)是国内外应用比较广泛的分段压裂技术，是集水力射孔、压裂、隔离于一体的新型增产改造技术。该技术具有以下优点：①在水平井射孔上，水力喷砂射孔比常规射孔弹射孔简单便捷、安全、效果好、射孔深度大、孔眼周围无压实带，特别是射孔、压裂一体化联作，减少了水平段射孔需油管传输的作业过程；②一次管柱可进行多段压裂，简化了施工程序，缩短了施工工期；③水力喷砂射孔压裂不需要机械封隔，能够自动实现"液力"封隔，工具结构简单，可降低井下复杂事故的发生率，降低成本；④可用于裸眼、筛管完井和套管完井；⑤可进行定点、定向喷射压裂，准确造缝。依据施工管柱结构不同可分为拖动管柱式水力喷射和不动管柱滑套式水力喷射两种类型[47,48]，见图4－32、图4－33。

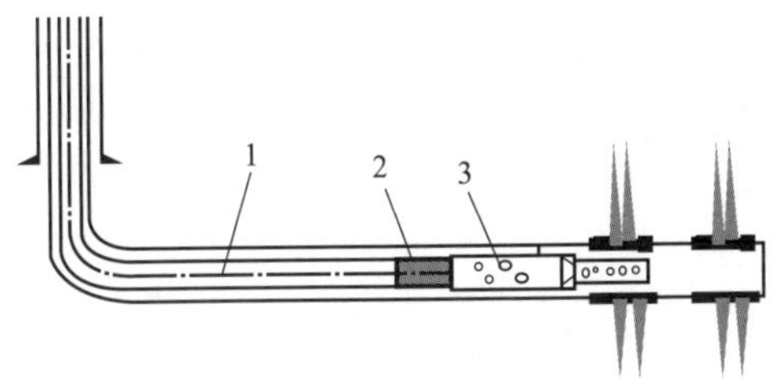

图4-32 拖动管柱式水力喷射示意图

1—油管(连续油管)；2—安全接头；3—单级水力喷射器

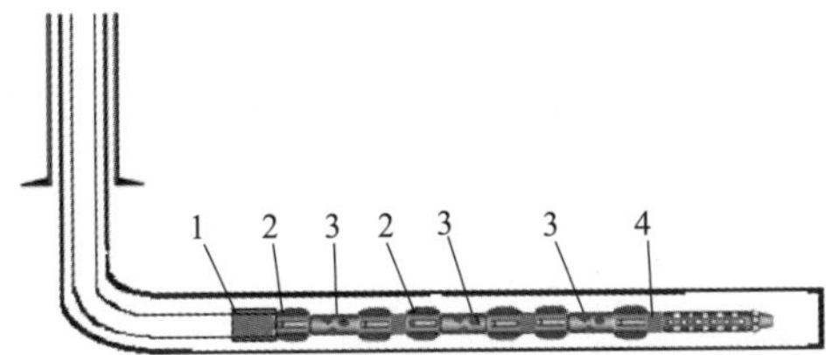

图4-33 不动管柱滑套式水力喷射示意图

1—安全接头；2—扶正器；3—水力喷射器；4—单向阀

(一)拖动管柱式水力喷射工具

1. 工具结构

拖动管柱式水力喷射管柱由引鞋+筛管+单向阀+单级水力喷射器+安全接头组成，水力喷射器包括上接头、上扶正器、喷射器、下接头、下扶正器，见图4-34。拖动管柱中的水力喷射器为单级水力喷射器，单级水力喷射器及配套工具结构见图4-35。

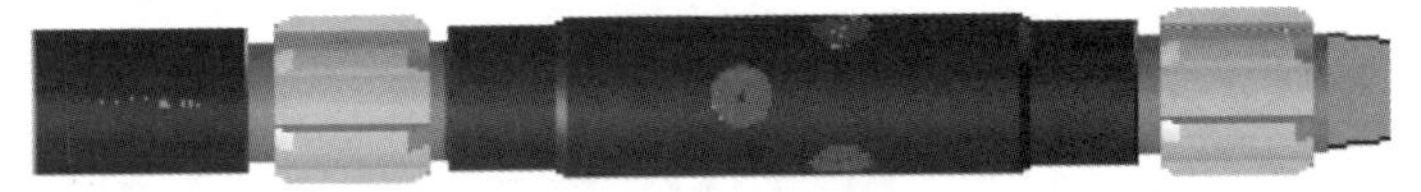

图4-34 水力喷射器外部示意图

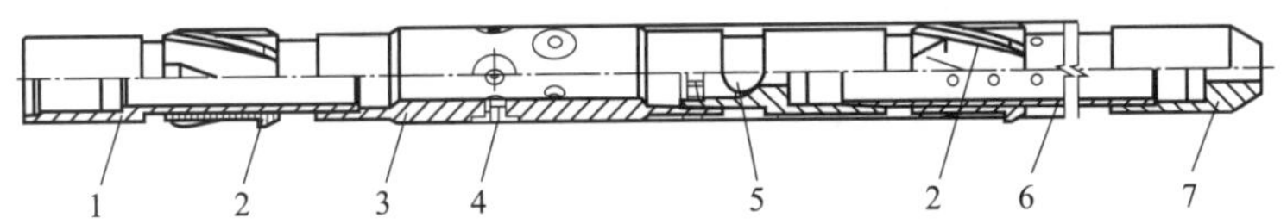

图4-35 单级水力喷射器及配套工具结构示意图

1—上接头；2—扶正器；3—单级喷射器；4—喷嘴；
5—单向阀；6—筛管；7—引鞋

2. 工作原理

将单级水力喷射器按照设计的要求连接在管柱下端下入施工井内，进行第一段的水力喷射施工，第一段施工完毕，将管柱上提，拖动管柱到第二段施工位置，然后进行第二段水力喷射压裂施工，依次完成后面各段的压裂施工。

3. 性能参数

(1)规格：4½″、5½″、7″、9⅝″。

(2)耐压：70MPa。

(3)喷射器过砂量：大于50m^3。

(二)不动管柱滑套式水力喷射工具

1. 工具结构

不动管柱滑套式水力喷射管柱由引鞋+筛管+单向阀+单级喷射器+油管+二级滑套喷射器+油管+三级滑套喷射器+…+安全接头+油管组成。滑套式水力喷射器由喷射器本体、滑套、滑套座等组成，见图4-36。

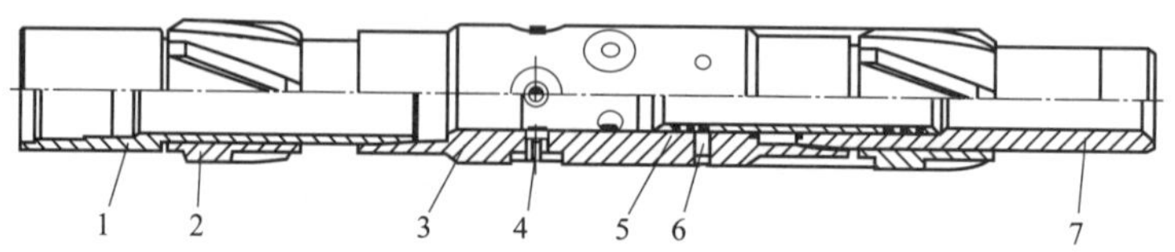

图 4－36　滑套式水力喷射器工具结构示意图

1—上接头；2—扶正器；3—喷射器本体；4—喷嘴；5—滑套；6—剪钉；7—滑套座

2. 工作原理

将各级滑套式水力喷射器按照设计的要求进行地面配置，连接在一起下入施工井内。滑套上部设有球座密封面，球座内通径成等差数列，成等差数列的密封球（图 4－37）与球座匹配形成密封；通过压差剪断滑套剪钉，球座下行，打开滑套，露出喷嘴。在压裂施工过程中，第一级施工完毕，投入第一个密封球，打开第一个滑套，进行第二级水力喷射压裂施工，然后依次投入密封球，密封球逐级打开滑套式水力喷射器（图 4－38），密封球密封下部通道，逐级进行后续各级水力喷射压裂施工，压裂施工结束后，密封球随返排液返出井口。

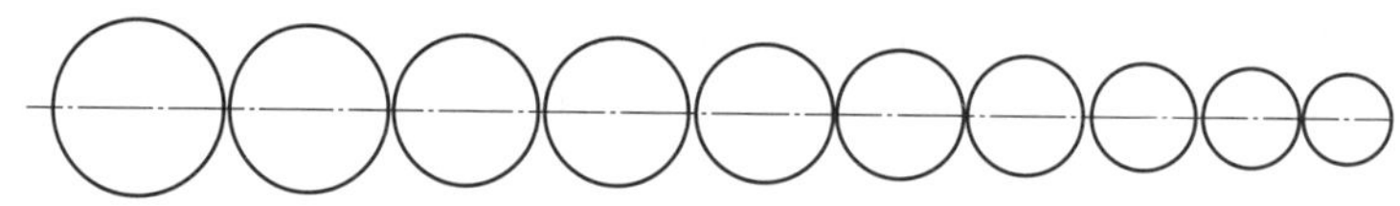

图 4－37　打开滑套用密封球

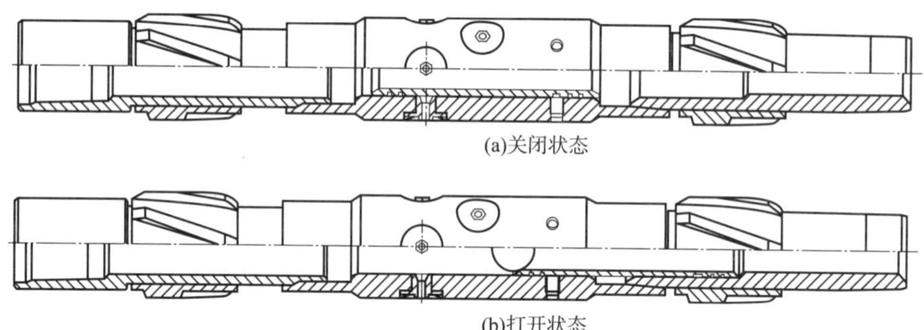

图 4－38　滑套式水力喷射器关闭、打开不同状态结构示意图

3. 性能参数

（1）耐压：70MPa。

（2）打开压差：10～15MPa（可调）。

（3）耐温：120℃、150℃、180℃。

（4）规格：4½″、5½″、7″、9⅝″。

（5）密封球密度：小于 2.0g/cm³。

（6）密封球级差：¼″、⅙″、⅛″、⅒″、1/12″。

（7）密封球类型（按材质分）：空心钢球、复合球、可溶球。

参考文献

[1]汤朝红，熊和贵，郭锐锋，等．插管式尾管悬挂器新型丢手技术的开发及应用[J]．江汉石油职工大学学报，2015，28(05)：72-74.

[2]王越，陈付虎，张永春，等．红河油田水平井分段压裂技术研究[J]．延安大学学报：自然科学版，2014，33(01)：70-73.

[3]吕芳蕾．高压大通径送入悬挂系统的研制[J]．石油矿场机械，2015，44(03)：75-77.

[4]邹刚，荣佳佳．一种新型悬挂封隔器的研究与应用[J]．长江大学学报：自然科学版，2016，13(04)：65-68.

[5]薛建军，童征，魏松波，等．封隔器滑套分段压裂关键工具研制及应用[J]．石油矿场机械，2015，44(11)：44-50.

[6]梁凌云，赖海涛，吴付洋，等．裸眼封隔器分段压裂技术在低渗砂岩气藏的应用[J]．石油化工应用，2014，33(06)：63-66.

[7]薛建军，童征，魏松波，等．封隔器滑套分段压裂关键工具研制及应用[J]．石油矿场机械，2015，44(11)：44-50.

[8]伊西锋．非常规油气水平井管内多级分段压裂新技术[J]．石油机械，2014，42(04)：62-66.

[9]许国林，李博，王洪潮，等．Φ140 型裸眼分段压裂套管外封隔器的研制[J]．石油机械，2011，39(07)：54-55.

[10]张丽娟，赵广民，赵粉霞，等．压缩式裸眼封隔器的研制与应用[J]．石油机械，2012，40(12)：82-85.

[11]陈东波，房好青．分段改造完井技术在超深超低渗透油藏中的应用[J]．新疆石油天然气，2015，11(03)：41-44.

[12]米强波，伊向艺，罗攀登，等．塔中超深致密砂岩油藏水平井分段压裂技术[J]．西南石油大学学报：自然科学版，2015，37(02)：114-118.

[13]李斌，朱兆亮，刘佳良．水平井压缩式封隔器密封结构优化研究．润滑与密封，2013，38(6)：77-80.

[14]徐路，黄世财，张超，等．国产 LXK 系列高温裸眼封隔器的应用及评价[J]．中国西部科技，2014，13(08)：49-51.

[15]秦金立，吴姬昊，崔晓杰，等．裸眼分段压裂投球式滑套球座关键技术研究[J]．石油钻探技术，2014，42(05)：52-56.

[16]郭朝辉，魏辽，马兰荣．新型无级差套管滑套及其应用[J]．石油机械，2012，40(10)：91-94.

[17]杨永青，王治华，王磊，等．无限级滑套压裂新工艺在苏里格气田的应用[J]．钻采工艺，2015，38(01)：62-63.

[18]黄龙藏，张浩，单锋，等．全通径分段改造工艺在超深碳酸盐岩水平井中的应用[J]．江汉石油职工大学学报，2015，28(01)：33-35.

[19]魏辽，秦金立，朱玉杰，等．套管水平井全通径分段压裂工具新进展[J]．断块油气田，2016，23(02)：248-251.

[20]王耀稼，王再兴，李云峰．连续管无限级压裂新技术[J]．中外能源，2016，21(03)：48-52.

[21]戴文潮，秦金立，薛占峰，等．一球多簇分段压裂滑套工具技术研究[J]．石油机械，2014，42(08)：103－106.

[22]姚昌宇，王迁伟，高志军，李嘉瑞，朱新春．连续油管带底封分段压裂技术在泾河油田的应用[J]．石油钻采工艺，2014，36(01)：94－96.

[23]曲丛锋，王兆会，刘硕琼，等．页岩气分段压裂完井工具初探[J]．石油机械，2012，40(09)：31－35.

[24]安伦，何东升，张丽萍，等．国内外水平井压裂滑套技术研究进展[J]．石油矿场机械，2016，45(02)：84－88.

[25]吕玮，张建，董建国，等．水平井固井预置滑套多级分段压裂完井技术[J]．石油机械，2013，41(11)：88－90.

[26]席仲琛，徐迎新，曹欣．水平井油管钻磨复合桥塞技术及应用[J]．石油钻采工艺，2016，38(01)：123－127.

[27]徐克彬，张连朋，吉鸿波，等．高压复合材料桥塞应用实践[J]．油气井测试，2009，18(03)：63－65.

[28]王迁伟，王德安，张永春．泵送可钻桥塞分段压裂工艺在红河油田的应用[J]．重庆科技学院学报：自然科学版，2014，16(06)：82－84.

[29]杨东．大庆油田深层气井连续油管输送桥塞技术应用[J]．油气井测试，2016，25(03)：54－55.

[30]王伟佳，熊江勇，张国锋，等．页岩气井连续油管辅助压裂试气技术[J]．石油钻探技术，2015，43(05)：88－93.

[31]严向阳，王腾飞，徐永辉，等．连续管坐塞与分簇射孔联作技术[J]．石油机械，2015，43(05)：107－110.

[32]全国石油钻采设备和工具标准化技术委员会．石油天然气钻采设备 封隔器规范：SY/T 5106—2019[S]．北京：石油工业出版社，2019：1－28.

[33]车登先，刘化国，杨玉生，等．YZG－Ⅰ型油管传输液压坐封工具及其应用[J]．石油机械，1997(08)：37－38.

[34]尚琼，王伟佳，王汤，等．连续油管钻复合桥塞工艺研究[J]．钻采工艺，2016，39(01)：68－71.

[35]逄仁德，崔莎莎，韩继勇，等．水平井连续油管钻磨桥塞工艺研究与应用[J]．石油钻探技术，2016，44(01)：57－62.

[36]刘志军．大庆油田水平井油管输送带压钻磨桥塞技术研制成功[J]．石油钻采工艺，2014，36(01)：125.

[37]吕芳蕾．国内外压裂用新型可溶复合材料井下工具[J]．石化技术，2015，22(06)：113－114.

[38]张炜，李总南．完全可降解桥塞射孔联作系统[J]．测井技术，2015，39(02)：235.

[39]侯光东，陈飞，刘达．水力泵送桥塞压裂技术在长庆油田的应用[J]．钻采工艺，2015，38(02)：54－56.

[40]刘统亮，施建国，冯定，等．水平井可溶桥塞分段压裂技术与发展趋势[J]．石油机械，2020，48(10)：103－110.

[41]王腾飞，胥云，蒋建方，等．连续油管水力喷射环空压裂技术[J]．天然气工业，2010，30(1)：65－67.

[42]田守嶒，李根生，黄中伟，等．连续油管水力喷射压裂技术[J]．天然气工业，2008，28(8)：

61－63.

[43]秦玉英．连续油管喷砂射孔环空分层压裂技术在大牛地气田的应用[J]．钻采工艺，2009，32(4)：49－50，57.

[44]吴成斌，方泽本，游韬，等．水力喷射环空压裂技术在合川区块的应用[J]．油气井测试，2012，21(1)：50－52.

[45]钱斌，朱炬辉，李建忠，等．连续油管喷砂射孔套管分段压裂新技术的现场应用[J]．天然气工业，2011，31(5)：67－69.

[46]任国富，徐自强，王在强，等．Y211 型拖动压裂封隔器研制与应用[J]．石油矿场机械，2015，44(09)：60－61.

[47]李奎为，张振兴，李洪春，等．水力喷射多级压裂管柱改进及应用[J]．石油机械，2016，44(02)：93－96.

[48]李奎为，张冲，李洪春．水平井水力喷射多级压裂工具研制与应用[J]．石油机械，2013，41(12)：18－21.

第五章 压裂液

压裂液是致密砂岩气藏水平井分段压裂的重要组成部分和关键环节，它直接影响压裂改造的成功率和有效性。本章介绍了致密砂岩气藏水平井分段压裂对压裂液的性能要求、压裂液伤害特性以及压裂液配方的研选优化方法。

第一节 压裂液性能要求

压裂液在压裂施工中起着造缝、携砂、降温等作用，具体体现在：①利用水力尖劈作用压开储层，形成人工裂缝，并使其向前延伸；②沿裂缝输送、铺置支撑剂，将支撑剂携带进入裂缝中使之成为具有导流能力的支撑裂缝；③降低井筒和近井筒储层的温度；④压裂施工结束后应尽量减少压裂液滞留对储层造成的伤害，尽可能快速破胶和及时返排，减少破胶液对储层的伤害。

针对致密砂岩气藏低孔、低渗、低压等储层特性以及长水平段水平井分段压裂施工方式多、施工规模大、施工周期长、地层进液多等特点，国内外发展成熟了植物胶类、聚合物类以及黏弹性表面活性剂类等压裂液体系。这些体系的耐温、耐剪切、携砂、降阻、滤失、同步破胶、水锁伤害、返排等性能满足了储层特征与压裂工艺要求，支撑了天然气的增储上产。压裂液的选择与使用应遵循在满足施工工艺前提下最大限度地降低对地层伤害的原则，即在裂缝中要具有满足设计要求的黏度、滤失速度和滤失量低，悬砂性能好，同步破胶性能好，对地层基质和裂缝渗透率损害小等特性，在压裂工艺上要满足变剪切速率下黏度恢复快、降阻率高、配制简单等要求。

一、压裂液的性能表征

植物胶类、聚合物类、黏弹性表面活性剂类压裂液体系的主要性能可表征如下：

(1)黏度：包括未交联的基液黏度、交联后冻胶的热稳定性和耐温耐剪切性能、流体的流变性能、稠度系数 K' 与流动行为指数 n'。

(2)交联时间：将交联剂加到原胶液中，开始计时并缓慢连续搅拌，至压裂液可挑挂(或吐舌头 3cm 以上)时的时间即为交联时间。压裂液的交联时间应小于压裂液流经管柱的时间。

(3)破胶性能：压裂施工结束后，压裂液在储层温度条件下，与破胶剂发生作用而破胶降黏。用破胶液黏度来表征压裂液的破胶性能，关系到破胶液的返排率及对储层的伤害程度。其测定方法是在储层温度条件下，将压裂液密封恒温静置不同时间，用毛细管黏度计或其他黏度计测定破胶液黏度。在30℃时破胶液黏度应小于10mPa·s。

(4)滤失性能：在一定温度和压差作用下，以封闭容器内液体通过单位渗滤面积的滤失表征，包括初滤失量、滤失速度、受黏度控制的液体滤失系数 C_v 和造壁滤失系数 C_w 等参数。

(5)黏弹性能：黏弹性流体是指交联聚合物溶液或其他表现出明显黏弹性特征、导致“爬杆”效应的流体。以流体在一定时间和频率下的储能模量 G' 和耗能模量 G'' 进行表征。

(6)降阻性能：压裂液的管路摩擦阻力小，可降低施工泵压，提高施工排量，节约水马力。在管路流动仪上，测定不同压差下的压裂液与清水的流量，经计算可得出压裂液的降阻率。

(7)助排性能：用表/界面张力仪测定压裂液破胶液的表/界面张力，用接触角测定仪测定破胶液与岩样表面的接触角，为优选适宜的表面活性剂、助排剂提供参考。

(8)残渣含量：残渣是压裂液、破胶液中残存的不溶物质。压裂液中的残渣含量应尽量低，以减小对地层和支撑裂缝的损害。其测定方法是将破胶液离心分离，弃去上清液，将下面的残渣烘干、恒重、称重，计算残渣含量。

(9)对基岩渗透率的伤害率：在压裂改造油气层的同时，压裂液会对油气层的渗透率造成伤害。通过测定压裂液通过岩心前后渗透率的变化，计算压裂液对岩心渗透率的伤害率，来评价压裂液对油气层的损害程度。

(10)与地层流体的配伍性：测定压裂液破胶剂与地层原油和地层水是否产生乳化及沉淀，以便采取措施减少对地层的伤害。

二、储层特征对压裂液性能的要求

(1)耐温、耐剪切性能好。耐温、耐剪切性能是压裂液体系的主要指标，反映了压裂液的热稳定性和耐剪切性能，其性能的优劣直接影响到携砂效果。在储层温度和高剪切速率下，压裂液不发生剧烈的热降解和机械降解，黏度不因温度和剪切速率增加而大幅度降低，以确保造缝和携砂能力。

(2)滤失小。致密砂岩气藏孔隙喉道细小，压裂液滞留在其中很难返排出来，要求压裂液滤失小，完成造缝与携砂任务后能快速返排出来。压裂液滤失性能主要取决于其黏度、地层流体的压缩性与造壁性，一般要求水基压裂液的静态滤失系数应小于 $1.0\times10^{-3}m/min^{0.5}$。

(3)残渣含量低。要求压裂液中水不溶物含量少、残渣量低，宜选用性能优良的稠化剂，以降低水不溶物含量，减少残渣含量。

(4)易破胶、返排快。低压力系数储层要求压裂液破胶性能、助排性能好，施工后能快速、彻底破胶，及时返排。储层压力系数小于1.0时，考虑辅助助排措施。

(5)伤害小。对于黏土矿物含量高的储层，应优选高效黏土稳定剂，防止黏土膨胀与微粒运移，减少储层水敏伤害。在水锁伤害强的地层中，应加入防水锁剂，预防或降低水锁伤害。

(6)配伍性好。与地层流体配伍性好，不发生黏土膨胀或产生沉淀而阻塞地层，与地层流体不形成乳状液。据统计，部分油气藏压裂后效果不理想或失败的原因之一就在于压裂液的配伍性较差。

三、压裂工艺对压裂液性能的要求

(1)变剪切速率下黏度恢复率高。水平井压裂过程中，在井筒、射孔孔眼和裂缝中的剪切速率高且各不相同，要求压裂液在变剪切速率下的流变性能保持稳定，高剪切转换到低剪切时黏度能迅速恢复，满足变剪切的压裂工艺要求。

(2)高降阻率。水平井井筒长，分段压裂施工排量高，要求压裂液具有较低的管路沿程摩阻，以获得限压下的设计排量。一般要求压裂液的降阻率应大于60%。

(3)同步破胶。水平井分段压裂施工周期长，各段压裂施工结束后方能放喷排液，前序压裂的井段过早破胶将导致压裂滤液向地层滤失多，支撑剂沉降到裂缝底部，影响压后效果，要求压后各段同时破胶，对压裂液的破胶性能提出了更高要求。

(4)现场配制简单。水平井分段压裂用液规模大，要求压裂液配制简单，易于操作，劳动强度低，满足速配、连续混配或即配即注要求。

(5)性价比高。要求压裂液综合性能好、货源广、成本低、可操作性强。

第二节　致密砂岩气藏储层伤害特性

致密砂岩气藏属于低渗–特低渗储层，普遍具有渗透性差、非均质性严重、孔喉结构变化大、孔喉半径细小、毛细管力高、泥质胶结物含量高、水敏性强、水锁伤害严重等特点，常规水基压裂液的伤害将严重影响压裂效果，要求压裂液在具备多种优良性能的基础上，还应具有更强的防水锁、防水敏等性能。

压裂过程中由于压裂液选择不当、性能较差或与压裂工艺不匹配会对储层造成伤害，这种伤害不仅大大降低了裂缝的导流能力，还会损害储层本身的渗流能力，引起储层内部结构和性质发生改变，从而造成对储层的伤害。因此，入井压裂液及其性质是压裂中储层伤害的重要外在因素，也是影响压裂成败诸多因素中的重要方面；压裂液类型、性能及其优化结果对能否形成相对复杂且具有足够导流能力的裂缝并减少对储层的伤害，最大限度地提高增产效果是密切相关的。

一、黏土矿物引起的储层损害原因分析

黏土颗粒带有电荷，这些电荷可分为三种：永久负电荷、可变电荷及正电荷。其带电

原因主要为以下方面：

(1)黏土颗粒带永久负电荷，原因在于黏土矿物晶格中阳离子的取代主要取决于晶格取代作用的多少；

(2)蒙脱石的永久负电荷主要来源于铝氧八面体，通常蒙脱石的每个晶胞有 0.25～0.6 个永久负电荷；

(3)伊利石的永久负电荷主要来源于硅氧四面体，其中大约有 1/6 的硅被铝取代，黏土矿物的每个晶胞中约有 1 个永久负电荷；

(4)高岭石的晶格取代相对于蒙脱石和伊利石更加微弱，永久负电荷很少，几乎测不出来。

二、微粒分散/运移对致密砂岩储层的损害

致密砂岩储层中，位于孔隙流动系统中的黏土矿物晶体尺寸小，其晶片容易破碎，吸水性、分散性、膨胀性强，具有较强的吸附性与阳离子交换性，且占据大部分孔隙空间。气层开采前，黏土矿物处于稳定状态，一旦储层中流体超过临界流速，流体矿化度、pH 值等条件改变，微粒的稳定场遭到破坏，微粒极易离开其生长依附的颗粒表面，在压差下随流体运移，在狭小的喉道处卡堵，降低储层的渗滤能力。

地层微粒发生运移的力学机理：黏土矿物或其他矿物形成的地层微粒在孔隙结构流体介质环境中受到自身重力、微粒间和微粒－孔隙壁间的范德华力、颗粒间双电层排斥力以及流体流动时地层微粒所受的水动力的综合作用。其中重力(w)与范德华力 $F(\mathrm{A})$ 的作用是维持地层微粒在原处不动的积极效应，而双电层排斥力和水动力作用是启动微粒的消极效应。正反两方面效应的综合结果就决定了是否产生地层微粒运移。

储层岩石骨架是由矿屑和岩屑等矿物构成，成岩过程中形成的自生矿物数量虽少，但易与工作液发生物理和化学作用，导致储层渗透性显著降低。这部分矿物多属于敏感性矿物，其特点是粒径小(小于 37μm)，比表面大，多数位于孔喉处，优先与外界流体接触，作用速度快，易引起储层损害。

压裂酸化储层改造作业过程中，储层损害(水敏、酸敏、速敏、碱敏、盐敏、压力敏等)都与油气层中存在的黏土矿物有着紧密联系，而这些损害的程度与机理都主要取决于油气层中黏土矿物的类型、含量及产状。

几乎所有的沉积岩中都含有一定量的黏土矿物，大多数致密砂岩气藏黏土矿物含量较高，黏土矿物多以伊/蒙混层和伊利石为主，水敏性强，黏土水化膨胀伤害严重，当压裂酸化工作液与油气层中的黏土矿物不配伍时，就会发生黏土矿物水化膨胀与分散运移，从而堵塞油气通道，大幅度降低油气层的渗透率，严重时可堵死油气层。

据文献报道，若砂岩中含水敏性黏土为 1%～4% 时，如果注入与黏土矿物不配伍的流体，则可能完全堵死油气层通道。因黏土矿物水化膨胀造成的油气层损害可使原油产量降低 70% 以上。基于此，压裂液体系应具有良好的黏土稳定性能，水平井分段压裂分段多、作业时间长，要求压裂液应具有长效防膨功能。

三、致密砂岩储层敏感性评价

分析岩石矿物成分对压裂效果的潜在影响，实质上是分析岩石中的敏感性矿物可能对储层渗透性产生的潜在影响。储层敏感性评价主要是通过岩心流动实验，考察储层岩心与各种外来流体接触后所发生的各种物理化学作用对渗透率等岩石性质的影响程度。

储层中常常含有高岭石、蒙脱石、伊利石、绿泥石等敏感性矿物，其粒径一般很小(小于10μm)，这些敏感性矿物以不同产状存在于储层中的孔隙表面、喉道等处，处于与外来流体优先接触的位置。由于敏感性矿物的物理、化学性质稳定区间狭小，在钻完井作业中，当各种外来流体(入井液)侵入储层后，易与其所含流体发生各种物理、化学作用，导致油气自然生产能力或注入能力下降，即发生储层损害。储层损害的程度可用储层渗透率的下降幅度来表示，也即室内敏感性评价依据。

从储层矿物种类来看：因蒙脱石发生水化膨胀，绿泥石导致低pH值含铁络合物沉淀，长石导致高pH值下分散运移，可能导致在压裂施工后的返排和生产阶段出现明显的排液、产液困难。实践证明，在钻完井、压裂/酸化、防砂、堵水调剖、修井、注水和采油等作业过程中，都可能发生不同程度的地层损害，其中有些损害是永久性和不可逆的，因此，储层一旦受到损害往往难以消除。通过储层敏感性评价，找出储层发生敏感的条件以及由于敏感造成的损害程度，为钻完井液、压裂酸化工作液等设计及其他参数优化提供依据。

砂岩储层常规“六敏”实验中分别用速敏、水敏、盐敏、酸敏、碱敏、应力敏的损害指数来评价储层的损害程度，评价标准与指标见表5-1。

表5-1 储层敏感性损害评价指标

损害率/%	损害程度
$D \leq 5$	无
$5 < D \leq 30$	弱
$30 < D \leq 50$	中等偏弱
$50 < D \leq 70$	中等偏强
$D > 70$	中强

低渗、特低渗致密砂岩储层岩心中使用液体作为渗流介质时难以驱动，储层敏感性评价实验除应力敏感性使用目标储层岩心外，其余均为人造岩心，实验流体为依据目标储层地层水组成配置的模拟地层水。

根据石油天然气行业标准SY/T 5358—2010《储层敏感性流动实验评价方法》的规定进行实验。

1. 速敏性

速敏性是指在钻井、采油(气)、增产和注水等作业或生产过程中，当流体在油气层中流动时，引起油气层中微粒运移并堵塞孔隙喉道造成油气层渗透率下降的现象。

储层速敏损害程度与流速，地层微粒的润湿性，速敏性矿物含量和产状、尺寸及裂缝宽度和表面粗糙度等有关。速敏矿物主要为黏土矿物及粒径小于37μm的各种非黏土矿物，如微晶石英、菱铁矿、微晶方解石等。

一般认为储层中微粒粒径小于37μm即会发生速敏损害，速敏性矿物主要包括高岭石、伊利石等。分散质点状的黏土矿物容易发生微粒运移，而集合状黏土矿物则难以运移造成速敏损害。如果目标区内黏土矿物发育，绿泥石以包壳状生长在颗粒表面，发丝状伊利石在颗粒之间形成桥接，这些黏土矿物都容易受到流速变化的影响。一旦流体速度超过临界速度，流速超过占优势的黏土矿物微结构的稳定场，极易引起绿泥石失稳、脱落，发丝状伊利石折断，散落的黏土微粒与脱落的微晶、非晶微粒一道随流体运动，在孔喉、裂缝狭窄处堆积，形成堵塞，导致储层渗透率降低。

2. 水敏性

储层水敏损害程度主要与蒙脱石、伊/蒙间层和绿/蒙间层等水敏性矿物有关，低孔低渗储层中的黏土矿物膨胀对储层物性影响明显。

如果储层存在水敏，要求防止黏土微粒运移堵塞储层或压后出砂，在压裂液中添加长效黏土稳定剂，防止黏土膨胀及微粒运移堵塞充填区域造成产量下降等问题，需开展不同类型黏土稳定剂长效防膨性能评价。

3. 盐敏性

储层的盐敏损害矿物主要为蒙脱石、伊/蒙间层和绿/蒙间层矿物。由于矿化度升高造成的储层损害可分为两种情况：一种是入井工作液矿化度升高引起盐析沉淀堵塞孔喉，导致渗透率下降；另一种是地层水矿化度升高使其与黏土矿物之间的胶体化学性质改变，从而引起黏土的收缩、失稳、脱落，导致孔喉堵塞，损害储层。

4. 酸敏性

储层酸敏性矿物包括氢氟酸敏感矿物，如方解石、白云石、长石、微晶石英、沸石、各类黏土矿物和云母；盐酸敏感矿物，如富铁绿泥石、菱铁矿、黄铁矿、赤铁矿、铁方解石、铁白云石、黑云母、磁铁矿等。

5. 碱敏性

储层碱敏损害的主要原因是碱破坏了储层黏土矿物的微结构，形成分散的微粒；另一原因是Ca^{2+}、Mg^{2+}离子形成$Ca(OH)_2$、$Mg(OH)_2$沉淀堵塞喉道。碱敏性矿物主要为高岭石等黏土矿物、长石和微晶石英。控制入井流体的pH值、降低滤失量是预防储层碱敏的最佳方法。

6. 应力敏感性

储层岩石的应力敏感性是指渗透率随应力变化的性质。

(1)实验方法

应力敏感性实验就是模拟围压条件考察物性随有效应力的变化关系：①常规条件下，储层物性与就地条件下物性测定值之间的差异；②储层条件下，当有效应力改变时物性随应力而变化的特性。

单轴应力敏感性实验程序：①天然岩心洗油后烘干；②设定净应力点：2MPa、5MPa、

8MPa、12MPa、15MPa、20MPa、25MPa、30MPa、35MPa、40MPa；③在毛细管流动孔隙仪上测定各应力点对应的气测渗透率；④压力释放过程中，测定各压力点渗透率的恢复情况。

三轴应力敏感性评价实验程序：①天然岩心洗油后烘干；②设定净应力点：2MPa、5MPa、8MPa、12MPa、15MPa、20MPa、25MPa、30MPa、35MPa、40MPa；③在毛细管流动孔隙仪上测定各应力点对应气测渗透率；④压力释放过程中，测定各压力点渗透率的恢复情况；⑤重复上述实验步骤②~④两次。

(2)应力敏感性评价结果

大量低渗致密砂岩储层岩心渗透率应力敏感性实验结果表明：岩心渗透率随压力增加急剧降低，说明储层岩心具有较强的应力敏感性，伤害后渗透率很难恢复。

国内东部某低渗致密砂岩储层岩心的覆压渗透率实验结果显示：覆压渗透率是常压下测试渗透率的几倍至十几倍。

四、水锁损害

水锁损害是低渗致密砂岩气藏主要损害类型之一。水锁效应是在油气开发过程中，当钻完井液等外来流体侵入储集层后，造成近井壁处油气相渗透率降低的现象。Holditch 等人于 1979 年提出了水锁的概念，即当储层被打开时，外来液体与储层接触后，会在水-气弯曲界面上存在一个毛细管力。在毛细管力作用下，外来流体更易进入储层且气驱水到一定程度后就无法再驱出水，此时的含水饱和度即为束缚水饱和度，还滞留在孔喉中的水相就会堵塞流动通道。这些水相堵塞会引起附加的压力，最终会影响储层的采收率，这种储层伤害称为水锁伤害。低渗透储层与中高渗透储层相比，水锁伤害更为严重。

地层中的流体经长时间地质作用后，流体矿化度相对稳定，当地层被打开后，外来工作液会进入地层，一旦侵入地层的外来流体与地层流体、岩石不配伍，打破黏土矿物等敏感性矿物原有的物化平衡，将使黏土矿物微结构遭到破坏，引发黏土矿物分散/运移，必将对储层造成损害(Tchistiakov，2000；Ghalamblor，2000)。

1. 水锁损害机理

水锁损害产生的主要机理是毛细管力自吸作用和滞留作用。致密砂岩气藏水锁损害导致储层毛细管力增加，储层损害和毛细管力增加的综合影响会导致严重的水锁损害。

水锁效应的本质是由于毛细管力而产生了一个附加的表皮压降，它等于毛细管弯液面两侧非润湿相压力与润湿相压力之差。渗透率越小的储层，水锁损害越严重。由于低渗透气藏普遍具有低孔、低渗的特点，气相的流动通道狭窄，渗流阻力大，液固界面及液气界面的相互作用力大，致使水锁效应尤为突出，低渗透气藏一旦发生水锁，渗透率损害率可达 70% 以上。随着水相的侵入，储层的含水饱和度增加，油水界面张力增加，从而引起岩石孔隙油水界面的毛细管力增加，而毛细管力的大小又与孔喉尺寸的大小成反比，渗透率越低的岩心孔喉半径越小，毛细管力越大，水锁损害越严重。

$$P_c = 2\sigma_{wg}\cos\theta_{wg}/r \tag{5-1}$$

式中 P_c——气水毛细管力，dyn/cm^2；

σ_{wg}——气水界面张力，dyn/cm；

θ_{wg}——气水接触角，(°)；

r——毛细管半径，cm。

从式(5-1)可以看出，毛细管力的大小与多孔介质的直径成反比，由于低渗气藏的孔隙尺寸比中高渗储层要小得多，所以毛细管力比较大，而气藏多属水湿气藏，气水润湿性差异很大，使毛细管力成为气驱水的阻力，进入储层的水更加不易排出，所以低渗气藏的水锁效应更为严重。

低渗气藏的细喉型喉道类型决定了储层具有较大的毛细管力，当外界水相与储层接触时，在毛细管力的驱动下产生自吸入现象，毛细管力越大，液相侵入越深，气层的伤害也越大。在气排水时，毛细管力成为阻力，如果储层压力低或侵入程度深，则会导致侵入的流体在气层中严重滞留。储层中黏土矿物尤其是膨胀型黏土矿物及其他自生矿物在原始地层条件下处于一种含有一定矿化度的盐水环境中，当淡水或低矿化度的水进入地层后，由于环境条件的改变，这些矿物就会发生膨胀、分散、脱落及运移，造成孔隙变小和裂缝闭合，出现大量的微细孔隙，产生强吸水区，从而导致严重的水锁损害。

2. 影响水锁程度的因素

影响水锁效应的因素主要有储层物性、相渗曲线、水相物理侵入深度、生产压差、岩石的润湿性和界面张力及温度。

(1)储层物性：岩心样品的水锁损害实验表明，渗透率和孔隙度越高，水锁损害程度越小；储集层中伊利石、泥质含量越高，水锁损害越大；水锁损害程度与束缚水饱和度呈正相关关系，与原始含水饱和度呈负相关关系。

(2)相渗曲线：由于孔隙介质不混相流体的多相干扰作用，流体低饱和度区间的气水相对渗透率曲线越陡，说明随着含水饱和度的增加，气相渗透率的下降越明显。岩石的孔渗性影响相对渗透率曲线形态，岩石越致密，曲线越陡。

(3)水相物理侵入深度：制约着有效储层压力排出滞留水的能力，侵入深度越深，排出滞留水越困难，水锁造成的渗透率降低量越大。

(4)生产压差：生产压差影响受毛细管力作用而被圈闭在地层中的水量。在较高生产压差下，毛细管末端效应降低到最低程度，较低的生产压差可使大量的水滞留在地层中。

(5)岩石润湿性和界面张力：对于水湿气藏，如果初始含水饱和度低于储层的束缚水饱和度，作业过程中在毛细管力作用下，储层会对外界水相流体产生自吸作用，形成难以消除的水锁堵塞。界面张力、气测渗透率和储集层的水饱和度是影响水锁损害程度的主要因素，其中油水界面张力对水锁损害的影响更为明显。

(6)温度：较高的温度会形成较大的蒸发压力，并因此形成较大的蒸发速率，提高蒸发速率可快速消除水锁。

压裂过程中经常会出现压裂液滤失量大、造缝不充分，造成压裂液量低于设计要求；破胶不彻底或出现返胶，在地层细喉处长期滞留沉积造成堵塞，影响压裂增产效果。特别是对于低压、低孔细喉及强水敏性低渗透凝析气藏影响更大。同样，在进行储集层酸化处理时，由于残酸返排不及时、不彻底，pH 值升高会产生氟硅酸盐、氟铝酸盐、金属氢氧化物等二次沉淀，运移至窄细孔喉处，产生液锁及贾敏效应，造成多重污染堵塞，影响油气井产能。这些损害都可归结为水锁损害。

3. 水锁损害评价与解除方法

(1)实验方法

实验基本步骤如下：

①钻取储层天然岩心，直径 5cm、长 5 ~ 8cm；

②氮气测干燥岩心渗透率；

③真空饱和法测岩心孔隙度；

④建立岩心不同含水饱和度，并测定对应的气相渗透率，用模拟地层水和压裂液破胶液作为建立含水饱和度的工作液流体；

⑤数据处理和分析。

实验的关键在于建立不同含水饱和度，且使侵入流体要均匀分布在岩心中，然后精确测量这一饱和度值。目前建立含水饱和度的方法归纳起来主要有以下几种：自然风干法、干气驱替法、离心法、烘干法、加湿气驱替法。但由于岩石孔喉的复杂性以及所使用岩心样品的不同，不同方法所得到的结果难以进行对比。要使实验岩心中流体分布接近实际地层流体分布情况，要求进入岩心的流体在岩心中尽量均匀分布。主要采取以下三种方法将岩心建立不同的含水饱和度，能够较好地代表地层水的实际情况。

①毛细管力自吸水饱和法

将岩心通过毛细管力自吸水，控制岩心吸水量以达到不同的含水饱和度，然后使用真空离心机在 2000r/min 条件下离心 15 ~ 20min，以确保吸入的水尽量均匀分布在岩心中。

②高温氮气驱饱和法

将岩心真空完全饱和地层水，然后装入夹持器按照常规岩心流动实验流程用高温氮驱替岩心以逐步降低含水饱和度。在实验过程中对岩心进行随时称重并测量气体渗透率，以计算出不同的 S_w 及其对应的 K_g。

③混合水饱和法

将甲醇和模拟地层水按不同比例配制成系列溶液，真空饱和岩心，在自然条件下静置一段时间，利用甲醇极易挥发的特点，对岩心建立不同含水饱和度的实验样品，称重法确定地层水的含水饱和度，然后测渗透率。

(2)解除水锁损害的方法

国内外油气田常用的降低或消除水锁损害的方法主要有：水力压裂、预热地层、注混相水溶剂、添加表面活性剂、增大生产压差、酸化处理。

①水力压裂法：降低近井区的压降损失，扩大有效流入范围，使气井保持较高的井底压力生产，推迟井眼附近凝析液的聚集。在压裂作业时尽量避免使用水基压裂液，同时尽量采用负压作业，尽可能减少与水相作业流体接触的机会。

②预热地层法：向储层注入管输入特殊干燥气体，使近井地带发生物理干化，以消除储层中的水锁效应，通过专有的井底传输油管加热工具注入气体，直接加热井底近井地带目标层，使井筒附近温度超过500℃，达到反渗吸水超临界抽提的目的。该法可有效解除因钻完井液滤液造成的浅层气层中次目标层的水锁损害。实验研究结果表明：运用强热可蒸发掉束缚水和圈闭水，破坏黏土矿物晶格结构，提高富含黏土地层的渗透率，有利于消除或缓解水锁损害。

当侵入水含盐度很高或总溶解固体物质含量较高时，由于水相的蒸发会造成孔隙内沉淀大量固体物质，大大削弱消除水锁效应的效果，在采用注干气法消除水锁时应特别加以注意。

③注混相水溶剂法：在低于油气藏温度时，向近井地带注入混相水溶剂，闷井一段时间，当近井温度与油气藏温度相同时打开油井，这时释放的压力会对溶剂和水产生闪蒸作用，束缚水得以解除，降低了水锁效应。

④添加表面活性剂法：表面活性剂可降低溶液的表面张力，改变体系界面状态，使表面呈活化状态，产生润湿或反润湿；同时，由于表活剂是一种易挥发的极性物质，可加速侵入液的蒸发，有利于近井地层滞留液以蒸发方式被驱走，有效解除水锁效应。

赵东明等以室内实验为基础，探讨了醇处理的效果。研究表明：醇处理解除水锁的原理主要是醇与模拟地层水形成混合溶液，降低体系的表面张力；醇与实验岩心中残余的模拟地层水混合后形成低沸点共沸物，易于气化排除；醇有防止黏土膨胀、使膨胀黏土收缩并能使在水中涨开的聚合物分子收缩的性质。甲醇、乙二醇、乙二醇/乙醚等化学表活剂现场应用结果表明：这些表活剂都具有减缓水锁效应的能力，其中甲醇作用效果最好，无水乙二醇次之。

⑤增大生产压差法：如果储层压力较高、水相侵入相对较浅，可在储层中施加较高的瞬时毛细压力梯度，使剩余水饱和度明显降低。增大压降一般可有效地将含水饱和度降低到束缚水饱和度。

⑥酸化处理法：在碳酸盐储层中，通过酸化作业可以增大孔隙体积，降低地层对水锁效应的敏感性，但这种方法不适合与酸发生反应的储层。

致密砂岩储层因其具有发育的微孔隙结构，水力压裂时具备发生水锁效应的地质条件、流体条件和压力条件。控制毛细管力，即降低液相对微孔隙的侵入，降低液相对基质表面润湿是解决水锁损害的有效方法。压裂液研选和优化时加入高效助排剂，可降低压裂液的表面张力，减少压裂液在地层中的滞留时间，加快返排速度，降低压裂液对地层的伤害。同时，由于致密砂岩中的黏土矿物本身带负电荷，利用表面活性剂一端亲水、一端亲油的特性，采用离子型表面活性剂，在降低表面张力的同时可增大润湿角，降低毛细管力，减小水锁效应。

第三节　压裂液配方构建与性能

压裂液携带支撑剂进入储层并将其铺置在人工裂缝中，压后留下高导流裂缝的关键载体，既要满足压裂工艺的设计要求，又要与储层具有良好的配伍性。如果压裂液体系选择不当、性能较差，不仅难以完成携带支撑剂的功能，还会损害储层本身的渗流能力，引起储层内部结构和性质发生改变，从而对储层造成伤害。因此，压裂液配方的优化应以储层保护为前提，优化各添加剂加入比例，通过压裂液的综合性能评价，优选出适合于目标区块储层特征的高效、低成本、低伤害压裂液体系。

一、羟丙基胍胶(HPG)压裂液体系

羟丙基胍胶压裂液是致密砂岩气藏应用最广泛的工作液体系，由稠化剂、交联剂、黏土稳定剂、助排剂、破乳剂、杀菌剂和pH值调节剂等组成，各添加剂选择是否适当，直接影响着压裂液的性能，它是压裂液优化的重要环节之一。

1. 稠化剂评价

稠化剂是压裂液最主要的添加剂，它在水中溶解，形成具有一定黏度的溶液，其作用是增加黏度、降低摩阻和减少滤失。稠化剂性能主要以其增黏能力、交联能力、耐温和耐剪切能力、水不溶物含量来表征。选择压裂液稠化剂的原则是增黏性能好、交联能力强、水不溶物少、价格便宜等。稠化剂增黏能力强，可以减少稠化剂用量，相对降低残渣含量，减少对储层的损害。水不溶物与残渣密切相关，一般来说，水不溶物高，残渣含量也高，稠化剂高残渣将严重影响裂缝的导流能力，在裂缝壁面形成厚而致密的滤饼，阻碍地层流体的产出，最终影响产能。在致密低渗油气藏压裂过程中，水不溶物引起的压裂液残渣在考查稠化剂性能时显得尤为重要。

稠化剂是压裂液中成本较高的添加剂，通过室内实验优化稠化剂并降低其使用量，提高交联比，压裂液耐温、耐剪切性能增强，压裂液稠度系数增加，残渣含量降低，有利于储层保护及提高裂缝导流能力。一直以来，国内外90%以上都使用植物胶及其衍生物作为稠化剂。胍胶是一种优良的植物胶，具有很好的增稠能力、较低的水不溶物、很强的可交联能力。胍胶原粉取自瓜尔豆内胚乳，直接使用具有不能快速溶胀和水合、溶解速度慢、水不溶物含量高、黏度不易控制、易被微生物分解而不能长期保存等缺点。各种改性胍胶可改善胍胶原粉的不足，但增稠能力均有所下降。油田现场广泛应用的改性胍胶有：羟丙基胍胶(HPG)、羧甲基胍胶(CMG)、羧甲基羟丙基胍胶(CMHPG)、阳离子胍胶等。

2. 交联剂选择

交联剂是通过交联离子将植物胶分子链上的活性基团以化学键连接起来，形成具有黏弹性的三维网状冻胶。水基压裂液用交联剂有锑、铬、铝、硼等无机盐类和有机基团络合的硼、钛、锆等。不同交联剂具有不同的延迟交联特性，耐温、耐剪切性能和破胶降解性能。交联剂的选择要求与稠化剂交联性能好和适用于储层温度，选择原则是：易于交联，延迟时间可调节，交联性能好，耐温、耐剪切性能好，货源广等。

有机硼交联剂克服了无机硼交联剂耐温性能差、交联过快、适用范围窄、施工摩阻高等不足；同时达到或接近有机钛、有机锆交联剂的耐温能力，弥补了其他有机金属交联压裂液破胶困难、对支撑裂缝导流能力伤害严重和对机械剪切较敏感、黏弹性难以恢复等缺

点。有机硼交联剂具有以下特性：①延迟交联时间可控，1～10min；②耐温能力强，温度可达150℃；③易破胶，对支撑裂缝导流能力伤害小。

为满足大规模水力压裂的要求，可考虑采用有机硼交联剂的变交联比技术。交联比主要由压裂设备确定，不同压裂设备因泵送交联剂的方式不同，所要求的交联比也不同，现场使用的交联比变化较大，100：(0.2～20)都有其合理性和现场适应性，一般定为100：(0.3～0.5)。

3. 助排剂评价

助排剂是通过降低处理液的表面张力和油水界面张力以及增大与岩石表面的接触角，来降低处理液在地层流动中的毛细管力，消除"水锁"效应。

选择助排剂应同时考虑：①与储层相对应，砂岩表面带负电，选用阴离子或非离子表面活性剂，以减少表面活性剂在砂岩表面的吸附；②应最大限度降低液体间的界面张力和表面张力，减少压裂液返排的阻力；③具有"一剂多效"作用，在具有较好助排作用的同时兼具一定的破乳作用；④对储层有润湿作用，有润湿洗油的功能。

4. 黏土稳定剂选择

地层中常含一定数量的黏土，带来的问题是：其一，膨胀性黏土矿物(主要为蒙脱石)遇水膨胀，降低了储层的渗透率；其二，非膨胀性黏土矿物(如高岭石、伊利石、绿泥石)微粒在流体流速超过一定值时发生运移，堵塞储层孔隙的喉道，导致储层渗透率降低。因此，黏土稳定包括膨胀性黏土矿物的防膨和非膨胀性黏土矿物的防运移两个方面。

黏土稳定剂是指抑制黏土膨胀或黏土微粒运移的化学剂，同时，具有黏土防膨和防运移作用的化学剂主要为有机阳离子聚合物。其优点有：适用温度范围宽(20～260℃)、耐酸处理、耐油水冲刷、用量少、见效快、有效期长、使用方便、与工作液流体和储层配伍性好、处理后地层的亲水表面不会出现油湿反转等。

保持黏土稳定的关键是确保任何处理液的含盐量等于或大于黏土周围共生水的含盐量。一定浓度的无机盐通过减少黏土表面扩散双电层厚度和zeta电位起到防膨作用。无机盐氯化钾(KCl)是一种很好的黏土稳定剂，由于钾离子(K^+)的直径(0.266nm)与黏土表面由六个氧原子围成的内切直径为0.280nm的空间相匹配，使钾离子进入此空间而不易释放，有效减少了黏土表面的负电性。氯化钾(KCl)作为黏土稳定剂的主要作用机理在于：①K^+具有合适的未水化半径，能嵌入硅酸盐薄片四面体的六元环中，以牢固的库仑力结合防止水化膨胀；②K^+的水化能低，使黏土颗粒间吸附力增大；③K^+在黏土表面吸附能力强，中和黏土表面部分负电荷，压缩双电层，抑制水化膨胀。氯化钾是一种非永久性黏土稳定剂，当其浓度降低到一定值时其防膨作用就消失。

致密砂岩气藏一般应用"无机盐＋有机防膨剂"的双元复合防膨技术来防止黏土膨胀，它结合了有机黏土稳定剂的黏土稳定性能和无机盐的黏土防膨性能，在保证体系具有良好携砂性能和造缝性能的同时，能最大程度降低压裂液对储层的伤害。复合盐黏土稳定剂作为有效黏土稳定剂得以广泛应用，基质损害实验证明复合黏土稳定剂压裂液具有更低的储层损害，一般使用0.3%～1.0%有机黏土稳定剂或1% KCl＋0.1%～0.5%有机黏土稳定剂。KCl不仅具有良好的稳定黏土作用，而且具有抑制或消除高pH值对储层碱敏性的影响。实验结果表明：小分子量有机阳离子聚合物性能优良、防膨率高。

5. 破胶剂优化

破胶剂的目的是在施工结束后快速将压裂液的黏度降低以便返排生产。对于高温地层，靠地层温度热降解破胶是不彻底的，必然对储层和支撑裂缝导流能力造成伤害。因此，高温地层施工后存在破胶困难的问题。为了快速破胶返排和保持压裂液在施工时的黏度，一般使用胶囊破胶剂。参考迅速返排和维持黏度间的关系，施工时前置液以添加胶囊破胶剂为主，少加或不加常规破胶剂；携砂液由少到多逐渐增加，追加常规破胶剂和胶囊破胶剂。

压裂液在泵送和裂缝闭合时，由于液体滤失，聚合物浓度会浓缩5~7倍，给压裂液破胶带来较大困难。常规破胶剂溶解于液体中，会随着液体滤失而进入储层，溶解的破胶剂不会随滤饼上聚合物的浓缩而浓缩，不能有效地使滤饼破胶，导致地层永久性损害。破胶剂必须加到足够高的浓度，才能使聚合物完全破胶，而加大破胶剂浓度使压裂液过早降黏，导致施工中出现脱砂、砂堵。胶囊破胶剂是在常规破胶剂颗粒上包裹一层薄膜，使破胶剂延缓释放，在施工中既可保持所需要的黏度，施工后又可在闭合应力作用下破裂释放出破胶活性物质，达到破胶目的。

优选的低伤害压裂液体系通常在前置液中追加胶囊破胶剂，以清除形成的滤饼，携砂液中追加常规破胶剂，以快速彻底破胶，同时还能保持压裂施工所需要的较高黏度。

对于50℃以下的储层，压裂后破胶困难，需要配合使用低温破胶活化剂，一般施工中采用“过硫酸铵+低温破胶活化剂”的组合方式达到有效破胶。

6. pH值调节剂和杀菌剂选择

溶液pH值是提供植物胶溶胀、增黏和交联的重要因素。提高压裂液的pH值可提高其热稳定性，压裂液的pH值对于交联冻胶的携砂性能有很大影响。使用碳酸钠(Na_2CO_3)和碳酸氢钠($NaHCO_3$)缓冲体系调节胶液pH值，在配液过程中保持植物胶分散、水合增黏作用，满足交联压裂液耐温的需要。一般选用碳酸钠、碳酸氢钠、氢氧化钠(NaOH)等碱作为pH值调节剂；选用甲醛作为杀菌剂。

7. 压裂液配方确定

从储层特征和压裂工艺对压裂液的要求为基点研选出低伤害羟丙基胍胶(HPG)压裂液体系(表5-2)。

表5-2 推荐致密砂岩气藏压裂液配方的主要添加剂

添加剂种类	商品名称	添加剂种类	商品名称
稠化剂	羟丙基胍胶(HPG)或羧甲基羟丙基胍胶(CMHPG)	无机盐防膨剂	氯化钾(KCl)
交联剂	有机硼	黏土稳定剂	有机黏土稳定剂
胶囊破胶剂	胶囊破胶剂	温度稳定剂	温度稳定剂
破胶剂	过硫酸铵(APS)	杀菌剂	甲醛或专用杀菌剂
助排剂	助排剂	pH值调节剂	NaOH、Na_2CO_3、$NaHCO_3$

基液：羟丙基胍胶 + 助排剂 + 黏土稳定剂 + 温度稳定剂 + 杀菌剂 + pH 调节剂；

交联剂：有机硼交联剂；

交联比：100：(0.3～0.4)；

基液黏度：55～90mPa·s；

基液 pH 值：9.5～11.5；

破胶剂：0.0015%～0.03% 胶囊破胶剂 +0.002%～0.02%～0.05% 过硫酸铵，施工时在混砂车上追加。

8. 压裂液综合性能评价

(1)实验仪器

MARS Ⅲ型高温高压耐酸流变仪(德国 HAAKE 公司)，HDF－1 型动态滤失与地层伤害实验评价仪，K100 MK2 型全自动表面张力仪，Fann 35SA 型黏度计，DCAT－21 型表面张力和接触角仪，GGS42－2 型高温高压失水仪，HH－6、HH－4 型数显恒温水浴锅，FA2004N 型电子天平，PHSJ－3F 型实验室 pH 计，RPB10 型笔式 pH 计，毛细管黏度计，JJ－1 型精密定时电动搅拌器，六速旋转黏度计，离心机，烘箱。

(2)耐温耐剪切性能与变剪切性能

实验所用仪器为德国 HAAKE 公司的 MARS Ⅲ型高温高压耐酸流变仪或同类设备。实验方法参照 SY/T 7627—2021《水基压裂液技术要求》和 SY/T 6376—2008《压裂液通用技术条件》执行。

实验结果(图 5－1)表明：压裂液具有较好的耐温耐剪切流变性能，能够满足压裂液携砂的要求。

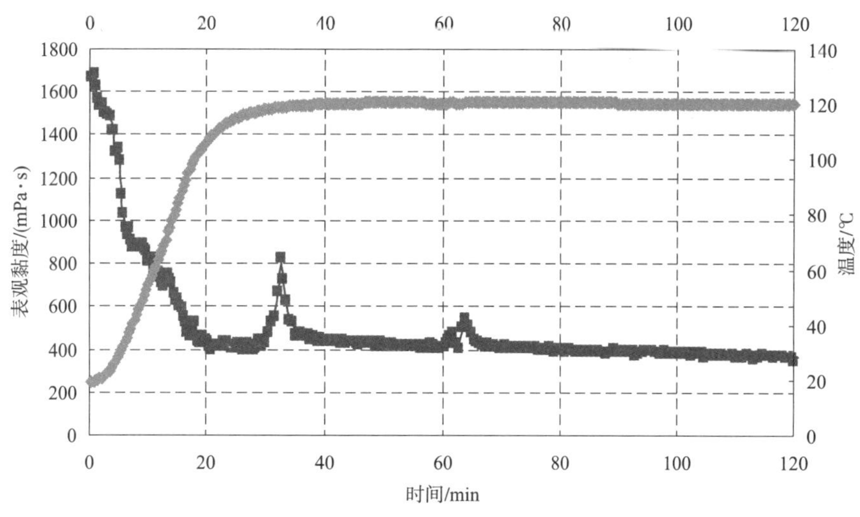

图 5－1　压裂液耐温耐剪切性能(120℃，0.55%HPG)

水力喷射分段压裂施工工艺是从油管加砂、环空补液，压裂液要经过喷嘴的高速剪切，其对压裂液性能要求与其他压裂施工工艺不同，不仅要求压裂液经高速剪切后黏度恢复性能良好，而且要求油管注入的交联冻胶液和环空注入的基液混合后，具有较强的携砂性能。

图5-2是配方为0.45%羟丙基胍胶(HPG)+0.5%黏土稳定剂+0.5%助排剂+1.0% KCl+0.1%杀菌剂+pH值调节剂的压裂液变剪切速率曲线。结果显示，剪切速率在$170s^{-1}$→$1000s^{-1}$→$170s^{-1}$→$1000s^{-1}$→$170s^{-1}$→$40s^{-1}$(每20min转换一次剪切速率)变化过程中，当剪切速率从低到高变化时，黏度快速下降，当剪切速率从高到低变化时，黏度快速恢复。这说明羟丙基胍胶压裂液在变剪切速率下黏度恢复能力较好，可满足水力喷射压裂施工工艺高剪切速率下有效携砂的性能要求。

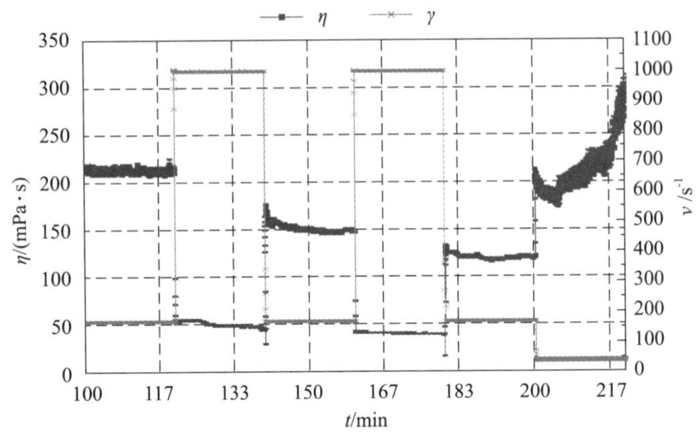

图5-2 压裂液冻胶变剪切速率下耐温耐剪切流变曲线(70℃，0.45%HPG)

水力喷射分段压裂施工工艺注液方式为油管注入交联冻胶、环空注入压裂液基液，二者在井底混合，压裂液能否完全满足要求，还需要评价基液与冻胶以不同比例混合后的压裂液流变性能。图5-3为将压裂液冻胶与基液2:1混合的体系在80℃、$170s^{-1}$剪切速率下剪切120min的耐温耐剪切流变曲线。图中显示，混合后的液体表观黏度大于200mPa·s，表明混合后能保持较高的黏度，能够满足压裂液携砂的要求。

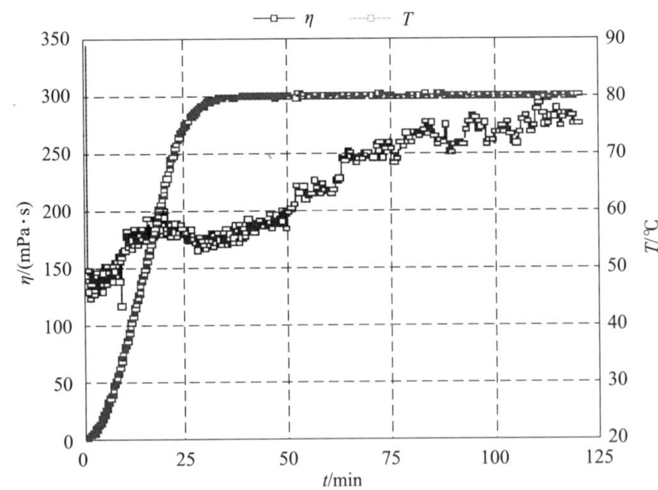

图5-3 冻胶与基液2:1混合体系耐温耐剪切流变曲线(80℃、$170s^{-1}$、0.45%HPG)

(3)破胶性能

不同温度下破胶实验结果表明：压裂液体系具有很好的破胶性能(表5-3)；随温度场变化，温度降低，增加破胶剂用量，有利于压裂液冻胶的快速破胶，降低地层伤害。

表5-3 压裂液在不同浓度破胶剂下的破胶性能

试验温度/℃	交联比	过硫酸铵浓度/%	不同时间(h)破胶液黏度/(mPa·s)				
			1	2	4	6	8
120	100:0.35	0.01	冻胶	冻胶	冻胶	变稀	—
		0.03	3.55	—	—	—	—
		0.05	2.50	—	—	—	—
90	100:0.30	0.005	稀胶	稀胶	稀胶	稀胶	稀胶
		0.01	稀胶	稀胶	4.97	—	—
		0.02	2.43	—	—	—	—
70	100:0.30	0.01	变稀	变稀	变稀	变稀	稀胶
		0.03	3.09	2.85	—	—	—
		0.05	1.55	—	—	—	—

(4)压裂液综合性能

压裂液的综合性能测试结果见表5-4。

表5-4 压裂液综合性能表

测试内容	测试结果	测试内容	测试结果
0.6%胶液黏度/(mPa·s)	122	n'	120℃，60min时0.2331
基液黏度/(mPa·s)	55~85	k'(Pa·s·n')	120℃，60min时1.3701
基液pH值	8.0~9.5	动态滤失损害率/%	33.5
延迟交联时间	45″~2′30″	压裂液残渣/(mg/L)	373
耐温耐剪切性能/(mPa·s)(120℃、120min)	>150	破胶性能/(mPa·s)	70℃、1h、3.09
配伍性能	无沉淀、无絮状物		

二、羧甲基羟丙基胍胶(CMHPG)压裂液体系

低浓度羧甲基羟丙基胍胶压裂液由稠化剂、交联剂、温度稳定剂、黏土稳定剂、助排剂、pH值调节剂和杀菌剂等添加剂组成。压裂液配方中的添加剂相互之间满足配伍性的要求。

1. 添加剂研选

(1)稠化剂

稠化剂是经过多次改性的分子结构上带有疏水基团的羧甲基羟丙基胍胶。为了降低进入地层的胍胶总量，将疏水基团接枝到CMG和CMHPG分子上，形成可以低浓度使用的

H－CMG和 H－CMHPG。图 5－4 中分别给出了 HPG、CMG、H－CMG 的分子结构示意图。

CMHPG 与瓜尔胶原粉、普通 HPG、CMG 相比，亲油基改性之后的羧甲基胍胶在水中的叠加浓度 C^* 大大降低，意味着可以在比普通胍胶浓度低得多的使用浓度下，实现胍胶的交联。CMHPG 分子量约 50 万～100 万，小于普通胍胶分子量，同样浓度水溶液黏度也降低，在高温条件下有利于实现压裂液冻胶性能。

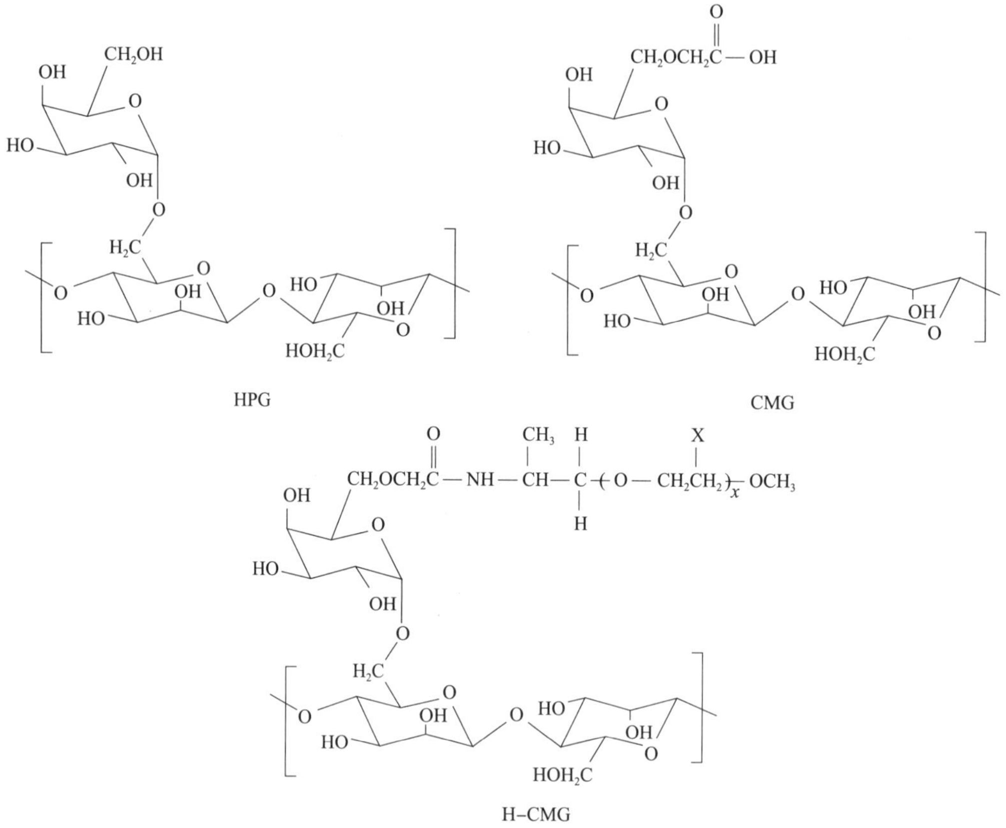

HPG

CMG

H–CMG

图 5－4　胍胶的分子结构式

压裂液对地层的伤害主要来源于水不溶物。通过在 HPG 增稠剂基础上改性，形成羧甲基羟丙基胍胶(CMHPG)，其不溶物含量比 HPG 低很多。

在羧甲基胍胶压裂液中，胍胶使用浓度降低 20%～50%，不仅在裂缝壁面上形成有效滤饼，降低压裂液的滤失，同时亦容易破胶，减少浓缩胶对裂缝的伤害，该体系尤其适用于对浓缩胶和压裂液残渣伤害敏感储层的压裂改造和高温深层的压裂改造。表 5－5 给出了羧甲基胍胶与羟丙基胍胶压裂液稠化剂用量对比。

表 5－5　羧甲基胍胶与羟丙基胍胶压裂液稠化剂用量对比

温度/℃	50	90	120	160	180
羧甲基胍胶浓度/%	0.12～0.15	0.18	0.30	0.45～0.50	0.60
羟丙基胍胶浓度/%	0.35	0.45～0.50	0.50	0.70	—

(2)交联剂

增加胍胶浓度将提高压裂液成本，通常都是通过使用交联剂来提高胍胶水溶液的表观黏度。常用交联剂为含硼、钛、锆、铝、铬的化合物或混合物。一般认为，锆交联可以发生在胍胶及其衍生物的羟基基团或羧基基团上。水溶液中锆与胍胶之间的交联反应存在可能的三种交联机理：氢键交联机理、共价键交联机理和聚合锆共价键交联机理。

氢键可以发生在非离子瓜尔胶及其衍生物(HPG)的羟基基团和锆络合物之间，氢键通常发生在 pH 值为 4 ~ 10 之间，这种类型的键合易被剪切所破坏，但一定时间后又能恢复。

第二种交联机理是通过共价键进行。共价键通过 CMG 或 CMHPG 离子聚合物上的羧基基团和交联剂之间发生键合反应形成，产生比氢键更强的凝胶。

第三种交联机理涉及胶体颗粒与胍胶之间的相互反应。水溶液中存在的锆化合物是以聚合物的形式存在，这些聚合锆实际上是一种胶体颗粒。锆聚合物的存在方式、交联性能与体系中的化学组成和制备方式有极大关系。

常用的锆化合物交联剂有乳酸锆、三乙醇胺锆、乳酸三乙醇胺锆、四丁氧基锆酸酯等，一般不能与胍胶在低浓度下交联形成有效冻胶，即使在提高胍胶浓度下能够交联，耐温和耐剪切能力也远达不到压裂液标准要求。有机硼交联剂需要胍胶浓度大于 0.25% 才能形成有效的压裂液冻胶。羧甲基胍胶压裂液的交联剂中主要含有有机锆化合物，与含有疏水基团改性的胍胶在低浓度下可有效交联，满足压裂工艺要求。

(3)黏土稳定剂

砂岩油气层中一般都含有黏土矿物，黏土矿物含量越高，水敏性越强。黏土矿物遇水后，易水化膨胀和分散运移，降低油气层的渗透率和支撑裂缝壁面的强度。在水基压裂液中必须加入黏土稳定剂，防止油气层中黏土矿物因水化而产生的不利影响。国内外水基压裂液中使用的黏土稳定剂主要有两类：一类是无机盐类，如 KCl；另一类是有机阳离子聚合物。与常规胍胶压裂液不同，羧甲基胍胶压裂液体系要求使用小阳离子型化合物或小分子量有机胺聚阳离子型化合物作为黏土稳定剂。

2. 羧甲基羟丙基胍胶压裂液基本性能

(1)80℃配方组成：

基液：0.25% CMHPG + 0.5% 防膨剂 + 0.3% 助排剂 + 0.4% ~ 0.6% 交联促进剂 + 0.1% 杀菌剂；

基液黏度：18mPa·s；交联剂：有机锆；交联比：100 :(0.25 ~ 0.3)；

基液 pH 值：12；交联时间：20″ ~ 1′30″(不同温度)。

(2)90 ~ 110℃配方组成：

基液：0.3% CMHPG + 0.5% 防膨剂 + 0.5% 助排剂 + 0.8% 交联促进剂 + 0.1% 杀菌剂；

基液黏度：26mPa·s；交联剂：有机锆；交联比：100 : 0.4；

基液 pH 值：13；交联时间：20″ ~ 1′30″(不同温度)。

(3)160℃配方组成：

基液：0.5% CMHPG + 0.5% 防膨剂 + 0.5% 助排剂 + 0.5% 高温增效剂 + 0.8% 交联促

进剂 +0.1% 杀菌剂；

基液黏度：65mPa · s；交联剂：有机锆；交联比：100 : 0.5；

基液 pH 值：12；交联时间：50″ ~3′30″(不同温度)。

(4)180℃配方组成：

基液：0.6% CMHPG +0.5% 防膨剂 +0.5% 助排剂 +0.5% 高温增效剂 +0.8% 交联促进剂 +0.1% 杀菌剂；

基液黏度：96mPa · s；交联剂：有机锆；交联比：100 : 0.6；

基液 pH 值：11；交联时间：50″ ~3′50″(不同温度)。

(1)耐温耐剪切性能

图 5 -5 ~ 图 5 -8 分别给出了 80℃、110℃、160℃和 180℃下交联冻胶的剪切流变结果。

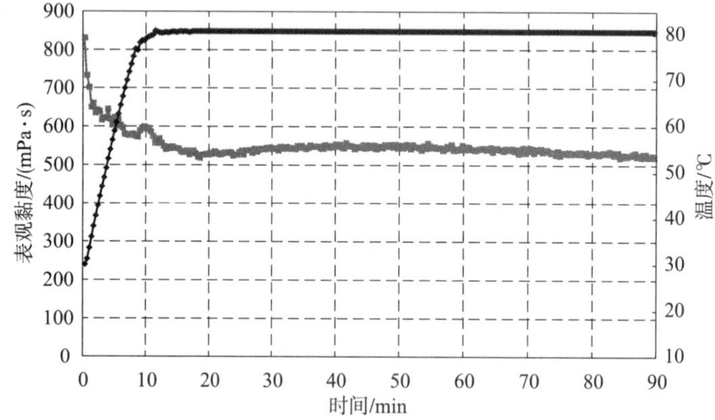

图 5 -5 羧甲基胍胶压裂液耐温耐剪切性能(80℃)

由图 5 -5 结果可看出，羧甲基胍胶压裂液具有较好的耐温耐剪切性能，在 80℃下，剪切 90min 黏度仍保持 500mPa · s，可满足储层条件下的压裂液携砂要求。

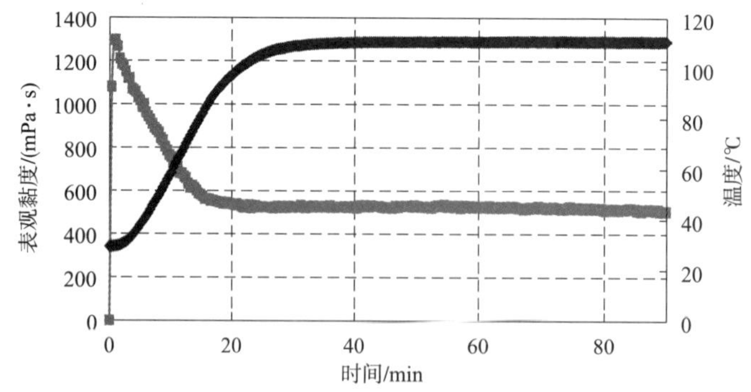

图 5 -6 羧甲基胍胶压裂液耐温耐剪切性能(110℃)

在 110℃下，压裂液体系剪切 120min，表观黏度为 490mPa · s，交联冻胶具有良好的耐温耐剪切性能。

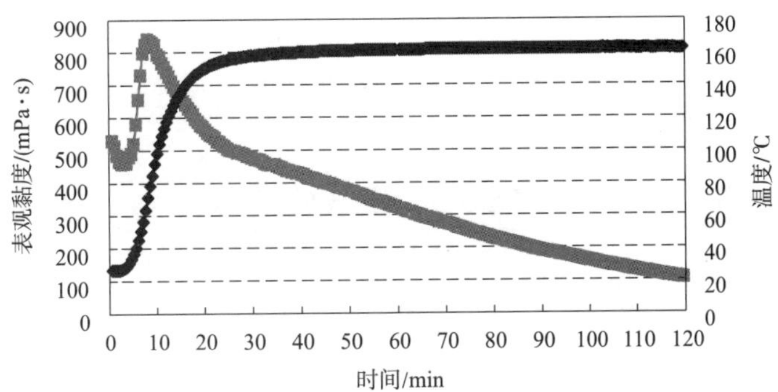

图 5-7 羧甲基胍胶压裂液耐温耐剪切性能(160℃)

在160℃、170s⁻¹条件下剪切120min，压裂液表观黏度为106mPa·s。

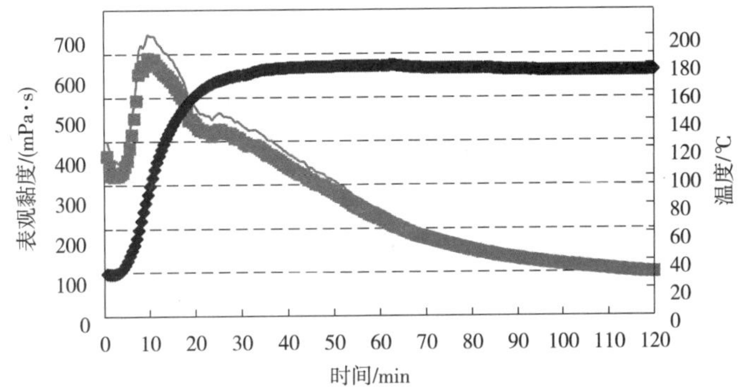

图 5-8 羧甲基胍胶压裂液耐温耐剪切性能(180℃)

在180℃、170s⁻¹条件下剪切120min，压裂液表观黏度为109mPa·s。

实验结果表明：高温压裂液体系具有很好的耐温耐剪切性能，在长时间压裂施工过程中，压裂液都维持一个合适的黏度，可满足大规模加砂施工的需要。

(2)压裂液高剪切后黏度恢复能力

压裂施工过程中，压裂液流经井筒和孔眼要承受高剪切速率。羧甲基胍胶压裂液通过特殊交联技术增强了网络结构，表现出较强的抗高剪切性能。图5-9为90℃下、0.3%羧甲基胍胶交联冻胶在1070s⁻¹下剪切6min，当剪切速率恢复到170s⁻¹继续剪切84min，表观黏度仍恢复到284mPa·s。这表明羧甲基胍胶压裂液具有耐高剪切的性能。

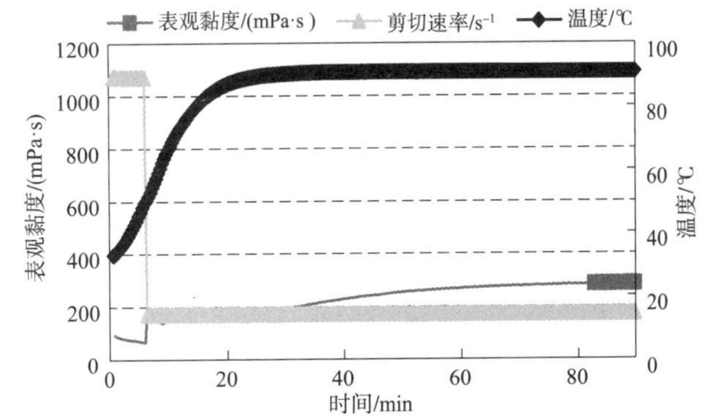

图 5-9 羧甲基胍胶压裂液高剪切后黏度的恢复性能

(3)压裂液破胶性能

为了设计及现场施工时优化和调整破胶剂剖面，进行了羧甲基胍胶0.25%、0.30%浓度下80℃配方及110℃配方的破胶实验。为了满足冬季施工时可能出现的低温条件，开展了0.30%浓度下的破胶实验，80℃、60℃、40℃、20℃四种温度下的破胶实验结果见表5－6、表5－7。

表5－6　0.30%羧甲基胍胶压裂液破胶实验结果1(80℃配方)

温度/℃	破胶剂加量/%	破胶液黏度/(mPa·s)				
		1h	2h	4h	6h	8h
80	0.002	冻胶	冻胶	冻胶	冻胶	冻胶
	0.005	冻胶	2.67	—	—	—
	0.01	1.74	—	—	—	—
60	0.002	冻胶	冻胶	冻胶	冻胶	冻胶
	0.005	冻胶	冻胶	冻胶	冻胶	冻胶
	0.02	冻胶	冻胶	2.02	—	—

表5－7　0.30%羧甲基胍胶压裂液破胶实验结果2(80℃配方)

温度/℃	破胶剂加量/万	破胶液黏度/(mPa·s)					
		0.5h	1h	2h	4h	6h	8h
40	0.5	冻胶	冻胶	冻胶	冻胶	冻胶	冻胶
	1	冻胶	冻胶	冻胶	冻胶	变稀	冻胶
	2	冻胶	冻胶	冻胶	冻胶	冻胶	9.47
	3	冻胶	冻胶	冻胶	冻胶	冻胶	7.93
	5	冻胶	冻胶	冻胶	冻胶	4.61	—
20	0.5	冻胶	冻胶	冻胶	冻胶	冻胶	冻胶
	1	冻胶	冻胶	冻胶	冻胶	冻胶	冻胶
	2	冻胶	冻胶	冻胶	冻胶	冻胶	冻胶
	5	冻胶	冻胶	冻胶	冻胶	冻胶	冻胶/放置18h后6.57
	7	冻胶	冻胶	冻胶	冻胶	冻胶	冻胶/放置18h后4.61

110℃配方在110℃、90℃两种温度下的破胶实验结果见表5－8。

表5－8　0.30%羧甲基胍胶压裂液破胶实验结果(110℃配方)

温度/℃	破胶剂加量/%	破胶液黏度/(mPa·s)			
		1h	2h	4h	6h
90	0.002	冻胶	冻胶	冻胶	冻胶
	0.004	冻胶	变稀	4.9	—
	0.006	5.67	3.05	—	—
	0.008	3.15	—	—	—

续表

温度/℃	破胶剂加量/%	破胶液黏度/(mPa·s)			
		1h	2h	4h	6h
110	0.002	冻胶	冻胶	冻胶	冻胶
	0.004	冻胶	变稀	4.04	—
	0.006	变稀	2.92	—	—
	0.008	变稀	2.29	—	—

由表5-8中实验数据可看出，80~110℃的羧甲基胍胶压裂液配方具有较好的破胶性能，满足现场施工快速破胶的要求。

(4)表面张力和界面张力

羧甲基胍胶压裂液表面张力和界面张力实验结果见表5-9。

表5-9 羧甲基胍胶压裂液表面张力和界面张力实验结果

样品名称	表面张力/(mN/m)	界面张力/(mN/m)
110℃下羧甲基胍胶破胶液	27.53	1.85
90℃下羧甲基胍胶破胶液	25.82	2.28

(5)黏弹性

羧甲基胍胶压裂液是以弹性为主的交联网状结构，储能模量 G' 大于耗能模量 G''。G' 的大小取决于压裂液的交联结构，G'' 的大小取决于稠化剂的基本性能。

如图5 10所示，随着温度的升高，交联网状结构遭到一定程度破坏，低温下羟丙基胍胶压裂液的储能模量 G' 高于羧甲基胍胶压裂液；随着温度的增加，弹性结构逐渐被破坏，G' 大大降低。虽然羧甲基胍胶压裂液使用浓度低，但它呈现出刚性的交联网状结构，G' 随温度的升高变化不大。这表明羧甲基胍胶压裂液的携砂性能主要来源于它的弹性性能，而羟丙基胍胶压裂液的携砂性能主要来源于黏性性能。

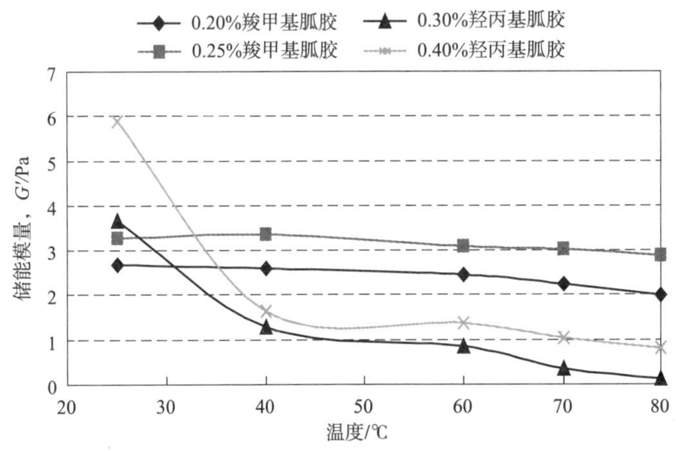

图5-10 羧甲基胍胶压裂液的黏弹性

由表5-10~表5-12实验结果可看出，在60~80℃下，0.25%羧甲基胍胶压裂液的储能模量和耗能模量高于0.4%羟丙基胍胶压裂液，说明羧甲基胍胶体系的抗剪切能力更优。

表5-10 80℃配方不同浓度CMHPG+0.3%交联剂+0.1%NaOH

羧甲基胍胶使用量/%	温度/℃					
	25		60		80	
	G'/Pa	G''/Pa	G'/Pa	G''/Pa	G'/Pa	G''/Pa
0.20	2.664	0.4124	2.454	0.4388	1.987	0.4502
0.22	2.861	0.4302	2.649	0.2786	2.436	0.3024
0.25	3.268	0.6606	3.089	0.3998	2.876	0.4123

表5-11 0.30%HPG+0.0035%硼砂+0.04%Na_2CO_3

羟丙基胍胶使用量/%	温度/℃					
	25		60		80	
	G'/Pa	G''/Pa	G'/Pa	G''/Pa	G'/Pa	G''/Pa
0.3	3.674	0.3324	0.8407	0.4254	0.1250	0.2212

表5-12 0.40%HPG+0.004%硼砂+0.04%Na_2CO_3

羟丙基胍胶使用量/%	温度/℃					
	25		60		80	
	G'/Pa	G''/Pa	G'/Pa	G''/Pa	G'/Pa	G''/Pa
0.4	5.8740	1.2690	1.3720	0.728	0.8052	0.3618

(6)压裂液的悬砂性能及支撑剂沉降试验

压裂液的悬砂性能评价方法：在100mL具塞量筒内加入配制好的压裂液，放入超级恒温水浴锅中，将液体加热到实验温度30min后，先后放入不同粒径的单颗粒支撑剂，记录每一粒支撑剂沉降时间(表5-13、表5-14)。

表5-13 陶粒粒径0.072cm支撑剂沉降速度实验结果

沉降距离/cm	沉降时间/s	沉降速度/(cm/min)
1.606	7′24″	0.217
2×1.606	13′58″	0.244
3×1.606	18′46″	0.335
4×1.606	23′38″	0.330
5×1.606	27′44″	0.392
6×1.606	32′02″	0.373
7×1.606	35′24″	0.477

续表

沉降距离/cm	沉降时间/s	沉降速度/(cm/min)
8×1.606	38′52″	0.463
9×1.606	40′55″	0.783
10×1.606	42′09″	1.306

表5－14 陶粒粒径0.064cm支撑剂沉降速度实验结果

沉降距离/cm	沉降时间/s	沉降速度/(cm/min)
1.606	6′44″	0.239
2×1.606	11′01″	0.374
3×1.606	18′03″	0.228
4×1.606	20′22″	0.692
5×1.606	22′38″	0.711
6×1.606	24′36″	0.815
7×1.606	27′45″	0.510
8×1.606	29′49″	0.776
9×1.606	30′53″	1.515

80℃配方和110℃配方羧甲基胍胶压裂液悬砂性能试验结果如下：

①80℃配方羧甲基胍胶压裂液的支撑剂沉降试验

基液：0.22% CMHPG＋0.5%防膨剂＋0.48%交联促进剂＋0.1%杀菌剂＋0.3%助排剂；

交联剂：有机锆；交联比：100∶0.3。

在压裂液中分别加入砂比40%的石英砂及陶粒，室温4h不沉降。

单颗粒支撑剂沉降试验：将密度为1.62g/cm^{3}的中密陶粒放入压裂液中，80℃下5h不沉降。

②110℃配方羧甲基胍胶压裂液的支撑剂沉降试验

基液：0.30% CMHPG＋0.5%防膨剂＋0.50%交联促进剂＋0.1%杀菌剂＋0.3%助排剂；

交联剂：有机锆；交联比：100∶0.4。

单颗粒支撑剂沉降试验：将密度为1.62g/cm^{3}的中密陶粒放入压裂液中，90℃下8h不沉降。

(7)羧甲基胍胶压裂液对导流能力的影响

表5－15、图5－11对比结果表明：随着破胶剂浓度的增加，压裂液的破胶越彻底，对导流能力的伤害也越小。压裂液破胶彻底，有利于保持裂缝较高导流能力，降低对储层的伤害。根据温度场模拟优化破胶剖面，使入井液破胶彻底，尽快返排。

表 5-15 陶粒支撑剂基线导流能力测试结果

闭合压力/MPa	流量/(g/2min)	压差读数/mA	导流能力平均值(kw_f)/(μm²·cm)
10	20.84	4.443	156.39
20	21.06	4.485	143.76
30	21.14	4.506	127.57
40	21.03	4.738	92.97
50	21.22	5.019	67.43
60	21.02	5.236	54.87
70	21.24	5.512	45.19

注：5kg/m² 铺置浓度，使用4Cr13 不锈钢片，测试温度为室温。

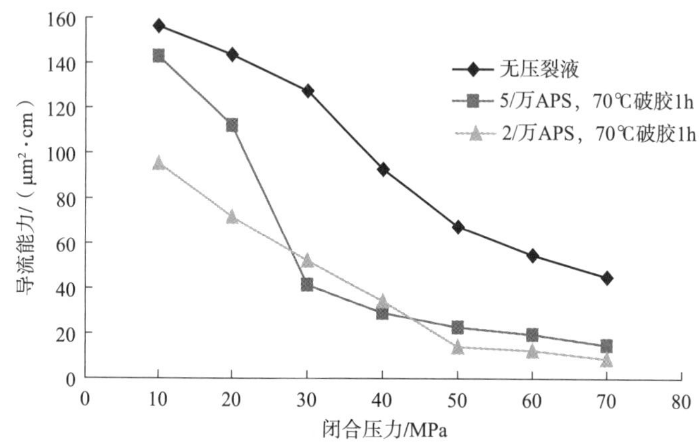

图 5-11 压裂液中加入不同破胶剂量对导流能力的伤害(70℃)

(8)压裂液中加入不同破胶剂量对导流能力的影响(70℃)

表 5-16 和图 5-12 对比了 70℃ 下羧甲基胍胶与羟丙基胍胶压裂液对导流能力的影响。

表 5-16 羧甲基胍胶与羟丙基胍胶压裂液对导流能力的影响对比(70℃)

闭合压力	清水测试导流(kw_f)/(μm²·cm)	羧甲基胍胶测试导流(kw_f)/(μm²·cm)	羟丙基胍胶测试导流(kw_f)/(μm²·cm)
10	156.39	125.62	142.83
20	143.76	99.86	112.22
30	127.57	76.5	41.61
40	92.97	55.12	29.29
50	67.43	45.46	22.9
60	54.87	35.97	19.8
70	45.19	29.21	14.85

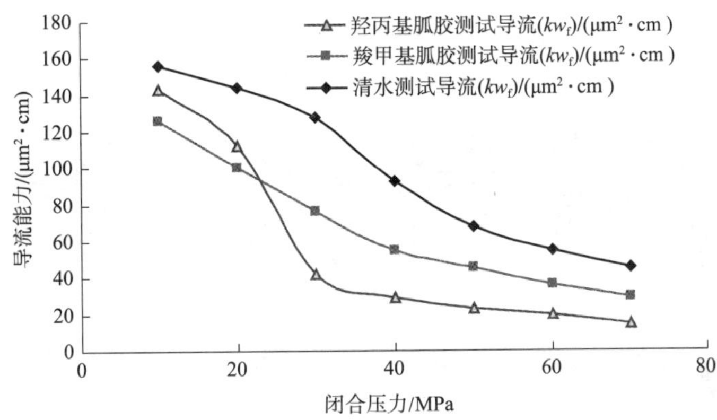

图5-12　羧甲基胍胶与羟丙基胍胶压裂液对导流能力影响对比图

由表5-16和图5-12的实验结果可看出，在70℃下，随着闭合压力增加，羧甲基胍胶压裂液对支撑裂缝导流能力的伤害低于羟丙基胍胶压裂液。

(9)压裂液残渣含量和残胶伤害

破胶后的压裂液残液对支撑裂缝充填层的伤害是影响压裂后产量的重要因素。植物胶压裂液原有的或降解过程中形成的不溶残渣会通过减少支撑剂充填层的有效孔隙空间来降低裂缝的导流能力，影响压裂效果。支撑裂缝中残渣量的多少与所使用的稠化剂类型、浓度及破胶是否彻底有着密切关系，在完全破胶的情况下，不同配方羧甲基胍胶压裂液残渣含量实验结果见表5-17，它比羟丙基胍胶压裂液的残渣要低得多。

表5-17　羧甲基胍胶压裂液不同稠化剂浓度下的残渣含量

稠化剂浓度/%	0.18	0.30	0.45	0.50	0.60
残渣/(mg/L)	118	162	195	219	232

80℃、加入1/万APS、50MPa闭合压力下，0.20%和0.25%的羧甲基胍胶压裂液破胶液分别比基础试验的导流能力下降了32.58%和27.54%，而羟丙基胍胶压裂液比基础试验的导流能力下降了82.18%(图5-13)。

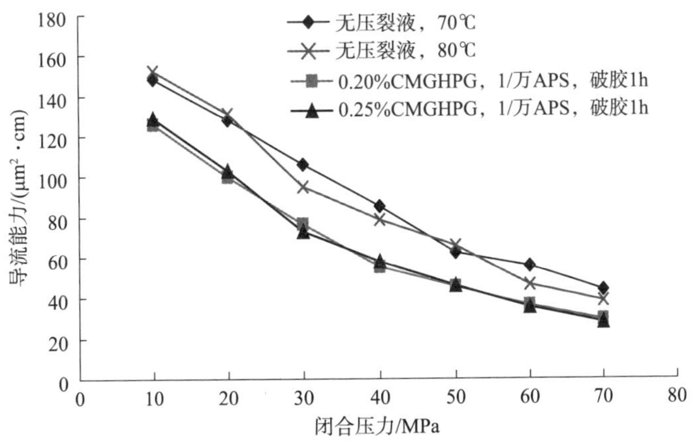

图5-13　羧甲基胍胶压裂液残胶对导流能力的影响曲线

图 5－14 给出了羟丙基胍胶压裂液破胶液与未破胶压裂液在支撑剂表面覆盖成膜的电镜扫描照片的对比。

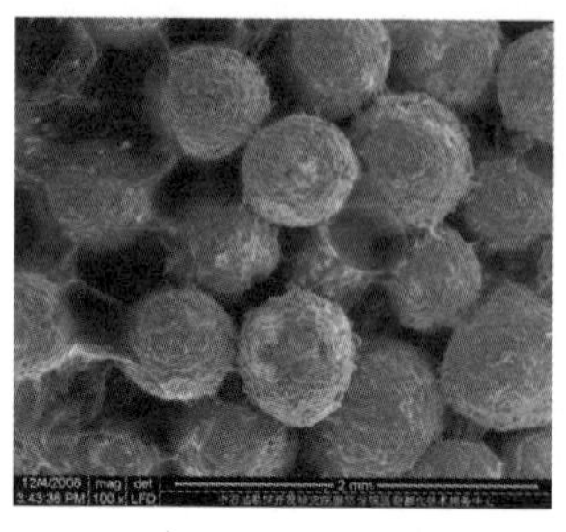

图 5－14 未破胶压裂液、羟丙基胍胶及羧甲基胍胶压裂液电镜扫描照片对比

由于羧甲基胍胶压裂液的残渣含量较低，相同浓度的羧甲基胍胶和羟丙基胍胶压裂液相比，能使支撑裂缝的导流能力提高 20% 左右。降低稠化剂的使用浓度，可降低液体对裂缝导流能力的伤害。

(10)压裂液静态滤失实验

基液：0.30% CMHPG +0.5% 防膨剂 +0.5% 助排剂 +0.08% 交联促进剂；

交联剂：有机锆；交联比：100∶0.4。

实验结果见表 5－18～表 5－20。羧甲基胍胶压裂液的滤失速率略高于羟丙基胍胶压裂液，但在同一数量级。

表 5－18 80℃下静态滤失实验结果

时间/min	0	1	4	9	16	25	36
累积滤失量/mL	8.5	10.5	14.5	19	23.5	28.5	34.5
滤失系数 $C_{Ⅲ}=9.72\times10^{-4}m/min^{1/2}$；静态初滤失量 $=2.96\times10^{-1}m^3/m^2$；滤失速率 $V=1.62\times10^{-4}m/min$							

表 5－19 90℃下静态滤失实验结果

时间/min	0	1	4	9	16	25	36
累积滤失量/mL	14.0	15.0	17.0	21.0	23.5	27.0	32.5
滤失系数 $C_{Ⅲ}=6.80\times10^{-4}m/min^{1/2}$；静态初滤失量 $=5.4\times10^{-1}m^3/m^2$；滤失速率 $V=1.13\times10^{-4}m/min$							

表 5－20 110℃下静态滤失实验结果

时间/min	0	1	4	9	16	25	36
累积滤失量/mL	12.00	13.50	19.00	26.00	35.00	43.50	53.00
滤失系数 $C_{Ⅲ}=1.57\times10^{-3}m/min^{1/2}$；静态初滤失量 $=3.33\times10^{-1}m^3/m^2$；滤失速率 $V=1.30\times10^{-4}m/min$							

(11)羧甲基胍胶压裂液的摩阻性能

依据实际施工压力测算的摩阻见图 5－15，当排量高于 $2.5m^3/min$ 后，羧甲基胍胶压裂液的摩阻相当于清水的 30%，当排量高于 $4m^3/min$ 后降低到清水摩阻的 25%，具有低摩阻性能，适宜深井大排量施工。

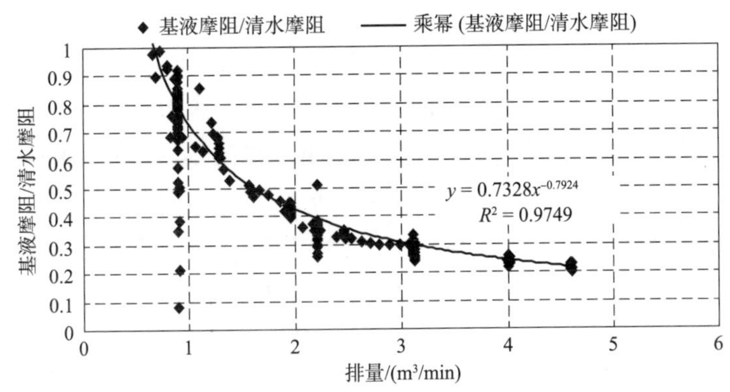

图 5-15 根据井底压力计结果计算的摩阻

(12)羧甲基胍胶压裂液的综合性能

羧甲基胍胶(CMHPG)为主剂的压裂液体系具有如下特点:

①使用浓度低(0.12%~1.0%),降低了聚合物用量,比常规羟丙基胍胶用量少1/3~1/2;

②水不溶物低,比羟丙基胍胶低33%~89%;

③使用温度范围广,能够满足从低温至200℃的地层压裂需要;

④分子量低,易破胶,破胶彻底,压裂残渣低;

⑤压裂液具有广泛的适用性,能适应不同地区水质及不同矿化度水质,性能稳定。

羧甲基胍胶压裂液具有使用浓度低、残渣少、残胶低、携砂性能好、支撑裂缝伤害小、摩阻低、破胶彻底的优点,能够很好地满足低渗致密砂岩储层压裂施工要求。

三、降阻水压裂液

降阻水压裂液是页岩气压裂改造,实现商业开发的主要流体,具有低黏度、低摩阻、低伤害等特点,能够大幅度降低压裂液在管柱中的摩阻,有效降低对压裂施工设备的高压要求,适合大排量、大规模压裂施工,在致密砂岩气藏水平井分段压裂中逐步得到应用。

1. 组成及其作用

2011年Javad Paktinat等人梳理了降阻水压裂液中的主要添加剂,包括降阻剂、表面活性剂、阻垢剂、黏土稳定剂、杀菌剂等,一般占降阻水总体积的1.0%~5.0%。降阻剂是降阻水压裂液中最重要的添加剂,主要有丙烯酰胺类聚合物、胍胶及其衍生物、纤维素衍生物等。目前国内外油气田应用最普遍的水基降阻剂是聚丙烯酰胺类共聚物,一般有阳离子型、阴离子型和非离子型,聚合物分子量通常在$1\times10^7\sim2\times10^7$范围内,在给定聚合物浓度下,随着分子量增加,溶液黏度增加。丙烯酰胺聚合物及共聚物是优良的降阻剂,有报道聚丙烯酰胺浓度低至0.14kg/m³时,能使湍流摩阻减少30%~40%,降阻性能明显优于胍胶和纤维素衍生物,因而丙烯酰胺类聚合物已被广泛用作水基压裂液降阻剂。

降阻剂分子设计的要求有:①降阻要求——高的降阻效率;②耐受压裂液中盐组分和地层温度——较高耐盐性、耐温性;③满足现场施工要求——快速水化溶解;④储层伤害较小——适宜的分子量；⑤成本要求——低成本。国外应用最普遍的水基降阻剂是由一种或者两种不同的单体共聚生成的聚丙烯酰胺类降阻剂，其平均分子量达到 $20\times10^6\sim25\times10^6$g/mol，美国 Barnett 页岩地区的聚丙烯酰胺类降阻率一般为 50%~70%。

Halliburton、Schlumberger 等油服公司研究表明，聚丙烯酰胺降阻剂很容易分散在水中，并可与水形成一种乳状液，在注入地层的过程中，聚丙烯酰胺分子会发生以下两种降解：①不可逆转的剪切降解；②热降解，a. ≤95℃，不降解，b. 95~150℃，酰胺基团降解，c. ≥150℃，分子主链和其他基团开始降解，不利于压裂液黏度的保持。一般的聚丙烯酰胺具有良好的热稳定性，因此国外对降阻水流变性能的研究主要集中在剪切降解方面。2010 年，C. W. Aften 通过增加水中离子强度和多价阳离子浓度，优选出一种新型降阻剂，其最佳降阻性能是标准降阻剂的 2 倍，达到了 Virk 理论的最佳值；并且，它的转向时间比标准降阻剂转向时间少 3 倍。Moharebrm 等合成了以十六烷基三甲基氯化铵为主剂的阳离子型降阻剂。Ellinak 等开发了一种新型降阻剂——两性表面活性剂 N，N，N－三甲胺－N－油酸酰亚胺，测试其在不同浓度下的降阻性能。结果表明：当质量分数为 0.2% 时，降阻率达 83%。Tamanos 等以油基二甲基氧化胺为主剂制备了新型降阻剂。

Javad Paktinat 等通过实验发现降阻剂的作用主要有降阻和携砂两个方面：①降阻高聚物分子可以在管道流体中伸展，吸收薄层间的能量，干扰薄层间的液体分子从缓冲区进入紊流核心，从而阻止其形成紊流或减弱紊流程度，使之达到降阻的目的；②增加降阻水体系黏度，以提高携砂能力。

2. 聚合物型及环保型降阻剂

(1)聚合物型降阻剂

20 世纪 40 年代，人们在研究高分子聚合物剪切力下降的过程中，偶然发现了聚合物具有降阻作用，并将其作为降阻剂广泛应用于原油集输过程中，有良好的降阻效果。随后，降阻剂的研究工作得到流体力学研究者的关注，并将其应用于压裂液体系。

①W/O 反相聚合物降阻剂

此类降阻剂分子量大且分布区间合理，降阻效果好、用量低、成本合理，在页岩气储层改造增产中大规模应用，是目前常用的压裂液降阻剂之一。W/O 反相聚合物降阻剂外相由石油类烷烃组成，内相由水溶性聚合物溶液组成，形成的一种油水平衡值较低的乳状液体系，若添加于压裂液中，其水相体积会增大，反相乳状液中的聚合物会迅速解离出来，并快速水化膨胀，起到降阻效果。

2013 年，西南石油大学刘通义等以 AM 和 AAS 为单体，利用反相聚合乳液法合成了应用于页岩储层压裂的降阻剂，并对其影响因素和性能进行评价。实验结果显示：从分子量、粒径大小及分布上看，其具备高分子聚合物的降阻要求；当加量为 0.05% 时，降阻率达 55%，同时具备一定的携砂能力，降阻剂可较好地降低页岩储层压裂改造过程中的摩擦阻力，降低了压裂成本。2014 年，改进了 W/O 型反相聚合物降阻剂的不足之处，研制出低黏度、高弹性的新型降阻剂，弥补了上一代产品携砂能力弱、摩阻高等缺点，并应用于某煤层气的开采。

龙学莉等以丙烯酸、丙烯酰胺为聚合单体，Span60 和 Tween80 作为乳化剂，通过反相乳液聚合法合成压裂液降阻剂，并应用于油田现场，降阻效果明显，最大降阻率可达 78%。

中石化石油工程技术研究院有限公司先后研发了粉末型降阻剂、乳液型降阻剂、助排剂、黏土稳定剂等降阻水关键助剂，实现了产品中试、工业化生产和现场应用，构建了降阻水系列配方。2015 年，魏娟明博士以丙烯酸、丙烯酰胺和 2－丙烯酰胺基－2－甲基丙磺酸为聚合单体，通过反相乳液聚合法合成了一种压裂用降阻剂，具有溶解速度快、耐盐性好、耐温高和剪切稳定性好等特点，与配伍性好的黏土稳定剂、助排剂等助剂复合形成降阻水体系。实验结果显示：当降阻剂用量为 0.10%～0.15% 时，降阻水的室内降阻率可达 66%，且抗温抗盐性能好，成本低于国外同类产品，现场使用浓度为 0.05%～0.20%，降阻率为 80%～82%。

②分散型聚合物降阻剂

研究者将降阻剂制成糨糊状或粉末状，使其应用范围更加广泛，但该类降阻剂溶解速度慢，不能满足现场大排量、大液量、即配即用的要求。中国石化东北油气分公司王娟娟等采用分散聚合法合成了可用于页岩气压裂的降阻剂，外相为水相，能显著提高其在水中的溶解速率。实验结果显示：利用分散聚合法合成的降阻剂具有较好的抗温抗剪切能力，黏弹性好，降阻率可达 70%。唐汗青等以 EHMA 为单体，通过氧化还原引发体系，对液滴高速剪切，形成溶解速率快、黏度低、降阻效果好的降阻剂。Kot 等利用 2，2′－偶氮[2－甲基－*N*－(2－羟基乙基)丙酰胺]与硝酸铈铵作为聚合单体，利用分散聚合法，通过氧化－还原引发体系，长时间在低温(30℃)条件下反应制备降阻剂，当用量为 0.06%～0.25% 时，降阻率达 50%～70%。

分散聚合物降阻剂的性能之所以优于 W/O 反相聚合物降阻剂，是由于分散聚合物可直接通过分散机理溶解于水中，而 W/O 反相聚合物降阻剂必须转相后再溶解。

(2)环保型降阻剂

降阻水压裂液的研发方向主要为：更高降阻率、对储层无伤害或低伤害、自(易)降解降阻剂、返出液有效循环利用等。

Superior 油井服务公司开发了一种摩阻低、可重复使用的压裂液 GammaFRac 活性水体系，体系中最重要的是页岩等敏感性储层专用纳米降阻剂，具有耐盐性好、适用范围宽、水溶性好等特点，该体系主要由以下添加剂组成：耐盐纳米粒子降阻剂、铁离子稳定剂、多功能防垢剂(可同时预防碳酸盐、硫酸盐和铁离子沉淀)和杀菌剂，降阻率达 50%～70%，且可回收重复使用。

Sun 等研发了一种易降解速溶型降阻剂，水化速度较快，与阻垢剂、杀菌剂、黏土稳定剂等其他压裂液助剂兼容性好，聚合物主链对氧化型破胶剂敏感，易降解。现场试验结果显示：利用该降阻剂开发油气井的产量明显提高。

Kot 等利用 2，2′－偶氮[2－甲基－*N*－(2－羟基乙基)丙酰胺]与硝酸铈铵组成的氧化－还原引发体系，引发聚合得到主链中带有温度敏感性偶氮基团的降阻剂。室温下降阻剂结构稳定，降阻率达53%，当储层温度高于偶氮基团分解温度（86℃）时，降阻剂会自发断裂小分子量片段，从而减少对地层的伤害。

Schlumberger公司Abad等通过含酯羰基功能单体与丙烯酰胺共聚，合成了具有选择性降解功能的降阻剂，该降阻剂在⅜″管径、35L/min条件下，室内最高降阻率达77%，该聚合物对pH、温度变化具有响应性，可断裂成小分子量片段，从而减少对地层的伤害。

聚合物降阻剂滞留地层可能会造成地层伤害，Carman和Cawiezel的研究结果表明：使用氧化破胶剂能使聚合物降解，经济高效地解决储层伤害问题。Kot、Emilia等认为主链中含有弱键高分子聚合物，如聚丙烯酰胺的主链中存在的偶氮基等，经过温度、pH或还原剂等触发因素，可按可控和预定方式降解。

刘友权等利用丙烯酰胺单元和丙烯基季铵盐单元共聚，制备耐盐型降阻剂，其中丙烯酰胺的质量分数为10%～80%。丙烯基季铵盐为丙烯基三烷基氯化铵、烷基丙烯酰胺基丙基三烷基氯化铵或二烷基二烯丙基氯化铵中的一种，质量分数为20%～90%，分子量为$1\times10^6\sim2\times10^6$。耐盐型降阻剂应用于含二价金属离子的压裂返排液、溶洞水、地下产出水的降阻剂，使用浓度为0.05%～0.1%；该降阻剂具有较好的耐盐、降阻性能，可应用于Ca^{2+}、Mg^{2+}同时存在的高矿化度盐水中。

西南石油大学刘通义等制备了两种压裂液用降阻剂：由盐水溶液代替有机溶剂，以低分子聚合物作为稳定剂，引发丙烯酰胺、2－丙烯酰胺基－2－甲基丙磺酸钠和丙烯酸钠三种单体进行无规共聚，最终形成不含有机溶剂的降阻剂，分子量为600万～1000万，具有速溶、经济环保、降阻率高的特点。

长江大学余维初等研发了集降阻、助排、黏土稳定性能多功能合一的绿色清洁纳米复合高效降阻剂，耐温130℃。

中石化石油工程技术研究院有限公司2019年研发了环保型多功能可降解降阻剂，在保持原有降阻功能的基础上，增加“解吸附、自然降解”功能，在实现页岩气体积压裂的同时，有利于页岩气的解吸流动，提高页岩气生产效果；同时，滞留在地层的降阻剂可实现自然降解，防止对地下环境的伤害，满足页岩气开发的低碳环保要求。该体系降阻剂为白色乳液，稳定性好，6个月以上不分层，10s内速溶，具有一定防膨性能和表/界面活性，降阻剂用量依不同需要为0.6%～1%，现场降阻率达85%，解吸附率85%，95℃下240h自然降解率86%，无生物毒性。

3. 降阻水性能

（1）降阻水制备方法

①量取按配方需要配制降阻水量的试验用水，倒入带搅拌器容器中；

②按配方设计称取或量取所需添加剂的量，备用；

③调节搅拌器转速在500～1000r/min内，至液体形成的漩涡可以见到搅拌器桨叶中轴顶端为止；

④在连续搅拌的条件下按比例缓慢而均匀地加入已称好的降阻剂，粉末降阻剂应缓慢加入，避免形成鱼眼，并调整转速在1000r/min内以使液体处于漩涡状态，搅拌5～10min

使其完全溶解；

⑤按设计顺序依次加入已称好的防膨剂（黏土稳定剂）、助排剂等其他添加剂，并连续搅拌使其混合均匀；

⑥在加完全部添加剂后连续搅拌 3min，形成均匀溶液，停止搅拌；

⑦将已配好的降阻水倒入广口瓶或烧杯中加盖密闭，静置，使黏度趋于稳定。

（2）溶解时间

①按照配方设计的质量浓度加量准确称量粉末降阻剂，备用；

②室温下取 500mL 自来水，倒入搅拌器中；

③开启搅拌器，调节电压，使液体在搅拌器中形成可以看到搅拌器底部的漩涡，再缓慢加入降阻剂，在此过程中调节电压始终保持液体在搅拌过程中能够看到搅拌器底部；

④加入降阻剂的同时开始计时；

⑤溶解过程仔细观察溶解状态，直至形成均匀溶液、没有颗粒状胶团为完全溶解，记录时间。

（3）表观黏度

在温度为（25 ±0.5）℃下，用品氏毛细管黏度计测定（1）中配制的降阻水的表观黏度。

（4）放置稳定性

取降阻水 300mL 在室温下静置，观察是否出现悬浮物、絮凝物、沉淀物、浑浊、分层等现象。

（5）与地层水的配伍性

取（1）配置的降阻水与地层水分别按 1∶2、1∶1、2∶1 的体积比混合，总液量约为 200mL，在室温下和储层温度下分别观察是否出现悬浮物、絮凝物、沉淀物、浑浊等现象，分别记录 2.0h、4.0h、6.0h、8.0h、10.0h、12.0h、24.0h 和 48.0h 的试验现象。

（6）降阻率测定方法

降阻水在一定速率下流经一定直径和长度的管路时均会产生一定的压差，根据降阻水与清水压差的差值和清水压差的比值来计算降阻率。

进行降阻率测试时，推荐试验装置在管路流态的清水管流雷诺数≥80000 条件下进行测试，以确保测试在较强紊流态下进行，也可参考页岩气现场施工条件进行调整。

①管路摩阻测量仪或同类产品选择内径为 8 ~ 20mm、长 4 ~ 10m 的管道进行测试（图 3 –1）。

②将清水装入管路摩阻测量仪或同类产品的基液罐中。

③按配方要求的浓度配制降阻水溶液，保证降阻剂和其他添加剂溶解充分、均匀，倒入配液罐中。

④在配液罐中取少量待测溶液，测定其密度及黏度。

⑤选择测试管径，并按照流量大小选择泵及流量表。

⑥启动螺杆泵，待流量稳定后，记录差压传感器显示的各段压差值和流量表显示的流量值。

⑦启动循环泵，将已配制好的待测液体注入配液罐中。

⑧按照流量从低到高依次测不同流量下的压差值及实际流量值。

⑨分别测定在内径为 8～20mm、平均流速为 1.0～10.0m/s 条件下清水通过管路时的稳定压差，记录在每种流速下的平均压降。

⑩分别测定在内径为 8～20mm、平均流速为 1.0～10.0m/s 条件下降阻水流经管路时的稳定压差，记录在每种流速下的平均压降。

⑪按公式(5－2)计算降阻水在不同管径、温度及流速条件下的降阻率。

$$DR = \frac{\Delta p_1 - \Delta p_2}{\Delta p_1} \times 100 \qquad (5-2)$$

式中　DR——与清水同一测量条件下降阻水相对清水的降阻率，%；

Δp_1——清水流经管路时的稳定压差，Pa；

Δp_2——与清水在同一测量条件下降阻水流经管路时的稳定压差，Pa。

⑫所有试验结束后，将配液罐中的液体全部排入废料桶，并放空配液罐和废料桶，再用清水将配液罐、管柱和废料桶反复冲洗 2～3 次，试验结束。

(7)耐盐性能

在(1)配置的降阻水中分别加入 1.0%、3.0%、5.0%和 10.0%的氯化钾(KCl)，搅拌均匀使其充分溶解；在室温下分别按(6)中的方法测其加入氯化钾前后的降阻率，降阻率的保留率大于 95%，降阻率保留率按公式(5－3)计算：

$$A = \frac{\eta}{\eta_0} \times 100 \qquad (5-3)$$

式中：A——降阻率保留率，%；

η——加入氯化钾后的降阻率，%；

η_0——加入氯化钾前的降阻率，%。

(8)降阻性能

将自主研发的降阻剂样品配成降阻水溶液，测试其在室温下、直径为 15mm 的直管中、不同流速下的压降，并与同速度下清水压降进行对比，确定“剪切速率和降阻率之间的关系曲线”。实验结果表明：0.10%降阻剂的降阻率高于 65%，具有较好的降阻性能。

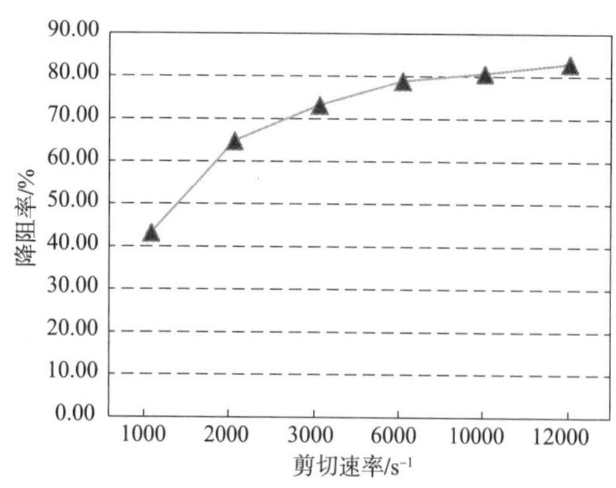

图 5－16　0.10%降阻剂在不同剪切速率下的降阻率

(9)耐剪切性能

室内开展了降阻水在不同剪切速率下的降阻实验，结果见图 5－16。

实验结果表明：在低于 12000s^{-1}剪切速率下，降阻率不随剪切速率增加而降低，表明降阻水具有较好的耐剪切性能。

四、聚合物压裂液体系

由于致密储层物性特征及孔喉发育特征的影响，毛细管力高，很高的毛细管力使进入储层的液体返排困难，压裂液对储层的伤害普遍较大，而且一旦伤害，很难解除，增加了储层保护的难度。

无残渣的清洁压裂液对支撑裂缝和地层伤害小，是国内外压裂液研究的发展趋势和热点。2011 年第四季度以来，国际市场瓜尔胶片货源趋紧，进口价格持续大幅上涨，给水力压裂市场带来巨大影响，继而很多大学、油气田企业、科研院所、生产厂家都投入力量研发新型清洁压裂液关键助剂及抗高温低成本压裂液体系，陆续推出了不同种类的清洁压裂液商业化产品。

由于流体中存在分子链间作用力使其在溶液中形成特殊的微观结构(一般为布满整个体系空间的“网状”结构)，此结构随流体所受剪切速率的增、减而形成或拆散，这种流体称为“结构流体”。2007 年，罗平亚院士提出“一种新型压裂液”的概念，在“可逆结构溶液”概念指导下，研制出一种新型压裂液增稠剂及其压裂液体系，利用超分子化学理论和分子链间缔合作用在溶液中形成超分子聚集体，进而成为结构型流体的水溶性聚合物，不交联就能使溶液有效黏度达到压裂施工的携砂要求，从而取代现有的交联冻胶压裂液，合理的分子结构能构建抗高温及抗超高温压裂液体系。

为了使聚合物压裂液具有优良的抗剪切性能，通常有两种方法：一是增加聚合物主链的分子刚性，使其本身具有较好的抗剪切性能；另一种就是延缓压裂液的交联时间，在泵入压裂液时不交联，避免高速剪切，待液体到达压裂改造目的层时再交联。

一些学者在“可逆结构溶液”概念指导下研制出一系列压裂液稠化剂，在稠化剂分子中加入疏水单体，利用疏水单体独特的性能来增加稠化剂的抗剪切性能的方法。通过研究疏水基团对稠化剂的影响以及分析稠化剂对压裂液性能影响机理，开发出疏水缔合物稠化剂压裂液体系。

结构流体型聚合物压裂液由增稠剂、流变助剂及耐温助剂组成，按照配制过程溶解后得到的均匀黏稠液体，所构建的压裂液无不溶物、无需交联、破胶彻底、配伍性好、悬浮携砂能力强、抗温抗盐，可用产出污水甚至海水配制。交联机理：表面活性剂与疏水缔合聚合物疏水侧链组装形成混合胶束，每个胶束中有多个疏水侧链，进而形成可逆交联结构，增强溶液黏弹性能和耐温耐剪切性能。疏水缔合型聚合物压裂液体系克服了植物胶压裂液黏度高、水不溶物含量高、残渣高，以及 VES 压裂液成本高的难题，成为传统胍胶压裂液的有力补充。

1. 压裂液配方

(1)低温配方(20～60℃)

0.20%～0.30%聚合物增稠剂＋0.10%～0.15%交联剂＋0.3%黏土稳定剂＋0.1%助排剂

（2）中温配方（60～120℃）

0.30%～0.40%聚合物增稠剂+0.15%～0.20%交联剂+0.3%黏土稳定剂+0.1%助排剂

（3）高温配方（120～180℃）

0.40%～0.80%聚合物增稠剂+0.20%～0.35%交联剂+0.3%黏土稳定剂+0.1%助排剂

2. 液体制备方法

（1）基液制备

①加入自来水：室温下，量取500mL自来水至1000mL烧杯中，调整搅拌速度至400～500r/min，使水形成漩涡。

②加入黏土稳定剂：搅拌下缓慢而均匀地加入已按比例量好的黏土稳定剂，搅拌5min使其完全溶解。

③加入助排剂：搅拌下缓慢而均匀地加入已按比例量好的助排剂，搅拌3min使其完全溶解。

④加入增稠剂：缓慢而均匀地加入已按比例称好的增稠剂至搅拌漩涡中，搅拌5～20min使其基本溶解，此为基液，放置4h以上使之熟化。

⑤熟化：将已配好的基液倒入烧杯中加盖，室温下静置恒温2h熟化，使基液黏度趋于稳定。

（2）交联液制备

①加入交联剂：量取一定量的已熟化基液倒入烧杯中，调整搅拌速度至400～500r/min，使液体形成漩涡，按比例缓慢滴加交联剂至搅拌杆与烧杯壁的中心液面，避免产生气泡，搅拌2～5min使其混合均匀，注意不要搅入过多气泡。

②评价测试：配制完毕的液体即为低伤害压裂液，然后分别在试验温度下进行流变测试，剪切120min后黏度≥30mPa·s即为合格。

3. 压裂液耐温耐剪切性能

评价方法可参照SY/T 5107—2016《水基压裂液性能评价方法》和SY/T 7627—2021《水基压裂液技术要求》执行。实验用仪器为MARS Ⅲ型高温高压耐酸流变仪。

（1）测试步骤

①在流变仪样品杯中加满压裂液后对样品加热。同时转子以剪切速率$170s^{-1}$转动，控制升温速度为（3±0.2）℃/min至（测试温度±0.2）℃，在整个试验过程中保持此温度。

②在达到测试温度的90%或在试验进行20min时，从基本剪切速率$170s^{-1}$等量间隔$25s^{-1}$的剪切速率降低后再等量升高剪切速率。每一个剪切速率下剪切10s（或者20s、30s甚至要求的更长时间），剪切速率稳定后，记录剪切应力的平均值。

③在测试温度下第一次变剪切完成后，每20min进行一次变剪切试验。重复次数根据压裂作业施工时间确定，两个变剪切间以$170s^{-1}$作为基本剪切。记录每一次剪切速率值下的剪切应力。

(2)实验结果

不同配方在不同温度下的耐温耐剪切曲线见图 5－17～图 5－20，由图可以看出，其具有较好的耐温耐剪切性能。

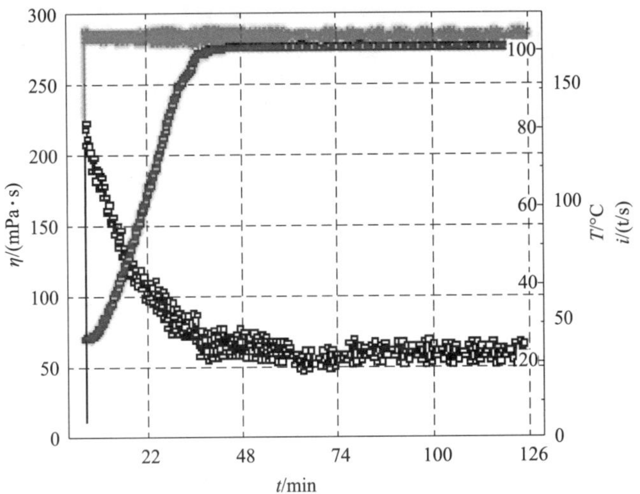

图 5－17　聚合物压裂液黏度随剪切时间的变化(170s⁻¹、100℃)

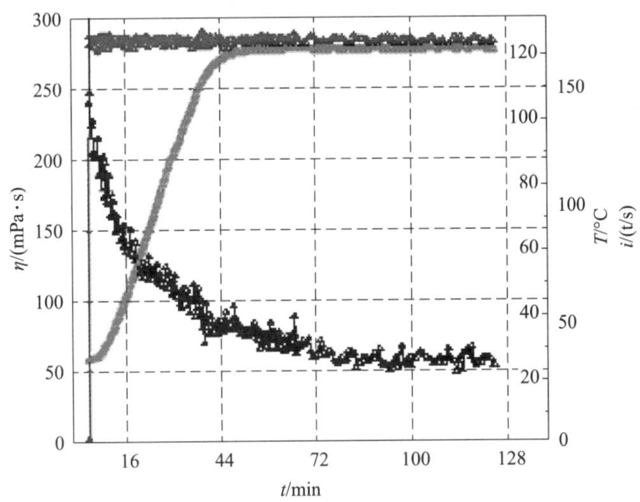

图 5－18　聚合物压裂液黏度随剪切时间的变化(170s⁻¹、120℃)

0.40% 聚合物增稠剂＋0.10% 交联剂＋0.3% 黏土稳定剂＋0.1% 助排剂在剪切速率 $170s^{-1}$ 及 100℃下，剪切 120min 的流变实验结果见图 5－17，剪切 120min 后表观黏度为 50～70mPa·s。

0.50% 聚合物增稠剂＋0.10% 交联剂＋0.3% 黏土稳定剂＋0.1% 助排剂在剪切速率 $170s^{-1}$ 及 120℃下，剪切 120min 的流变实验结果见图 5－18，剪切 120min，表观黏度为 50～60mPa·s。

0.60%聚合物增稠剂+0.15%交联剂+0.3%黏土稳定剂+0.1%助排剂在剪切速率170s^{-1}及150℃下，剪切120min的流变实验结果见图5－19，剪切120min，表观黏度高于50mPa·s。

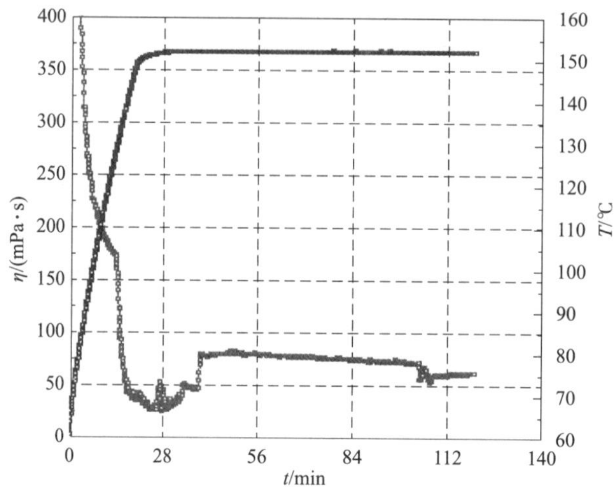

图5－19 聚合物压裂液黏度随剪切时间的变化(170s^{-1}、150℃)

0.8%聚合物增稠剂+0.2%交联剂+0.3%黏土稳定剂+0.1%助排剂在剪切速率170s^{-1}及180℃下，剪切120min的流变实验结果见图5－20，剪切120min，表观黏度高于50mPa·s。

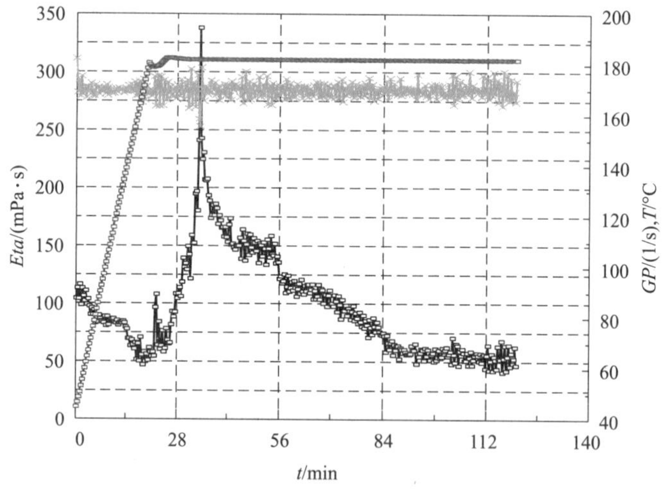

图5－20 聚合物压裂液体系耐温耐剪切性能(170s^{-1}、180℃)

4. 压裂液破胶性能

为了考察所优化压裂液体系适宜的破胶剂浓度和破胶时间，配制了含有不同浓度破胶剂的压裂液冻胶液，考虑温度剖面后分别在120℃、90℃、70℃下进行破胶实验，测定其黏度随时间的变化，实验结果见表5－21和表5－22。

表5-21 聚合物压裂液在不同浓度破胶剂下的破胶性能

温度/℃	过硫酸铵浓度/%	微胶囊破胶剂/%	不同时间(h)的破胶液黏度/(mPa·s)			
			0.5	1	2	3
120	—	0.01	稀胶	2.67	—	—
	—	0.03	稀胶	2.19	—	—
90	0.005	—	稀胶	3.08	2.17	—
	0.01	—	稀胶	1.92	—	—

表5-22 SRCF-1压裂液在不同浓度破胶剂下的破胶性能

温度/℃	过硫酸铵浓度/%	不同时间(h)的破胶液黏度/(mPa·s)					
		1	2	3	4	5	6
70	0.005	冻胶	冻胶	稀胶	17.76	9.29	6.05
	0.01	冻胶	稀胶	稀胶	3.17	2.53	2.40
	0.02	稀胶	稀胶	5.14	1.81	—	—
	0.03	稀胶	稀胶	4.39	1.64	—	—

不同温度下破胶实验结果表明：随温度场变化，温度的降低，适当追加破胶剂，可实现聚合物压裂液冻胶快速彻底破胶，满足压后快速返排的要求，减少储层伤害。

5. 压裂液黏弹性

压裂液黏弹性是表征聚合物压裂液性能的关键指标之一，测试结果表明，这种结构流体型压裂液的储能模量与耗能模量之比均大于胍胶压裂液体系，说明其黏弹性更强。测试结果见表5-23。

表5-23 聚合物压裂液的储能模量 G' 和复合模量 G^*

表观黏度/(mPa·s)	11	21	30	56	108
储能模量 G'	3.20	12.60	20.10	26.40	29.50
复合模量 G^*	3.21	2.70	20.20	26.50	29.70

6. 压裂液伤害特性

(1)岩心制备

实验前对岩心进行切割、标记、洗油、烘干及称量。岩心抽真空24h，加入煤油，继续抽真空24h，常压下浸于煤油中48h。

(2)压裂液破胶液制备

按聚合物压裂液的配方进行制备。

(3)压裂液伤害实验

①流动介质

在压裂液滤液对岩心基质渗透率伤害实验中，实验流动介质选用煤油。

②实验方法

按照SY/T 5107—2016《水基压裂液性能评价方法》中“7.7.2 岩心基质渗透率损害测定程序”进行。首先，将煤油置于高压容器(中间容器)中抽真空24h。将饱和好煤油的岩心装入岩心夹持器，管线内充满煤油后加环压0.5MPa，抽真空到-0.09MPa以下，开泵驱替煤油通过岩心到管线出口无气泡，加环压3.5MPa，开始测试煤油通过岩心的渗透率K_1，测得渗透率波动在5%以内，将带环压的岩心夹持器置于恒温箱中，与压裂液伤害流程连接，恒温箱温度为压裂液适用温度，温度允许波动为±5℃。反向以1.0mL/min排量注压裂液滤液(压裂液滤液为适用温度下破胶液的过滤液)。当滤液开始流出时，记录时间，测定时间为36min。挤完后，并闭夹持器两端阀门，使滤液在岩心中停留2h。最后，用煤油正向驱24h，驱替压力5~7.5MPa。取出，冷至室温，正向驱煤油测渗透率K_2至稳定。岩心渗透率K_1、K_2均按式(5-4)计算：

$$K=10^{-1}\frac{QuL}{\Delta pA} \tag{5-4}$$

式中 K——岩心渗透率，$10^{-3}\mu m^2$；

Q——流动介质的体积流量，cm^3/s；

u——流动介质的黏度，mPa·s；

L——岩心轴向长度，cm；

Δp——岩心进出口的压差，MPa；

A——岩心横截面积，cm^2。

基质渗透率损害率计算公式：

$$\eta_d=\frac{K_1-K_2}{K_1}\times 100\% \tag{5-5}$$

式中 η_d——渗透率损害率，用百分数表示；

K_1——岩心挤压裂液滤液前煤油的渗透率，$10^{-3}\mu m^2$；

K_2——岩心挤压裂液滤液后煤油的渗透率，$10^{-3}\mu m^2$。

③实验结果

采用某致密砂岩储层2口井岩心进行岩心基质渗透率伤害的实验结果见表5-24。

表5-24 压裂液破胶液对岩心的伤害实验结果

实验样品	岩心编号	伤害前渗透率K_1/($10^{-3}\mu m^2$)	伤害后渗透率K_2/($10^{-3}\mu m^2$)	伤害率/%
聚合物压裂液破胶液	1#井	0.0062	0.0055	11.29
	2#井	0.0039	0.0035	10.25

7. 压裂返排液对地层伤害

压裂液滤液与储层岩石及流体相互作用会造成储层渗透率的降低，伤害地层，从而导致油气产量降低。伤害机理主要包括：①滤液抑制性较差会引起储层中的黏土膨胀，对于特低渗地层因孔隙半径较小，孔道黏土膨胀引起渗透率降低；②滤液进入喉道后，进入地层中的滤液与油水发生乳化，毛细管力造成水锁或润湿性反转，导致地层渗透率变小；③滤液中的化学物质与地层水的配伍性差易产生沉淀等堵塞地层喉道。表5－25是某气井压裂返排液的渗透率恢复值，可看出压裂返排液对岩心渗透率的伤害高达40%以上。若不处理，直接注入地层，会对储层造成严重污染。

表5－25　压裂返排液滤液对储层岩心的伤害

压裂返排液	岩心	原始渗透率，K_1/($10^{-3}\mu m^2$)	污染后渗透率，K_2/($10^{-3}\mu m^2$)	伤害率/%
1#	1#岩心	89.30	48.67	54.5
	2#岩心	91.02	43.32	47.6
2#	3#岩心	92.41	38.07	41.2
	4#岩心	88.70	38.58	43.5

8. 压裂返排液中的残渣对地层的伤害

返排液残渣是压裂液破胶后不溶于水的固体颗粒，主要来源是稠化剂的水不溶物和其他添加剂的杂质，以及地层携带出的杂质，进入地层会堵塞孔隙喉道，降低基质的渗透率。残渣是否会对地层造成污染，与残渣的含量、粒径大小与分布紧密相关。

将压裂返排液采用砂芯漏斗抽吸过滤后，用CS激光粒度仪对返排液的残渣粒径分布进行测试，结果见表5－26。

表5－26　压裂返排液中残渣粒径分布测试结果

压裂返排液残渣样品编号	粒径/μm		粒径 <2μm残渣含量/%	含量占95%平均粒径/μm
	最大	平均		
1#	481.33	87.64	2.21	266.69
2#	143.97	25.09	8.96	70.92
3#	127.61	30.56	8.48	73.91
4#	10.12	0.81	98.68	1.62

致密砂岩储层具有孔隙度低、渗透率低且渗透率变化范围大等特点。致密砂岩储层属低渗细喉型储层，最大连通喉道、平均喉道、主流动喉道半径和有效喉道半径与渗透率之间有较好的关系，压汞实验测得地层最大孔径变化范围为1～21μm，平均有效喉道半径为0.4～3μm，平均有效喉道直径(D_p)为0.8～7μm。表5－26中水样的平均粒径变化较大，为0.81～87.64μm；4号水样的粒径较小，平均粒径为0.81μm，但残渣含量较高，粒径 <2μm的残渣含量达到98.68%。这是因为该粒径与特低渗储层中的岩石孔隙粒径基本匹配，很有可能进入储层喉道堵塞孔喉，导致对储层的严重伤害。3号水样粒径较大且分布较广，平均粒径为30.56μm，粒径 <2μm的残渣含量仅8.48%，对储层的伤害较小。

即使残渣含量相对较高，但粒径较大，也不容易堵塞孔道，会在储层基质的端面形成滤饼，返排过程中容易堵塞裂缝通道，大大降低支撑剂的导流能力。

以上返排液样品的实验数据表明：若压裂返排液不经处理直接回用地层，会对地层产生严重的污染，影响后期整个试气作业和气井的产量。

第四节　压裂液同步破胶技术

一、破胶原理

压裂施工结束后需要压裂液尽快破胶、降低黏度、及时快速返排，以减少破胶液对储层的伤害。由于水平井分段压裂施工周期长，压裂液在储层中的长时间滞留可能给储层带来不同程度伤害，压裂液滞留伤害不但影响储层改造效果，严重时还会造成气井减产，影响整体开发效果。

高黏压裂液仅靠地层温度热降解破胶不十分彻底，必然对储层和支撑裂缝导流能力造成伤害，压裂施工后存在压裂破胶液对裂缝的伤害，破胶剂的选择与优化是压裂液体系研选的重要环节。

破胶剂的种类有强氧化物(如过硫酸盐、过氧化氢等)、淀粉酶和缓慢生成自生酸等。有机硼交联剂在一定温度下可缓慢生成有机酸，降低溶液的 pH 值，促使过硫酸盐分解，有利于压裂液的破胶；淀粉酶是由植物、动物和微生物产生具有催化能力的蛋白质，植物胶稠化剂及其改性产品压裂液在酶的催化作用下，发生化学变化而降解；过硫酸盐强氧化物是常用的压裂液破胶剂，其破胶机理是过硫酸盐热分解生成高活性硫酸基，破坏聚合物主链后破胶水化。

$$O_3S^-O:O^-SO_3 = \longrightarrow \cdot SO_4^- + \cdot SO_4^-$$

为了快速破胶返排和保持压裂液在施工时的黏度，施工中一般采用“胶囊破胶剂 + 过硫酸铵”组合，可维持压裂施工中黏度保持率。室内实验结果表明：使用普通破胶剂过硫酸铵(APS)和使用胶囊破胶剂 60min 后黏度保持率分别为 14% 和 71%。兼顾迅速返排和维持黏度间的关系，建议在施工时前置液少加或不加普通破胶剂，改用添加胶囊破胶剂，以清除压裂液形成的滤饼，携砂液由小到大逐渐增多追加普通破胶剂和胶囊破胶剂，以实现快速破胶，同时还能保持压裂施工所需要的较高黏度。

温度低于 53.7℃时过硫酸盐热分解缓慢，需要加入活化剂加速自由基的生成，达到快速彻底破胶的目的。优选压裂液破胶剂的原则是依据储层温度和压裂液体系选用适合的破胶剂，根据压裂过程的温度剖面变化，追加既满足压裂液性能又能快速彻底破胶的破胶剂用量。在低温压裂液破胶中，选择过硫酸盐作为破胶剂，同时，使用低温破胶活化剂，以加快过硫酸盐自由基的分解速度，保证压裂液的破胶性能，减少对储层的伤害。

二、破胶剂设计原则

压裂液破胶剂的设计是以胶囊破胶剂为主的双元系统，特点如下：

(1)对于中高温地层，仅依靠地层温度热降解破胶不彻底，必然对储层和支撑裂缝导流能力造成伤害；

(2)常规过硫酸铵破胶剂分子量低，优先漏失进储层中的微裂缝；

(3)微胶囊破胶剂粒径在0.45～0.90mm左右，它是用胶囊将过硫酸铵包裹，随压裂液一道运移，很难与压裂液脱离，且在施工中不发生反应，施工后由于温度恢复或裂缝壁面的挤压作用，逐渐释放出过硫酸铵破胶剂；

(4)为了快速破胶返排和保持压裂液在施工时的适宜黏度，一般使用胶囊破胶剂；

(5)参考迅速返排和维持黏度间的关系，施工时在前置液阶段以添加胶囊破胶剂为主，少加或不加过硫酸铵破胶剂；

(6)携砂液由少到多逐渐追加普通破胶剂和胶囊破胶剂。

三、不同温度和破胶剂类型、浓度对压裂液破胶性能影响

为了考察压裂液体系适宜的破胶剂浓度和破胶时间，将已配制好的压裂液冻胶分别加入不同种类和不同浓度的破胶剂，开展不同温度下的破胶实验，60℃、50℃和40℃下的破胶实验结果见表5－27。

表5－27 HPG压裂液在不同浓度破胶剂下的破胶性能实验

温度/℃	交联比	低温破胶活化剂	过硫酸铵浓度/%	不同时间(h)破胶液黏度/(mPa·s)						
				1	2	3	4	5	6	8
60	100：4	—	0.03	冻胶	稀胶	稀胶	稀胶	稀胶	稀胶	稀胶
		—	0.05	冻胶	稀胶	稀胶	16.85	11.52	6.77	4.32
		—	0.08	冻胶	稀胶	稀胶	7.71	6.48	5.18	3.54
		—	0.10	稀胶	15.28	7.15	4.59	—	—	—
		—	0.12	稀胶	8.97	3.85	—	—	—	—
50	100：3	—	0.05	冻胶	冻胶	稀胶	稀胶	13.59	9.61	6.42
		—	0.08	冻胶	冻胶	稀胶	9.52	4.37	—	—
		—	0.10	稀胶	稀胶	15.82	8.41	5.28	2.19	—
		—	0.12	稀胶	稀胶	8.27	3.71	—	—	—
		—	0.15	稀胶	3.29	—	—	—	—	—
		0.4	0.08	6.49	2.45	—	—	—	—	—
		0.4	0.10	3.66	—	—	—	—	—	—

续表

温度/℃	交联比	低温破胶活化剂	过硫酸铵浓度/%	不同时间(h)破胶液黏度/(mPa·s)						
				1	2	3	4	5	6	8
40	100∶3	—	0.08	冻胶	冻胶	冻胶	稀胶	稀胶	稀胶	稀胶
		—	0.10	冻胶	冻胶	冻胶	稀胶	稀胶	8.16	4.05
		—	0.12	稀胶	稀胶	稀胶	16.88	8.25	4.69	—
		—	0.15	稀胶	9.25	4.71	—	—	—	—
		0.4	0.10	7.32	2.15	—	—	—	—	—
		0.4	0.12	3.09	—	—	—	—	—	—

在60℃下，0.03%过硫酸铵不能使该压裂液体系破胶；0.05%过硫酸铵3h后可使压裂液开始破胶，6h可彻底破胶；过硫酸铵加量0.08%时，体系在3h后开始破胶，4h充分破胶；过硫酸铵加量为0.10%时，体系在1h后开始破胶，3h充分破胶。

在50℃下，交联比降至0.30%，压裂液的破胶时间延长，过硫酸铵加量分别为0.05%、0.08%、0.10%、0.12%、0.15%时，其彻底破胶时间分别为8h、5h、4h、3h、2h。若加入低温破胶活化剂与过硫酸铵配合使用，可使过硫酸铵用量降至0.08%~0.10%，使用低温破胶活化剂可保证施工后压裂液彻底破胶返排。

在40℃下，压裂液破胶时间更长，需要加入的过硫酸铵量更大，0.08%过硫酸铵不能使该压裂液体系破胶。过硫酸铵加量分别为0.10%、0.12%和0.15%时，彻底破胶时间分别为8h、5h和3h。低温破胶活化剂与过硫酸铵配合使用，可使过硫酸铵用量降至0.10%~0.12%，以保证施工后压裂液彻底破胶返排，2h后黏度降至5mPa·s以下。

不同温度下破胶实验结果表明：压裂液体系具有很好的破胶性能；随温度场变化，温度降低，适当追加破胶剂，可实现压裂液冻胶快速彻底破胶，满足压后快速返排要求，减小地层伤害。但在施工注入后期，井筒温度可能较低，液体破胶难度大，需要附加一定量的低温活化剂，在单井压裂方案设计中要重点考虑。

三乙醇胺具有低温激活性能，实验表明：30℃和35℃条件下，“0.1%过硫酸铵+0.1%三乙醇胺”可实现4h内破胶；在40℃条件下，“0.1%过硫酸钠+0.06%三乙醇胺”可满足4h内破胶要求，三乙醇胺加量达到0.08%，可实现150min内破胶。

使用“胶囊破胶剂+常规过硫酸盐+低温活化剂”多元破胶剂体系，实施尾追破胶剂技术，在满足造缝和携砂的同时，使压裂液快速彻底破胶水化，快速返排，减少压裂液对支撑裂缝导流能力的伤害。

四、同步破胶技术

长水平段(>1000m)水平井压裂段数多、压裂液用量大、施工时间长、温度剖面变化大，压裂过程中井筒与裂缝中的温度会随着压裂液的注入而逐步下降，甚至相差20~50℃。压裂液破胶时间不统一、破胶不同步将导致前期破胶液滤失快而增加储层的伤害并影响裂缝的有效支撑，最终影响压裂效果。

为解决长水平段水平井多段压裂后破胶时间不统一、不能同时破胶的技术难题，研究提出的“水平井多段压裂同步破胶技术”，可大大降低压裂液对油气藏的伤害，提高压裂效果，其技术对策是根据不同温度下的破胶实验结果优化出多段压裂液破胶设计方案，形成长水平段水平井多段施工破胶剂追加剖面，确保所有压裂裂缝同步彻底破胶，最大限度地提高每段裂缝的产出能力。详细技术内容如下：

1. 优化形成不同储层温度剖面图版

以储层温度为基准温度，利用三维压裂优化设计软件计算每一压裂段随压裂液注入时裂缝内的温度变化剖面，形成目标区块的温度剖面模版(表5-28)。

表5-28 分段压裂裂缝中温度剖面(储层温度90℃)

时间/min		0	41	48	55	68	88	107	114	130	160	220	300	400	500	600
前置液阶段		21.1	42.8	51.9	57.3	65.1	74.3	81.7	83.8	86.5	87.8	88.4	—	—	—	—
加砂阶段	1	—	21.1	26.2	43.6	60.5	75.3	83.0	85.8	86.2	87.0	87.4	88.9	89.1	89.2	89.3
	2	—	—	21.1	26.6	56.7	74.7	82.1	83.8	85.7	86.3	86.8	88.5	88.8	88.9	89.0
	3	—	—	—	21.1	33.6	69.6	79.8	81.6	84.5	85.4	85.7	87.7	88.1	88.3	88.4
	4	—	—	—	—	21.1	40.9	70.8	75.0	80.8	83.4	83.9	86.0	86.6	87	87.3
	5	—	—	—	—	—	21.1	39.9	56.2	71.7	78.6	80.2	83.0	84.1	84.8	85.3
	6	—	—	—	—	—	—	21.1	26.2	58.3	70.8	74.8	78.3	80.2	81.4	82.2

2. 加入破胶剂后的压裂液配方优化

在储层温度和考虑温度剖面条件下评价压裂液的耐温耐剪切性能；在相同温度下，实验评价加入微胶囊破胶剂和常规破胶剂后的压裂液耐温耐剪切性能，以确保长时间施工时压裂液具有很好的携砂性能。

由图5-21可以看出，羟丙基胍胶(HPG)压裂液体系在95℃、$170s^{-1}$条件下剪切2h后的黏度保持300mPa·s以上，表明该压裂液耐温耐剪切性能良好。

由图5-22可以看出，聚合物压裂液在120℃、$170s^{-1}$条件下剪切2h后的黏度为50~60mPa·s，表明该压裂液耐温耐剪切性能良好。

由图5-23可以看出，羟丙基胍胶(HPG)压裂液中加入过硫酸铵破胶剂，在95℃、$170s^{-1}$条件下剪切2h后的黏度保持在100mPa·s以上，表明该压裂液耐温耐剪切性能良好，能够满足施工携砂的要求。

由图5-24可以看出，聚合物压裂液中加入微胶囊破胶剂，在120℃、$170s^{-1}$下剪切2h后的黏度为45~55mPa·s，表明该压裂液耐温耐剪切性能良好，能够满足施工携砂的要求。

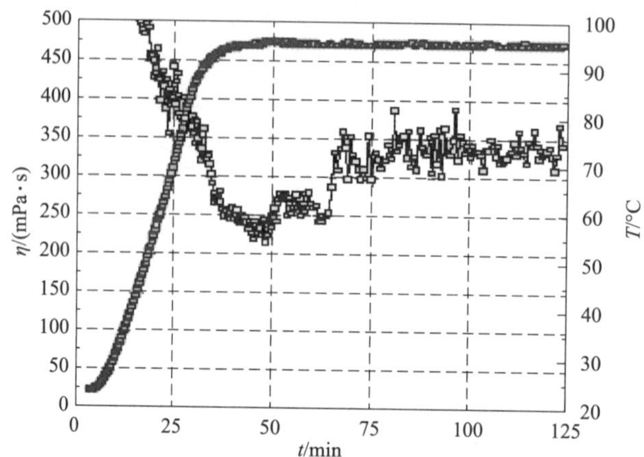

图 5－21 羟丙基胍胶压裂液流变性能(95℃、170s⁻¹、0.45%HPG、交联比 100：0.40)

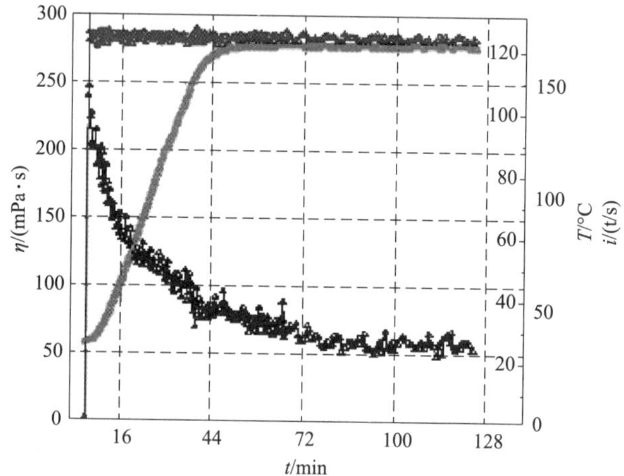

图 5－22 聚合物压裂液流变性能(120℃、170s⁻¹)

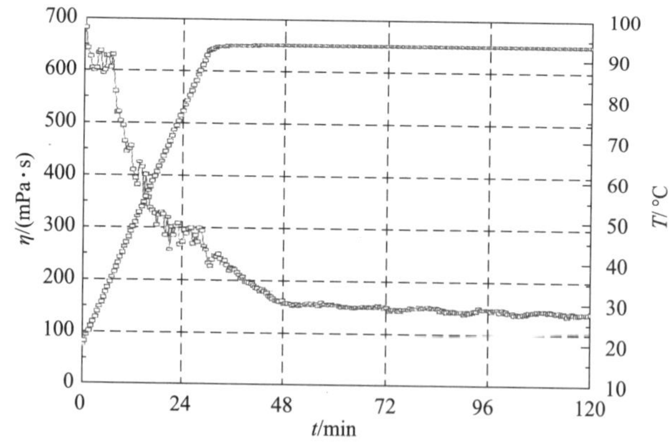

图 5－23 羟丙基胍胶压裂液流变性能

(95℃、170s⁻¹、0.45%HPG、交联比 100：0.40、过硫酸铵)

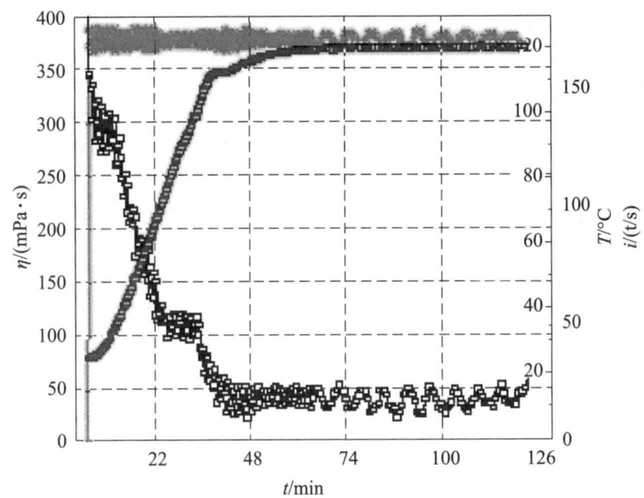

图 5-24 聚合物压裂液流变性能(120℃、170s^{-1}、胶囊破胶剂)

3. 采用“三变”(变破胶剂类型、变破胶剂浓度、变破胶剂加入方式)技术实现多段压裂施工后同步破胶

选择不同压裂液配方(不同增稠剂浓度、不同交联比例)开展储层温度和考虑温度剖面条件下的破胶实验:

(1)不同破胶剂类型:加入常规破胶剂过硫酸铵和过硫酸钾;储层温度高于 70℃时加入微胶囊破胶剂;储层温度低于 55℃加入低温破胶活化剂。

(2)不同破胶剂浓度:微胶囊破胶剂加入比例为 0.005%~0.04%;常规破胶剂加入比例为 0.01%~0.20%;低温破胶活化剂加入比例为 0.01%~0.06%。

(3)不同破胶剂加入方式:优化组合不同类型破胶剂。

4. 同步破胶现场应用技术

(1)依据室内破胶实验结果优化出分段破胶剂加入剖面;

(2)计算出每一段压裂需要的微胶囊破胶剂和过硫酸铵的具体用量,优化追加剖面;

(3)优化不同破胶剂添加顺序和添加速度;

(4)根据泵注排量和不同交联比压裂液的变化及时调整破胶剂的加入方式;

(5)精细做好现场质量控制;

(6)现场收取不同返排时间的返排液样品,使用毛细管黏度计测定破胶液黏度,对比分析不同阶段的破胶效果,修正破胶剂追加程序,实现压裂液冻胶快速彻底破胶,满足压后快速返排要求,降低地层伤害。

5. 实例——以水平井分段(12 段)压裂为例优化破胶剂加入程序

水平井分段压裂“同步破胶”添加破胶剂参考剖面见表 5-29。

表5-29　水平井分段压裂“同步破胶”添加破胶剂参考剖面(压裂目的层温度90℃)

压裂段数	破胶剂加入比例	前置液阶段	携砂液前1/4阶段	携砂液前2/4阶段	携砂液前3/4阶段	携砂液后3/4阶段	顶替液阶段
第1~4段	胶囊破胶剂/%	0.01	0.03	0.04	0.05	—	—
	过硫酸盐/%	—	—	0.01	0.02	0.03	0.04
第5~8段	胶囊破胶剂/%	0.01	0.03	0.04	0.05	—	—
	过硫酸盐/%	—	—	0.01	0.02	0.03	0.06
第9~11段	胶囊破胶剂/%	0.01	0.03	0.04	0.05	—	—
	过硫酸盐/%	—	0.01	0.02	0.03	0.06	0.08
第12段	胶囊破胶剂/%	0.01	0.03	0.04	0.05	—	—
	过硫酸盐/%	—	0.01	0.03	0.05	0.08	0.10
	低温破胶活化剂/%	—	—	—	—	0.50	—

参考文献

[1]Bennion D B, Thomas F B, Ma T. Formation damage processes reducing productivity of low permeability gas reservoirs[J]. SPE60325, 2000: 12-15.

[2] A. A. Tchistiakov.. Colloid Chemistry of In-Situ Clay-Induced Formation Damage[J]. SPE 58747, 2000, 587.

[3]林光荣，邵创国，徐振锋，等. 低渗气藏水锁伤害及解除方法研究[J]. 石油勘探与开发，2003，30(6)：117-118.

[4]周小平，孙雷，陈朝刚. 低渗透气藏水锁效应研究[J]. 特种油气藏，2005，12(5)：52-54.

[5]安耀清. 吐哈油田致密砂岩气藏压裂酸化技术研究[D]. 中国地质大学(北京)，2012.

[6]唐海，吕渐江，吕栋梁，等. 致密低渗气藏水锁影响因素研究[J]. 西南石油大学学报：自然科学版，2009，31(4)：91-94.

[7]夏海英，兰林，等. 川西中浅层压裂改造中的水锁损害研究[J]. 钻井液与完井液，2010，27(5)：71-74.

[8]李皋，孟英峰，唐洪明，等. 低渗透致密砂岩水锁损害机理及评价技术[M]. 四川：四川科学技术出版社，2012. 117-140.

[9]Aften C W, Watson W P. Improved friction reducer for hydraulic fracturing[C]. SPE 118747, 2009: 1-26.

[10]Kot E, Bismarck A, Saini R, et al. Novel drag-reducing agents for fracturing treatments based on polyacrylamide containing weak labile links in the polymer backbone[J]. SPE J, 2012, 17(17): 924-930.

[11]Hellsten M, Oskarsson H. Use of a zwitterionic surfactant together with an anionic ether-containing surfactant as a drag-reducing agent: US8375971B2[P]. 2013-02-19.

[12]Cole D P. Synthesis and characterisation of water soluble polymer drag reducing agents[D]. Durham: Durham University, 2015.

[13]Al-Wahaibi T, Abubakar A, Al-Hashmi A R, et al. Energy analysis of oil-water flow with drag-re-

ducing polymer in different pipe inclinations and diameters[J]. Journal of Petroleum Science & Engineering, 2016, 20(1): 315 - 321.

[14]Javad Paktinat, Carl Aften, Micheal Hurd. High Brine Tolerant Polymer Improves the Performance of Slickwater Frac in Shale Reservoirs[C]. SPE 144210, 2011.

[15]吴奇，胥云，刘玉章，丁云宏，王晓泉，王腾飞．美国页岩气体积改造技术现状及对我国的启示[J]．石油钻采工艺，2011，33（2）：1 - 7.

[16]陈鹏飞，刘友权，邓素芬，等．页岩气体积压裂滑溜水的研究及应用[J]．石油与天然气化工，2013，42(3)：270 - 273.

[17]Wei Juanming, Liu Jiankun, Du kai, et al. The development and application of inverse emulsified friction reducer and slickwater system[J]. Petroleum Drilling Techniques, 2015, 43(1): 27 - 32.

[18]Wang Juanjuan, Liu Tongyi, Zhao Zhongcong, et al. Synthesis and performance evaluation of drag reduction agent emulsion[J]. Applied Chemical Industry, 2014, 43(2): 308 - 310.

[19]Tang Hanqing. Research and application of new shale gas fracturing fluid reducing agent[J]. Chemical Engineering & Equipment, 2015, 11(11): 76 - 78.

[20]Yu Weichu, Wu Jun, Han Baohang. Synthesis and application of green and clean nanometer composite drag reduction agent in shale gas development[J]. Journal of Yangtze University: Natural Science Edition, 2015, 12(8): 78 - 82.

[21]崔明月，陈彦东，杨振周．制备延迟交联耐高温硼压裂液的途径[J]．油田化学，1994，1(3)：214 - 219.

[22]任占春，孙慧毅，秦利平．羟丙基瓜尔胶压裂液的研究及应用[J]．石油钻采工艺，1996，18(1)：82 - 88.

[23]刘洪升，王俊英，王稳桃，等．高温延缓型有机硼 OB - 200 交联剂合成研究[J]．油田化学，2003，20(2)：121 - 124.

[24]丛连铸，丁云宏，王世召，等．低渗储气层低伤害压裂液室内研究及实施[J]．天然气工业，2004，24(11)：55 - 57.

[25]朱鸿亮，郎学军，李补鱼．低渗气藏低伤害压裂液技术研究与应用[J]．石油钻采工艺，2004，26(6)：54 - 58.

[26]王栋，王俊英，刘洪升．高温低伤害的有机硼锆 CZB - 03 交联羟丙基瓜尔胶压裂液研究[J]．油田化学，2004，21(2)：116 - 118.

[27]韩松，张浩，张凤娟，等．大庆深层致密气藏高温压裂液的研制与应用[J]．大庆石油学院学报，2006，30(1)：34 - 38.

[28]庄照锋，赵贤，李荆，等．HPG 压裂液水不溶物和残渣来源分析[J]．油田化学，2009，26(2)：139 - 141.

[29]刘建权．抗高温硼交联压裂液体系研究[J]．中外能源，2010，15(9)：59 - 62.

[30]郭建春，辛军，王世彬，等．异常高温胍胶压裂液体系研制与应用[J]．石油钻采工艺，2010，32(3)：64 - 67.

[31]张玉广，张浩，王贤君，等．新型超高温压裂液的流变性能[J]．中国石油大学学报：自然科学版，2012，36(1)：166 - 169.

[32]柳慧，侯吉瑞，王宝峰．水基压裂液稠化剂的国内研究现状及展望 [J]．广州化工，2012，40(13)：

49 – 51.
[33]赵俊桥，李继勇，张云芝，等．瓜胶类压裂液耐温耐剪切性能影响因素研究[J]．石油工业技术监督，2018，34(2)：14 – 16，20.
[34]靳剑霞，谭锐，王红科，等．新型改性羟丙基瓜胶及其在超高温压裂液中的应用[J]．钻井液与完井液，2018，35(2)：126 – 130.
[35]罗彤彤，卢亚平，潘英民．羧甲基羟丙基瓜尔胶合成工艺的研究[J]．化工时刊，2007，21(2)：26 – 28.
[36]徐敏杰，胥云，崔明月，等．超低浓度羧甲基瓜尔胶压裂液技术研究与应用[C].2008 年低渗透油气藏压裂酸化技术新进展．北京：石油工业出版社，2008：234 – 242.
[37]张应安，刘光玉，周学平，等．新型羧甲基胍胶超高温压裂液在松辽盆地南部深层火山岩气井的应用[J]．中国石油勘探，2009，4：70 – 73.
[38]蒋建方，陆红军．新型羧甲基压裂液的研究与应用[J]．石油钻采工艺，2009，31(5)：65 – 68.
[39]张玉广，肖丹凤，张宗雨，等．羧甲基瓜尔胶压裂液的研究与应用[J]．大庆石油地质与开发，2011，30(3)：118 – 121.
[40]张玉广，张浩，王贤君，等．新型超高温压裂液的流变性能[J]．中国石油大学学报：自然科学版，2012，36(1)：165 – 169.
[41]段贵府，胥云，卢拥军，等．耐超高温压裂液体系研究与现场试验[J]．钻井液与完井液，2014，31(3)：75 – 77.
[42]肖兵，范明福，王延平，等．低摩阻超高温压裂液研究及应用[J]．断块油气田，2018，25(4)：533 – 536.
[43]Parris M，Mirakyan A，Abad C. A new shear – tolerant high – temperature fracturing fluid[Z]. SPE 121755，2010.
[44]徐家业．超分子化学发展简介[J]．有机化学，1995，15(2)：133 – 144.
[45]冯玉军，郑焰，罗平亚．疏水缔合聚丙烯酰胺的合成及溶液性能研究[J]．化学研究与应用，2000，12(1)：70 – 73.
[46]丛连铸，李治平，周焕顺．缔合压裂液在低渗气田的应用[J]．钻采工艺，2007，30(3)：152 – 153.
[47]周成裕，陈馥，黄磊光，等．一种高温抗剪切聚合物压裂液的研制[J]．钻井液与完井液，2008，25(1)：67 – 68，72.
[48]段冬海，李培枝．压裂用疏水缔合型聚丙烯酰胺稠化剂的制备与表征[J]．西安石油大学学报：自然科学版，2010，25(6)：66 – 68，72.
[49]杨振周，陈勉，胥云，等．新型合成聚合物超高温压裂液体系[J]．钻井液与完井液，2011，28(1)：49 – 51，91.
[50]陈凯，吕永利，王丹，等．耐高温压裂液增稠剂的制备及耐温构效关系[J]．石油与天然气化工，2011，40(4)：385 – 389.
[51]薛成，张晓梅，董三宝．水基合成聚合物压裂液体系研究现状及发展趋势[J]．广东化工，2012，39(17)：67 – 68.
[52]何春明，陈红军，刘超．高温合成聚合物压裂液体系研究[J]．油田化学，2012，29(1)：65 – 68.
[53]刘朝曦．耐高温共聚物压裂液体系的研究与应用[J]．油田化学，2013，30(4)：509 – 512.
[54]王均，曹学军，陈瑶．超支化压裂液在川西致密气藏的应用研究[J]．中外能源，2013，18(1)：

51－57.
[55]陈效领，李帅帅．超高温聚合物压裂液体系室内研究[J]．化工管理，2017，(2)：43－45.
[56]刘萍，管保山，徐敏杰，等．220℃超高温聚合物压裂液性能研究[J]．石油化工应用，2018，37(8)：12－15.
[57]张平，张胜传，等．无残渣压裂液的研制与应用[J]．钻井液与完液，2005，22(1)：44－49.
[58]罗平亚，郭拥军，刘通义．一种新型压裂液[J]．石油与天然气地质，2007，28(4)：511－515.
[59]丛连铸，李治平，周焕顺．缔合压裂液在低渗气田的应用[J]．钻采工艺，2007，30(3)：152－153.
[60]周成裕，陈馥，黄磊光．一种疏水缔合物压裂液稠化剂的室内研究[J]．石油与天然气化工，2008，37(1).62－64，76.
[61]刘静，管保山，周晓群．新型低分子压裂液流变性研究[J]．油气井测试，2008，17(5)：4－6.
[62]梁文利，赵林，辛素云．压裂液技术研究新进展[J]．断块油气田，2009，16(1)：95－117.
[63]赵福麟，邓玉珍．锆冻胶压裂液低温破胶体系[J]．油田化学，1988，5(3)：177－182.
[64]任占春，孙慧毅．羟丙基胍胶压裂液超低温破胶系统的研究[J]．油田化学，1995，12(3)：234－236.
[65]谢建利．延迟破胶压裂液的研究与应用[J]．新疆石油科技，1997，7(2)：60－67.
[66]吴锦平．低温压裂液破胶技术对浅层油藏的技术改造[J]．钻采工艺，2000，23(5)：213－217.
[67]韦代延，陈宏伟．延川地区浅井超低温压裂液研究与应用[J]．石油钻采工艺，2000，28(4)：41－43.
[68]张学锋，杨震，赵平文，等．化学破胶剂SD02用于压裂后地层处理[J]．油田化学，2004，21(1)：16－18.
[69]王满学，张建利，杨悦，等．不同助剂对羟丙基胍胶压裂液低温破胶性能的影响[J]．西安石油大学学报：自然科学版，2006，21(6)：69－72.
[70]王满学，龚顺祥，李皓莲．不同因素对硼交联羟丙基胍胶压裂液低温破胶性影响研究[J]．石油与天然气化工，2006，35(2)：142－144，157.
[71]郭建春，何春明．压裂液破胶过程伤害微观机理[J]．石油学报，2012，33(6)：1018－1022.
[72]刘静，周晓群，管保山，等．压裂液破胶性能评价方法探讨[J]．石油化工应用，2012，31(4)：17－20.
[73]崔伟香，王春鹏．压裂用胶囊破胶剂在高压液体中的释放研究[J]．油田化学，2016，33(4)：619－622.
[74]赵昕锐，曹广胜，张晓龙，等．生物酶破胶压裂液破胶速度控制方法研究[J]．当代化工，2018，47(3)：454－457.

第六章 支撑剂

支撑剂是充填压裂裂缝形成高导流通道的重要材料，它直接决定着施工后最终的裂缝有效支撑面积和裂缝导流能力的大小，进而影响气井产能和最终采收率。本章主要介绍致密砂岩气藏水平井分段压裂对支撑剂的要求、支撑剂在水平井筒及复杂裂缝中输送、沉降与铺置规律以及支撑剂的选用方法等。

第一节 水平井分段压裂对支撑剂的要求

水平井的水平井段较长，分段压裂除要求支撑剂铺置满足裂缝导流能力外，还特别强调要选择合适的密度、粒径等以便在水平井筒及裂缝中顺利输送，减少沉降以满足施工安全。

一、水平井压裂导流能力要求

裂缝导流能力是评价人工裂缝优劣的重要指标之一，提高裂缝导流能力是保证高产稳产的重要条件，裂缝导流能力定义为平均缝宽 W 与缝内渗透率 k_f 的乘积：$FCD = k_f \times W$。缝宽主要受泵注程序等施工参数影响，裂缝渗透率主要受支撑剂类型、粒径、不同粒径组合、铺置浓度以及压裂液伤害等因素影响。

前述研究表明，因致密砂岩气藏物性差，需要压裂形成大体积的长缝提高泄气面积，对于裂缝导流能力的要求则因储层渗透率大小而不同，约为 $10 \sim 25\mu m^2 \cdot cm$，关键在于保持裂缝中的长期导流能力。要维持裂缝中的导流能力，必须找到其关键影响因素，归纳起来，影响裂缝导流能力的主要因素为：

(1)支撑剂类型与粒径。高温烧结的陶粒较天然石英砂、河道砂等具有明显的高导流优势。支撑剂粒径对裂缝导流能力影响很大，在裂缝闭合压力未达到支撑剂最大抗压强度时，所选用的支撑剂粒径越大，裂缝导流能力越高。在使用组合粒径支撑剂作为裂缝填充层时，中粒径支撑剂所占比例越大，裂缝导流能力越高。在裂缝闭合后，由于支撑剂与裂缝面的相互作用，会产生支撑剂嵌入岩石的现象(在软地层中尤为显著)。支撑剂嵌入后导致支撑裂缝缝宽减小，进而降低裂缝导流能力。由于地层岩石在性质上存在较大差异，当支撑剂对其发生嵌入作用时会产生不同的变化过程，既可能破碎，也可能弹塑性变形。

(2)闭合压力和嵌入。作用在支撑剂上的闭合压力引起支撑剂变形破碎，降低孔隙度，从而降低渗透率。支撑剂嵌入裂缝表面减少有效缝宽，同时还会使地层破碎产生碎屑堵塞孔隙通道，引起渗透率和导流能力降低。嵌入主要受岩石硬度和闭合压力等因素影响，在较软或中硬地层中，随着闭合压力的增大，嵌入是损害导流能力的主要因素之一。

(3)压裂液的伤害。压裂液对支撑裂缝的降低主要包括破胶残渣和滤饼堵塞支撑剂的孔隙，破胶不完全的残胶和鱼眼造成部分支撑剂孔隙失去导流能力，压裂液溶蚀支撑剂使支撑剂强度降低。

(4)两相流及非达西流动。流体在裂缝中流速超出层流范围时，流动规律不再遵循达西定律，将产生一个附加阻力，相当于降低了支撑剂的渗透率，使导流能力下降。两相流时，气体的存在将使流动阻力更大。

(5)颗粒运移。在压裂后排液和生产期间，从裂缝端部到井筒支撑剂承受的净压力递增，支撑剂孔隙持续降低。压裂液、支撑剂和地层释放出的碎屑有可能从裂缝端部孔隙较大处运移，在近井较小孔喉处富集，造成伤害。

(6)温度和时间。在闭合压力作用下支撑剂趋向于紧密排列，这一过程持续时间很长。温度加剧介质对支撑剂的侵蚀程度，高温使导流能力下降速度变快。

因此，水平井压裂裂缝导流能力的真实需求不仅要考虑储层渗透特性，而且要综合考虑上述影响因素，以排除所有影响因素获得的导流能力作为实际的裂缝导流能力。

二、支撑剂类型、粒径与密度要求

鄂尔多斯盆地、四川盆地等区域的致密砂岩气藏埋藏深度、闭合压力差异大，对裂缝导流能力的需求各不相同，因此，对支撑剂类型、粒径和密度要求也差异较大。一般而言，致密砂岩气藏应选用低密度、高强度、不同粒径组合的支撑剂。随着技术的发展，支撑剂已经从最初的天然石英砂、核桃壳、金属铝球、玻璃球和塑料球等发展成熟了不同粒径、密度和强度陶粒支撑剂系列产品，以满足不同储层压裂增产对支撑剂的要求。致密砂岩气藏压裂用支撑剂主要有石英砂和陶粒，粒径包括70/140目、40/70目、30/50目和20/40目，体积密度为1.5～1.8g/cm^3。不同区域的水平井要依据各自的储层特征选择适宜的支撑剂类型、粒径与密度。

三、支撑剂沉降速度要求

在致密砂岩气藏水平井分段压裂过程中，支撑剂要在垂直井筒、水平井筒和裂缝中输送，支撑剂沉降速度过快将使支撑剂沉降到井筒底部和近井筒裂缝以及裂缝底部，使裂缝中砂堤剖面不合理从而影响裂缝导流能力，甚至导致砂堵等不良后果。因此，要求压裂施工过程中施工流速要远远大于支撑剂沉降速度。支撑剂沉降速度受支撑剂颗粒密度、粒径和压裂液密度及黏度等多因素影响，故对于一口压裂井，要结合压裂施工排量、压裂液性能和支撑剂的密度和粒径等来确定沉降速度要求。

四、支撑剂输送要求

致密砂岩气藏压裂过程中可能产生主裂缝、分支裂缝或微裂缝，各种裂缝的宽度差异大，支撑剂欲在这种多尺度裂缝中输送，在粒径上必须满足最小通过原则，否则会在裂缝弯曲处造成桥堵，在压裂施工中一般采用不同粒径支撑剂组合来实现在多尺度裂缝中的输送和充填。因此，在压裂设计中要预测压裂裂缝的复杂性和宽度，选择相适应的支撑剂粒径。

第二节　支撑剂输送、沉降与铺置规律

支撑剂在井筒和裂缝中的输送、沉降与铺置不仅影响着裂缝的导流能力和有效支撑，还影响压裂施工成功率和安全性，国内外学者非常重视，开展了大量的室内物理模拟和数值模拟研究，以探寻其规律，为支撑剂的优选提供依据。

一、研究方法

致密砂岩气藏水力压裂过程中支撑剂输送、沉降与铺置是一个复杂的热 - 流 - 固耦合过程，受裂缝形态复杂化、支撑剂与压裂液性质、施工参数以及模拟条件等多种因素制约，要清晰地揭示其输送规律并非易事，目前常用物理实验模拟和数值模拟两种方法来研究，且以单一裂缝中的支撑剂输送、沉降与铺置研究为主。

1. 物理模拟

Babcock(1967 年)采用透明平行板装置可视化研究了支撑剂在裂缝中的运移铺置规律，提出实验中以平衡高度和平衡流速为目标参数，将水力裂缝分为砂堤、滚流区、悬砂区和无砂区四个区域，并推导了砂堤堆起速度和平衡高度的计算公式。

Yajun Liu(2006 年)采用可视化平板模型研究了不同类型压裂液中支撑剂的沉降和水平输送，依据实验结果修正了支撑剂沉降速度计算公式和水平运移速度公式。

翟恒立(2012 年)利用可视化平板裂缝模型研究了施工排量、支撑剂类型、支撑剂浓度和压裂液类型对支撑剂沉降、水平运移及砂堤形态的影响，修正了支撑剂沉降运移模型，建立了新的砂堤堆起模型。

Freddy Crcspo 等(2013 年)利用大尺寸物埋实验装置研究了水平井筒内同一段内不同射孔簇间的支撑剂运移分布，在保持井筒直径为定值的条件下，研究了压裂液密度、压裂液黏度、支撑剂密度、支撑剂粒径和施工排量的影响。

Raimbay 等(2014 年、2015 年)收录了不同岩性岩石裂缝表面的透明样品来制备粗糙裂缝表面，开展了支撑剂输送可视化平板模拟实验，研究了裂缝壁面粗糙度和剪切滑移对支撑剂铺置和裂缝渗透率的影响。

Mark Mack 等(2014 年)通过实验研究了支撑剂在低黏压裂液中的输送机理，给出支撑剂滚流和蠕变流动的机理和控制参数，并用大尺寸平板流动装置研究了砂堤形成颗粒摩擦力对砂堤形状的影响，实验表明支撑剂可“转弯”进入二级裂缝并形成砂堤。

Rakshit Sahai 等(2014 年)开展了复杂裂缝网络系统中支撑剂输送实验研究，分析了支撑剂在次生裂缝中的分布及其影响因素，研究了裂缝复杂度、施工排量、支撑剂浓度和粒径对支撑剂在缝网中的沉降和输送的影响。

Cong Bin Yin 等(2014 年)用可视化复杂裂缝网络系统进行了页岩气压裂支撑剂输送实验模拟，包括主裂缝及二级裂缝，可分别代表水力裂缝和天然裂缝，利用该实验装置开展了滑溜水压裂、混合压裂及改进的混合压裂支撑剂输送研究。结果表明：交替注入滑溜水和交联冻胶的改进型混合压裂方式可提高主裂缝及次生裂缝中的导流能力。

唐伏平等(2014 年)采用人工神经网络(ANN)方法提出了壁面因子预测方法，表征矩形裂缝中壁面对支撑剂颗粒沉降速度的影响。

李靓(2014 年)从支撑剂自由沉降机理入手，分析页岩气压裂中影响支撑剂颗粒沉降的因素，优选出支撑剂输送物理实验的主控因素，利用可视化平板模型研究了单裂缝和多裂缝中支撑剂铺置规律，并分析了敏感性因素。

Y. Thomas Hu 等(2015 年)研制了一种多程可视化槽道流动模拟装置，该装置能够连续运行，可从实际压裂施工的时间尺度来模拟压裂液剪切流动对支撑剂沉降和铺置的影响，分别用线性胶和交联冻胶进行了支撑剂输送实验。结果表明：这两种压裂液具有明显不同的静态和动态支撑剂悬浮能力，分析认为这是由其屈服应力、黏性和弹性等流变性质影响的。

Msalli A. Alotaibi 等(2015 年)采用粗糙壁面的可视化平板复杂裂缝系统对支撑剂的运移分布进行了实验研究，分析了主裂缝中砂堤的形成过程和机理。实验结果表明：支撑剂可在次生裂缝处“转弯”进入二级和三级裂缝。

B. C. Klingensmith 等(2015 年)认为页岩气井要想保持长期稳产，必须对压裂缝网进行有效支撑，包括复杂缝网中远端次生裂缝的有效支撑，他们采用可视化平板复杂裂缝系统进行实验。结果表明：通过设计合理的泵注程序，支撑剂可穿透至储层深处的次生裂缝中。他们还研究了保持远场裂缝足够导流能力所需的次生裂缝支撑剂浓度。

Fernndez，. M. E 等(2015 年)利用楔形平半裂缝系统研究了支撑剂沉降和砂堤的形成，模拟了砂堤沉降的动态特征并研究了泵注排量和支撑剂粒径对支撑剂楔形缝内铺置的影响。

侯磊等(2015 年)采用可视化小尺寸槽道流动模型模拟了支撑剂颗粒在超临界 CO_2 中的沉降规律，分析了支撑剂颗粒在压裂液中的受力和运动状态，研究了超临界 CO_2 黏度对颗粒沉降的影响。

温庆志等(2015 年)采用自主设计的实验装置和实验方法研究了支撑剂在水平井筒内的沉降规律，分析了水平井筒直径、施工排量、支撑剂浓度和压裂液黏度等对临界沉降速度和临界再悬浮速度的影响。

李小龙等(2015 年)利用可视化平板裂缝系统研究了支撑剂在清洁压裂液中的运移铺置，并研究了压裂液黏度、支撑剂密度、砂比和施工排量对支撑剂沉降的影响。

2. 数值模拟

R. S. Schols 等(1974 年)采用平板可视化窄缝模型研究了定缝宽不考虑滤失情形下低黏压裂液中砂堤的形成过程。实验结果表明：窄缝中砂堤的形成包括三个连续的过程：第一阶段，砂堤以时间为函数在裂缝底部逐渐堆积，直至在井筒附近达到平衡高度，在该点支撑剂颗粒由于受到液体的侵蚀，砂堤高度停止增长；第二阶段，砂堤只在高度方向增长，直至整个砂堤长度均达到平衡高度；第三阶段，砂堤只在缝长方向增长，新注入的支撑剂在砂堤上部翻滚运移至砂堤前缘并沉降下来，使砂堤长度不断增加。建立了砂堤形成过程三个阶段的解析表达式，同时也研究了近井筒位置射孔中携砂液射流冲刷对砂堤的影响。

Dtmeshy(1978 年)采用数模方法研究了压裂液滤失对裂缝形态及缝内支撑剂浓度的影响，该数值方法可用于计算变浓度和变支撑剂类型的支撑剂输送计算，同时还可用于计算使用高黏压裂液时所需的最优前置液体积。

M. A. Biot 等(1985 年)建立了低黏压裂液窄缝流动中支撑剂三种输送机理的控制方程，包括黏性拖动、湍流输送和砂床输送。实验结果表明：在现场条件下，黏性拖动是支撑剂的主要输送机理，砂堤高度不随裂缝高度增加而增加，砂床输送的作用很小。

姚飞和王晓泉(1999 年)用对流扩散理论代替活塞式驱替理论研究了支撑剂在水力裂缝中的运移分布，应用力学稳定性概念研究了支撑剂回流和压裂防砂问题。

N. R. Warpinski(2000 年)认为低黏压裂液施工结束后，因支撑剂沉降会在裂缝中形成三个区域：裂缝底部的砂堤、上部的未支撑部分及两者之间平滑过渡的拱形部分。由于支撑剂沉降以及拱形区域的存在，会使砂堤上部的支撑剂受到的应力大大增加，继而也增加了支撑剂破碎和嵌入的风险。砂堤上部的拱形区域是一条超高导流能力通道，有利于油气生产和压裂液返排，但也有可能增加出砂的风险。文中给出了支撑剂非理想分布状态下的受力和拱形区域尺寸的计算公式。

乔继彤等(2000 年)建立了携砂液二维运动方程及支撑剂二维输送方程，并与三维水力压裂模型中的缝宽方程进行耦合求解，研究了压裂过程中考虑支撑剂沉降的输送过程。

郭大立等(2001 年)基于流体力学、流体热力学、输砂力学和渗流力学等方法，建立了拟三维裂缝中支撑剂运移分布的数值计算模型，通过实例计算，分析了三维裂缝中支撑剂的运移铺置规律。

Phani B. Gadde(2007 年)等人建立了支撑剂在清水等低黏压裂液中沉降和输送的新模型，该模型考虑了缝宽、支撑剂浓度、压裂液流变性、湍流效应及惯性效应对支撑剂沉降的影响。

C. L. Cipolla 等(2008 年)将水力裂缝扩展分为四种模式：单一平面裂缝扩展、减弱的平面裂缝扩展、复杂平面裂缝扩展以及缝网扩展。对于复杂缝网，很难精确模拟支撑剂在其中的运移，因而将支撑剂在复杂缝网中的铺置简化为三种情形：(1)支撑剂在缝网内均匀分布；(2)支撑剂仅分布于主裂缝内；(3)支撑剂沉降形成砂柱，并且在缝网内均匀分布。支撑剂在垂向上分布受沉降运动的影响。2009年，他们认为虽然复杂缝网中的支撑剂输送很难模拟，但很可能大部分裂缝都是未被支撑的，他们研究了支撑剂从主裂缝向缝网中输送以及主裂缝中支撑剂沉积对产能的影响。结果表明：当未支撑裂缝导流能力不足以发挥缝网的优势时，即使支撑剂从主裂缝进入缝网中很短的距离也会对产能产生很大的影响，使用低黏压裂液会在裂缝底部产生砂堤，裂缝闭合后砂堤上方会形成一个超高导流能力的拱形区域，这也会对产能产生很大的影响。

王松、杨兆中等(2009年)分析了支撑剂在压裂液中的受力状态以及在非平衡状态下的运动机理，得到了支撑剂的沉降速度公式，据此建立了支撑剂输送数学方程，结合裂缝几何尺寸，考虑了支撑剂二维运动及压裂液剪切稀释作用，模拟了支撑剂在水力裂缝中的输送过程，提高了模拟结果的精确性。

郭建春等(2009年)根据水平井的实际特征，建立了三维裂缝中支撑剂运移分布模型及产能预测模型，综合考虑了支撑剂对流沉降、缝内温度分布及压裂液滤失等因素对支撑剂运移和支撑裂缝几何尺寸的影响。

李勇明等(2010年)在考虑砂堤高度随时间变化对流体压降影响的基础上，建立了适用于二次加砂压裂的裂缝延伸模型，考虑支撑剂对流影响建立了支撑剂沉降运移模型，采用界面追踪求解了支撑剂运移分布，开发编制程序对比分析了二次加砂压裂与常规压裂的裂缝参数。

Daneshy(2011年)认为在水平井限流法压裂过程中，虽然各射孔簇间压裂液流量是按设计分布的，但由于支撑剂比压裂液密度大，其动量也较大，导致其在水平井筒中运移时不易在射孔孔眼处转弯进入裂缝，支撑剂在黏弹性压裂液中因剪切作用会趋向井筒中心，进一步增加其进入裂缝的难度，这些因素均会导致支撑剂更多地进入末端射孔簇，致使不同射孔簇间支撑剂的非均匀分布。

张鹏(2011年)假设压裂液为段塞式流动，考虑滤失和缝内温度分布的影响，建立了煤层气压裂支撑剂沉降和运移模型，并开展了相关敏感性因素分析。

Wei Yu等(2013年)应用油藏模拟软件研究了地质力学效应和支撑剂非均匀分布对页岩气产能的影响。结果表明：支撑剂的非均匀分布会对产量有显著影响，尤其在页岩基质渗透率较大、支撑剂浓度较低的情况下结果更明显。

Atul Bokane等(2013年、2014年)应用计算流体力学(CFD)软件 Fluent 研究了单个射孔段内不同射孔簇间的支撑剂输送分布，在保持套管参数不变的条件下综合分析了支撑剂密度、支撑剂粒径、压裂液黏度和施工排量对支撑剂分布的影响，并将数值模拟结果与物理实验结果进行了验证，有助于更好地理解多射孔簇间压裂液和支撑剂的分布特征。

Bing Kong(2014年)采用有限元方法开发了三维数值模拟器，求解了不同参数条件下水力压裂中及压后返排过程中支撑剂的分布状态。结果显示：储层渗透率是影响支撑剂尺寸选择以达到最优增产效果的主要因素。

杨尚谕等(2014 年)针对煤层气压裂有效支撑缝长过短且缝内铺砂浓度分布不均匀的问题，研究了变密度支撑剂颗粒在裂缝内的运移规律；采用 Pseudo Fluid 模型考虑了裂缝内支撑剂颗粒之间的相互影响，探讨了压裂液黏度、裂缝壁面、施工排量和支撑剂密度等参数对缝内铺砂浓度和有效支撑缝长的影响规律。

Hongfei Wu 等(2014 年)提出了包括液体、支撑剂和砂床输送的水平井筒中一维多相流数学模型，该模型考虑了井筒中支撑剂重力沉降及再悬浮等二维效应。守恒方程中由于沉降导致的质量和动量损失作为源项处理，可以隐式地近似模拟支撑剂沉降。该模型是一个包含了压裂过程中准确预测支撑剂输送的综合模型。

E. V. Dontsov 等(2014 年)通过给定基于颗粒尺寸的缝宽限定值来阻止支撑剂颗粒到达裂缝尖端的假设条件，提出了一个同时考虑重力沉降和端部脱砂效应的支撑剂输送模型，利用该模型对 KGD 模型中拟三维裂缝中的支撑剂输送进行了数值模拟研究，并针对拟三维裂缝提出了一个反映沉降强度的无因次参数。

Ingrid Tomac 等(2013 年、2015 年)基于 CFD - DEM 耦合模型对高浓度携砂液颗粒沉降过程中颗粒 - 颗粒以及颗粒 - 壁面之间的相互作用进行了数值模拟研究。结果表明：现有的计算公式不能很好地计算粗糙窄缝中支撑剂的沉降速度。由于颗粒之间的微观力学作用、不规则的向上运动以及迎流运动导致支撑剂的运动轨迹并不是沿着重力方向，从而可能堵塞裂缝或发生快速聚集沉降。研究表明：支撑剂的最大充填体积分数为 0.3 ~ 0.4，不是我们通常所假设的 0.5。

Sogo Shiozawa 等(2015 年)建立了二维离散缝网支撑剂输送模型，探讨了水力诱导裂缝和天然裂缝中支撑剂的输送及其对应力、裂缝开度及裂缝导流能力的影响。为模拟二维模型中支撑剂的沉降过程，将每一个裂缝单元划分为两部分：位于裂缝底部的砂堤和砂堤之上的混砂液。模型考虑了裂缝闭合及其对裂缝特性的影响。模型能够描述支撑剂沉降、输送、铺置和裂缝闭合的完整过程。

Cristopher A. J. Blyton 等(2015 年)基于 CFD - DEM 耦合模型模拟了裂缝内支撑剂输送，考虑了颗粒之间、颗粒与裂缝壁面之间的碰撞、流体流动以及重力对颗粒运动轨迹的影响。结果表明：支撑剂浓度和支撑剂粒径与缝宽之比控制着支撑剂与液体的相对运动速度。由 Stokes 定律预测的液体表观黏度、支撑剂粒径及压裂液支撑剂密度差对沉降速度的影响是适用的，但支撑剂浓度和裂缝流动雷诺数可能会使颗粒沉降速度偏离 Stokes 定律预测值，可忽略液体滤失对支撑剂沉降和运移的影响。

S. Raymond 等(2015 年)采用新型物质点方法研究了水力裂缝与天然裂缝相互作用过程中支撑剂的分布状态，该方法使用颗粒来代表携砂液及其对水力裂缝和天然裂缝的影响，研究了天然裂缝长度和水平应力差对支撑剂分布的影响。

Sogo Shiozawa 和 Mark Mcclure(2016 年)使用三维水力压裂模拟器研究了支撑剂的输送，考虑了重力沉降、端部脱砂及裂缝闭合后的支撑剂分布，建立了本构方程来描述稀混砂液对应的泊肃叶流动向砂堤对应的达西流动的转变，还建立了可无缝描述裂缝扩张和闭合过程的本构模型。

Pratanu Roy 等(2016 年)采用高保真数值模拟与裂缝尺度的透明平板模型模拟实验相结合的方法研究支撑剂颗粒在水力裂缝中的运移情况，其中所用的透明平板是由真实页岩裂缝表面通过 X 射线计算机层析成像得到其三维拓扑数据再经 3D 打印得到的，具有与真实裂缝相同的壁面粗糙度，能够更加精确地模拟支撑剂在真实裂缝中的沉降和运移规律。

综上所述，受各种因素的影响，在国内外学者的研究中还存在一些不足，比如以单一裂缝研究为主，复杂缝输砂研究较少，计算模型相对单一，缺乏水平运移速度模型、水平井横向裂缝压裂液径向流动和支撑剂输送模型等。

二、支撑剂输送、沉降与铺置规律

为模拟多级裂缝支撑剂输送、沉降与铺置规律，国内学者设计了模拟实验装置，模拟地层压裂形成一条主裂缝和多条分支缝后，携砂液进入裂缝过程中支撑剂的运移、沉降与铺置规律，得到了诸多认识。

1. 实验装置

该装置主要由六个部分组成：主控系统、配液混砂系统、裂缝模拟系统、循环系统、数据采集系统、软件处理系统。装置工作压力：0～1MPa；工作温度：室温。模拟装置示意图见图 6－1。

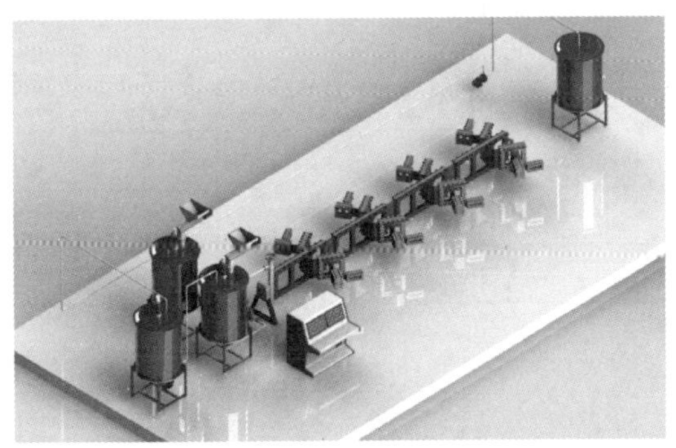

图 6－1　模拟实验装置示意图

多裂缝系统见图 6－2，包括可视化井筒、主缝和分支缝，设置的主缝和分支缝的长、宽尺寸等参数见表 6－1。

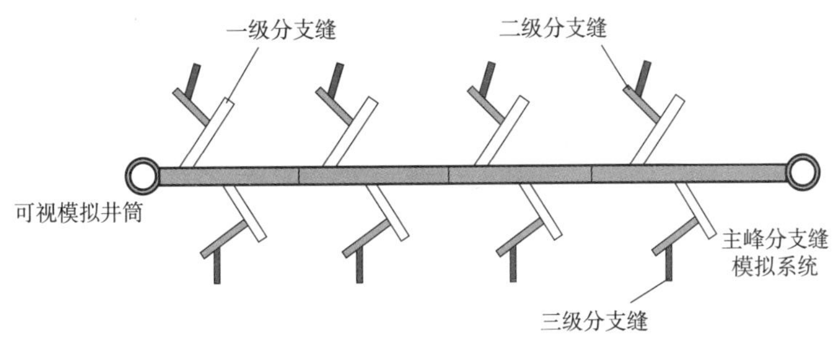

图 6－2　多级裂缝系统示意图

表6-1 多尺度裂缝尺寸表

项目	数值	项目	数值	项目	数值
主裂缝长	4800mm	主裂缝宽	10mm	主裂缝条数	1
一级支缝长	1000mm	一级支缝宽	2mm	一级支缝数	4
二级支缝长	500mm	二级支缝宽	1mm	二级支缝数	4
三级支缝长	250mm	三级支缝宽	0.5mm	三级支缝数	4
所有裂缝高	500mm	裂缝总体积	$4.85\times10^7mm^3$	与上级缝夹角	60°
入口孔眼数	8	孔眼直径	10mm	混砂罐容积	300L
一级支缝A距主缝入口		1.5m	一级分支缝B距主缝入口		3.7m
二级支缝A距一级缝A入口		0.5m	二级支缝B距一级缝B入口		0.5m

2. 实验方案及步骤

依据线速度相似准则设计了实验参数，包括排量、支撑剂粒径、砂比、压裂液黏度等，其正交实验方案见表6-2。

表6-2 正交实验方案

序号	压裂液/(mPa·s)	支撑剂	排量/(m^3/min)		砂比/%		
1	4	70/140目陶粒	4	6	5	10	15
2	4	40/70目陶粒	4	6	5	10	15
3	4	30/50目陶粒	4	6	5	10	15
4	16	70/140目陶粒	4	6	10	15	20
5	16	40/70目陶粒	4	6	10	15	20
6	16	30/50目陶粒	4	6	10	15	20

多级裂缝支撑剂输送实验步骤如下：

(1)连接实验仪器，检查管路是否连通，确保实验装置的密封性，启动裂缝模拟系统软件，将所有数据归零；

(2)根据实验方案，在配液罐中配制所需黏度压裂液，将压裂液泵入混砂罐，启动螺杆泵，向模拟裂缝内注入压裂液，进行排空处理，确保整个缝网充满压裂液，此时裂缝中的压裂液相当于实际施工中的前置液；

(3)计算并称量本次实验所需支撑剂用量，加入输砂装置，调节输砂装置的输送速度和混砂罐转子转速，保证其和混砂罐内压裂液混合达到动态平衡；

(4)检查摄像装置，调节实验所需的泵频率，在电脑客户端开启数据采集软件系统，设定好采集间隔时间，开始实验；

(5)从支撑剂颗粒开始进入裂缝的时刻计时，直至所配制的混砂液全部泵送完毕，关停搅拌器、螺杆泵，关闭电脑客户端的数据采集系统，实验结束，整个实验过程中，用高清摄像机全程记录砂堤的形态和相关参数；

(6)实验完成后，确保各项数据采集完整，打开进出口阀门，排空裂缝中的压裂液，用高压水枪冲洗整个缝网系统，将支撑剂颗粒收集晾晒以重复利用。

3. 实验结果

(1)压裂液黏度影响

压裂液黏度是影响支撑剂沉降的重要因素之一，黏度越大，支撑剂颗粒受到的黏性力越大，进而抑制了支撑剂颗粒的沉降。泵入排量4m^3/min，砂比10%，支撑剂粒径70/140目，压裂液黏度分别为4mPa·s和16mPa·s的砂堤剖面见图6-3。由图可以观察到以下现象：

①不同压裂液黏度下，主裂缝砂堤剖面的沉降高度差别较大；

②低黏情况下，缝网中各级分支缝前后端差异较小，黏度增大时，二级分支缝中支撑剂沉降距离裂缝入口远端的沉降较多。

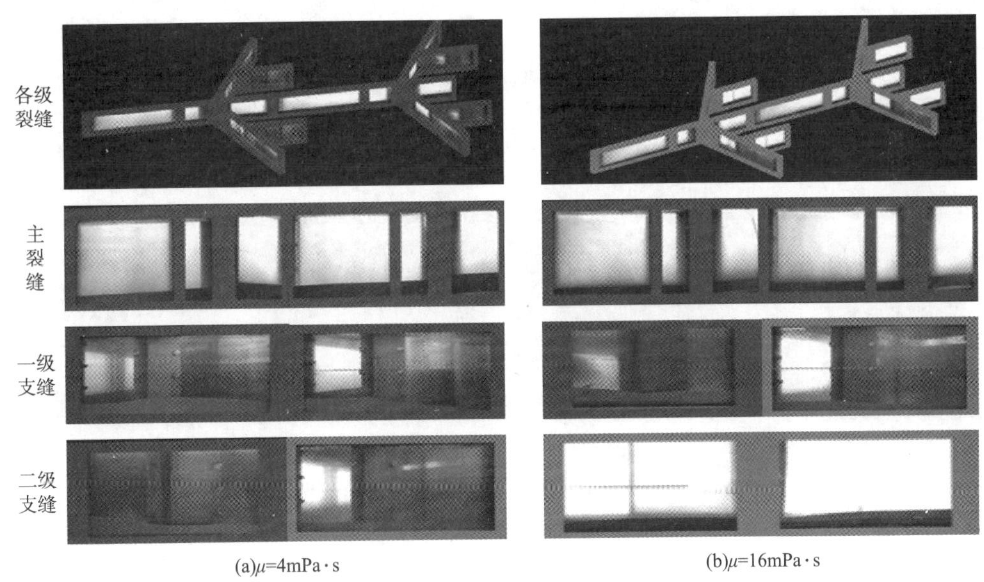

图6-3　不同压裂液黏度下各级裂缝内支撑剂铺置形态

将图6-3中主裂缝的砂堤剖面量化处理，可得图6-4所示的结果，压裂液黏度为4mPa·s时，主裂缝砂堤高度为4.5~11.7cm，平均高度为8.1cm，主裂缝中支撑剂铺置率为16.2%；压裂液黏度为16mPa·s时，主裂缝砂堤高度为3.1~8.9cm，平均高度为6.0cm，主裂缝中支撑剂铺置率为12%。

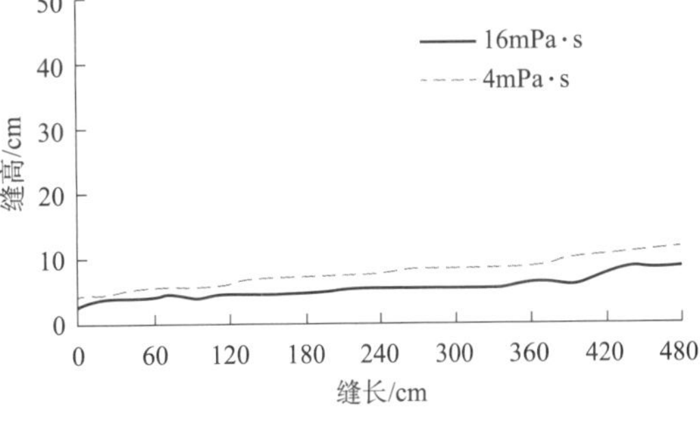

图6-4　不同压裂液黏度下主裂缝砂堤剖面形态

综合分析得到，在其他实验条件相同情况下，当压裂液黏度增大时，砂堤高度随黏度增大而减小，黏度越高，携砂能力越强，支撑剂越不容易沉降，砂堤剖面越低，砂堤高度逐渐增高；当携砂液进入分支缝后，由于缝宽变窄，使得支撑剂与壁面的碰撞加剧，且由于分支缝的出口管道较小，使得进入支缝的支撑剂很大一部分都沉降下来，沉降的砂堤高度增高；低黏时，支撑剂主要沉降在裂缝入口近端，黏度增大，支撑剂更多地沉降在远端。

(2)排量影响

压裂液黏度为4mPa·s、砂比为15%、支撑剂为70/140目陶粒、排量为$4m^3/h$和$6m^3/h$情况下，支撑剂沉降结果见图6-5。由图可观察到以下现象：

①不同携砂液排量条件下，主裂缝砂堤剖面的沉降高度差别较大；

②低排量条件下，各级分支缝中的沉降量相对较大，当提高排量时，二级分支缝中支撑剂沉降距离裂缝入口远端的沉降较多。

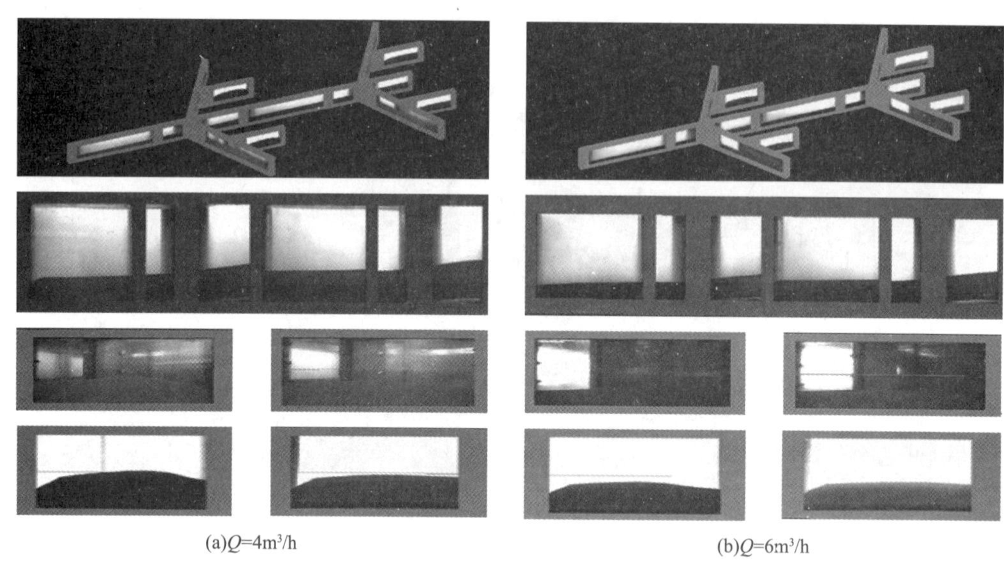

(a)Q=$4m^3/h$　　(b)Q=$6m^3/h$

图6-5　不同排量下各级裂缝内支撑剂铺置形态

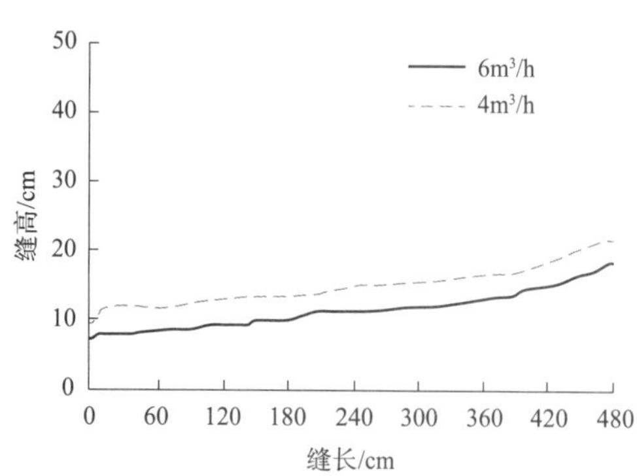

图6-6　不同排量下主裂缝砂堤形态

将图6-5中主裂缝的砂堤剖面量化处理，可得图6-6所示的结果，携砂液排量为$4m^3/h$时，主裂缝砂堤高度为9.6~21.7cm，平均高度为15.6cm，主裂缝中的支撑剂铺置率为31.2%；携砂液排量为$6m^3/h$时，主裂缝砂堤高度为7.4~18.5cm，平均高度为11.7cm，主裂缝中的支撑剂铺置率为23.4%。

可以看出，在其他实验条件相同情况下，当排量提高时，砂堤高度随排量增大而减小，排量越高，砂堤高度越小，砂堤高度整体呈逐渐增高趋势，分析认为：排量越高，支撑剂进入裂缝后水平方向流速就越高，而支撑剂在垂直方向的沉降时间不变。因此，当排量提高时，单颗粒支撑剂需要的沉降距离增大，在相同裂缝半长情况下，排量越高，缝内砂堤沉降高度越小，且排量增大，也增强了入口处的湍流效应，使得靠近入口的位置出现漩涡，有明显紊流现象，支撑剂在压裂液中不断卷起，大部分颗粒都悬浮在压裂液中，被输送到裂缝远端。

(3)粒径影响

泵入排量为 $4m^3/h$、砂比为5%、压裂液黏度为4mPa·s等实验条件下向裂缝中泵入70/140目、40/70目和30/50目三种不同粒径支撑剂的混砂液，实验结果见图6－7。对比不同粒径下支撑剂铺置形态，可观察到以下现象：

①不同粒径条件下，主裂缝砂堤剖面的沉降高度差别较大；

②30/50目支撑剂主要沉降在裂缝入口处，砂堤剖面高度逐渐降低，40/70目支撑剂的整体沉降比较均匀，砂堤剖面高度整体较为均匀，70/140目支撑剂主要沉降在裂缝远端，砂堤剖面高度逐渐增高；

③70/140目支撑剂可均匀铺置在二级分支缝中。

(a)4mPa·s+30/50目+$4m^3/h$+砂比5%

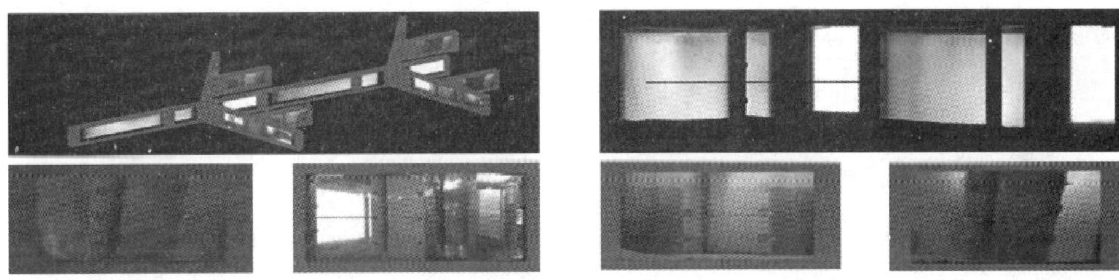

(b)4mPa·s+40/70目+$4m^3/h$+砂比5%

(c)4mPa·s+70/140目+$4m^3/h$+砂比5%

图6－7　不同粒径下各级裂缝内支撑剂铺置形态

将图6－7中主裂缝的砂堤剖面量化处理，可得图6－8所示的结果，30/50目支撑剂的主裂缝砂堤高度为5.1～17.2cm，平均高度为11.0cm，主裂缝中的支撑剂铺置率为22%；40/70目支撑剂的主裂缝砂堤高度为4.9～11.5cm，平均高度为8.1cm，主裂缝中的支撑剂铺置率为16.2%；70/140目支撑剂的主裂缝砂堤高度为3.5～7.5cm，平均高度

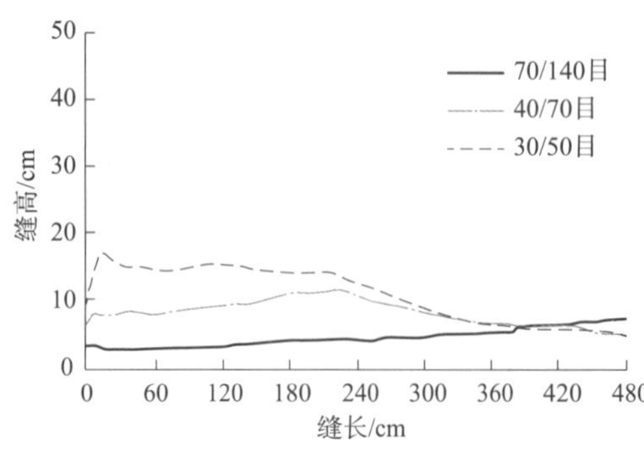

图6-8　不同粒径下主裂缝砂堤剖面形态

为4.5cm，主裂缝中的支撑剂铺置率为9%。

综合分析认为，在其他条件相同的情况下，支撑剂的粒径对砂堤剖面形态影响较为明显，支撑剂砂堤的铺置形态随支撑剂粒径减小而向裂缝深处移动，而粒径较大时趋于向裂缝入口位置处铺置。这是由于粒径较小的支撑剂较易于悬浮起来，从而需要更长时间沉降，越容易被携带至裂缝深处。而粒径较大的支撑剂一方面由于受到裂缝壁面效应的影响较大，从而降低了支撑剂颗粒的水平运移速度，另一方面由于粒径较大的支撑剂颗粒受到的重力相比于受到的浮力大，因而加快了支撑剂的沉降。因此，对于大粒径支撑剂主要沉降在主裂缝内，且靠近主裂缝入口处，砂堤剖面由高到低逐渐减小；当粒径较小时，支撑剂可均匀铺置在整个裂缝系统内，更多地沉降在裂缝远端，砂堤剖面逐渐增高，粒径越小，对于分支缝的充填程度越好。

(4)砂比影响

在泵入排量$6m^3/h$、压裂液黏度16mPa·s、40/70目陶粒等实验条件下，向裂缝中泵入15%和20%砂比的混砂液，实验结果见图6-9。由图可观察到以下现象：

①不同砂比条件下，主裂缝砂堤剖面的沉降高度差别不大；

②砂比较高时，各级分支缝中的沉降量都相对较大，当砂比提高时，二级分支缝中支撑剂沉降距离裂缝入口远端的沉降较多。

图6-9　不同砂比下各级裂缝内支撑剂铺置形态

将图 6－9 中主裂缝的砂堤剖面量化处理，可得图 6－10 所示的结果。砂比为 15% 时，主裂缝砂堤高度为 7.2～19.6cm，平均高度为 12.6cm，主裂缝中的支撑剂铺置率为 25.2%；砂比为 20% 时，主裂缝砂堤高度为 7.5～20.8cm，平均高度为 14.5cm，主裂缝中的支撑剂铺置率为 29%。

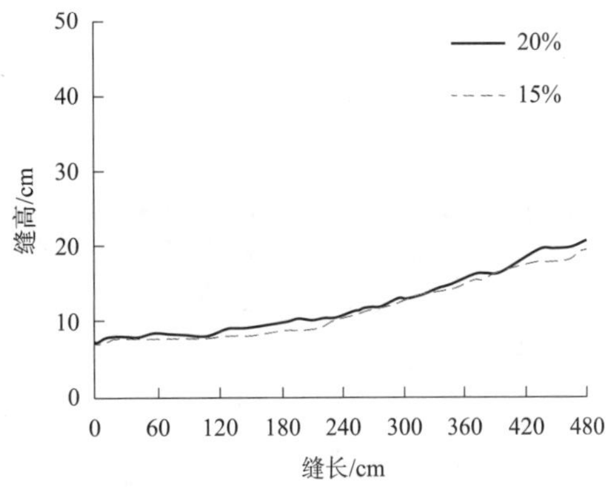

图 6－10　不同砂比下主裂缝砂堤形态

综合实验数据对比发现，当压裂液黏度较小时，泵注排量变化引起裂缝中支撑剂沉降量发生的差异较大，主裂缝中的支撑剂铺置率分别为 16% 和 23.4%。

从实验结果可看出，对于压裂液黏度较大的对比组实验，不同砂比所对应的主裂缝支撑剂铺置形态比较相似，而分支缝中的铺置形态则随砂比提高而增高。这是因为当其他因素相同而提高砂比时：一方面由于裂缝内支撑剂浓度增大，进而增加了携砂液的黏度，致使支撑剂不易沉降；另一方面，由于颗粒间的聚集效应，加速了支撑剂的沉降，即几个颗粒靠得很近，以致它们表现得像一个大颗粒，因而沉降速度很快。在主裂缝中，由于缝宽较大，因支撑剂浓度增加进而导致携砂液黏度增加，减缓了支撑剂的沉降变化量与因颗粒间的聚集效应加速支撑剂沉降的变化量相互抵消，致使砂比对于支撑剂铺置形态影响不大。但在分支缝中，由于缝宽变窄，砂比越大，单位体积携砂液中支撑剂含量越多，增大了支撑剂颗粒间以及颗粒与壁面间的碰撞，使越多的支撑剂沉降下来。对于低黏情况下不同砂比对支撑剂铺置形态影响规律实验，砂比对铺置规律影响很大，砂比越高沉降量越明显，单组实验中砂比越大，距离裂缝远端的沉降越多。这是因为当其他因素保持不变而增加砂比时，裂缝内支撑剂浓度增大，支撑剂颗粒之间及支撑剂与壁面的碰撞更加频繁，导致支撑剂水平运移速度减小，此时因砂浓度而引起携砂液黏度变化进而对支撑剂垂向沉降速度变化的影响较小。

(5) 滤失的影响

为实验滤失的影响，实验假设了分支缝的三种状态：①假设分支缝内前置液在携砂液泵入过程中不再滤失，即物模实验中各分支缝出口一直关闭；②假设在泵入过程中滤失逐渐减少直到不再滤失，即物模实验中各分支缝出口逐渐关闭；③假设在泵入过程中滤失不受影响，即物模实验中各分支缝出口一直打开。设计了三组对比实验，从泵入携砂液开始，到距离裂缝入口远端的二级分支缝中有支撑剂开始进入；同时逐渐关闭两个二级分支缝出口阀门，整个过程持续 20s；接着同时逐渐关闭两个一级分支缝出口阀门，整个过程持续 20s。整个实验过程从开始泵入到缝内支撑剂完全沉降持续 303s。其他实验参数为：泵入排量 $4m^3/min$，砂比 10%，压裂液黏度为 16mPa·s，30/50 目陶粒，实验结果见图 6－11。由图可观察到以下现象：

①对于在分支缝出口一直关闭和逐渐闭合状态下，主裂缝砂堤剖面的沉降高度差别

不大；

②当分支缝出口一直关闭时，只有在一级分支缝中有少量沉降，而当分支缝出口一直打开时，各级分支缝中均有支撑剂沉降。

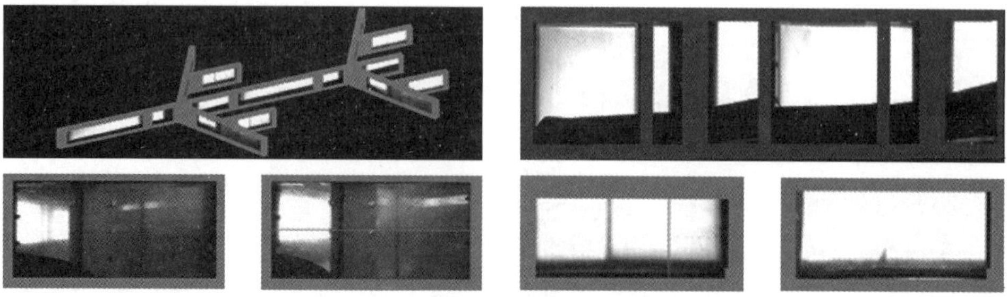

(a)分支缝出口一直关闭

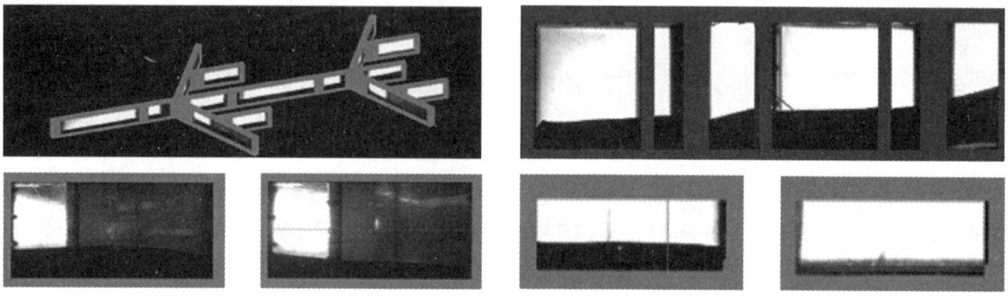

(b)分支缝出口逐渐关闭

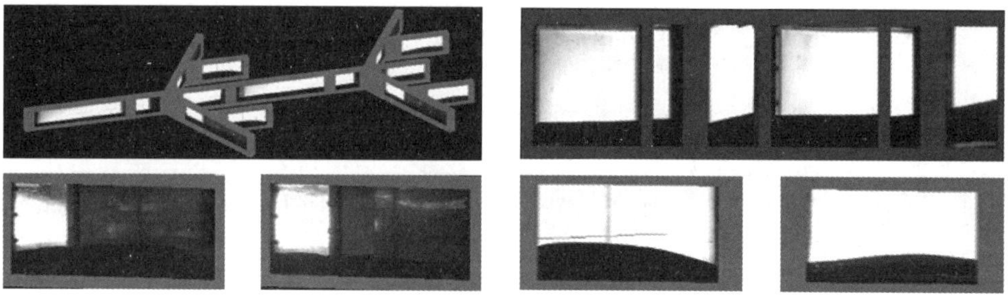

(c)分支缝出口一直打开

图6－11　分支缝出口不同闭合状态下的各级裂缝内支撑剂铺置形态

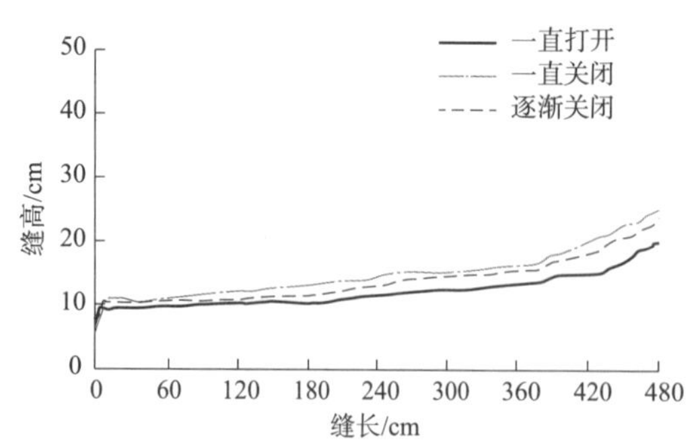

图6－12　分支缝出口不同闭合状态下的主裂缝砂堤形态

将图6－11中主裂缝的砂堤剖面量化处理，可得图6－12所示的曲线。当分支缝出口一直关闭时，主裂缝砂堤高度为5.5～25.2cm，平均高度为15.1cm，主裂缝中的支撑剂铺置率为30.2%；当分支缝出口逐渐关闭时，主裂缝砂堤高度为6.4～24cm，平均高度为15.1cm，主裂缝中的支撑剂铺置率为30.2%；当分支缝出口一直打开时，主裂缝砂堤高度为7.7～20.1cm，平均高度为12.7cm，主裂缝中的支撑剂铺置率为25.4%。

通过对比分析，分支缝出口逐渐闭合和一直关闭实验主裂缝的砂堤高度基本一致，是因为两者都在主裂缝中达到了平衡高度；分支缝逐渐闭合和一直打开的一级分支缝砂堤沉降量基本一致，是因为等到逐渐关闭一级分支缝时，支撑剂沉降也已达到平衡高度；单独对比每一组实验的前后两个分支缝，发现当粒径较大时，支撑剂主要沉降在裂缝入口近端；对于分支缝出口一直关闭实验，其分支缝中充满了压裂液，输砂实验过程中分支缝内无液体流通，支撑剂主要靠自重滚动进入分支缝中。

上述实验表明：支撑剂的输送、沉降与铺置规律非常复杂，要实现支撑剂在井筒和裂缝中的顺利输送、合理沉降和良好铺置，压裂设计中要优选支撑剂粒径、密度、施工排量、压裂液黏度、砂比等参数，使其相互匹配。

第三节 支撑剂优选

一、优选原则

致密砂岩气藏水平井分段压裂支撑剂的优选应优先满足储层对导流能力的需要，可在井筒、裂缝中安全输送和有效铺置以及经济性等三大主体要求，同时兼顾货源广、运输方便等客观实际，主要优选支撑剂类型、粒径和密度等。

二、优选方法

目前常用的支撑剂主要有天然石英砂和人造陶粒两种类型，它直接影响裂缝导流能力的大小，选择石英砂还是陶粒主要依据储层的闭合压力和压裂裂缝的复杂程度。一般而言，闭合压力低、裂缝复杂程度高的储层选择石英砂，闭合压力高、裂缝形态单一的储层选择陶粒支撑剂，但随着压裂技术的进步，裂缝复杂度不断提高，对于闭合压力高、裂缝复杂度也高的储层可以选择石英砂与陶粒的组合，甚至可以全部选用石英砂。下面以陶粒为例说明支撑剂的优选方法。

1. 基本性能

陶粒支撑剂的基本物理性能包括密度、破碎率、圆球度、浊度和酸溶解度等，选用陶粒支撑剂首先要求其满足基本性能，陶粒支撑剂有不同粒径和密度之分，表6－3为测试得到的不同粒径陶粒支撑剂的基本性能。表6－4为20/40目低、中、高密度陶粒基本性能指标的要求，压裂设计选用20/40陶粒时应参照此表。

表 6-3 不同粒径陶粒支撑剂基本性能对比表

产品类型		陶粒		
规格/目		20/40	30/50	40/70
体积密度/(g/cm^3)		1.77	1.79	1.76
视密度/(g/cm^3)		3.20	3.25	3.46
破碎率/%	52MPa	2.50		
	69MPa	7.10	5.97	6.96
	86MPa	—	10.85	10.21
圆度		0.88	0.67	0.84
球度		0.88	0.74	0.87
浊度/FTU		39	77	63
酸溶解度/%		7.80	7.36	4.49

表 6-4 Q/SY 125—2005 陶粒支撑剂基本性能指标要求

产品类型		低密度陶粒	中密度陶粒	高密度陶粒
规格，目		20/40	20/40	20/40
体积密度/(g/cm^3)		≤1.65	≤1.80	>1.80
视密度/(g/cm^3)		≤3.00	≤3.35	>3.35
破碎率/%	52MPa	≤8	≤4	—
	69MPa	—	—	≤5
	86MPa	—	—	—
圆度		>0.8	>0.8	>0.8
球度		>0.8	>0.8	>0.8
浊度/FTU		≤100	≤100	≤100
酸溶解度/%		≤5	≤5	≤5
粒径均值/μm		—	—	—
粒径筛析/%	850~425μm	≥90	≥90	≥90
	1180μm 以上	≤0.1	≤0.1	≤0.1
	425μm 以下	≤2	≤2	≤2
	落在 425μm 筛上	≤10	≤10	≤10

2. 导流性能

支撑剂的导流能力受闭合压力、铺置浓度、支撑剂嵌入、压裂液伤害、支撑剂组合等多种因素影响，它在裂缝中能提供的导流能力远低于实验室测试结果，因此，选择支撑剂的导流能力时要扣除不利因素影响。一般而言，按照以下步骤来确定支撑剂的导流特性，为选用与储层匹配的支撑剂提供依据。

(1)先实验测试钢板夹持条件下不同支撑剂在不同闭合压力下的导流能力。按照导流能力测试标准测试不同闭合压力下导流能力，见表6－5和图6－13。

表6－5　不同类型陶粒支撑剂导流能力测试结果表

产品类型		陶粒		
规格/目		20/40	40/70	30/50
体积密度/(g/cm³)		1.77	1.76	1.79
导流能力/($\mu m^2 \cdot cm$)	10MPa	170.27	28.67	50.42
	20MPa	146.30	23.32	42.68
	30MPa	129.22	19.17	37.32
	40MPa	104.27	15.5	32.41
	50MPa	81.32	13.73	27.42
	60MPa	59.08	11.76	20.54

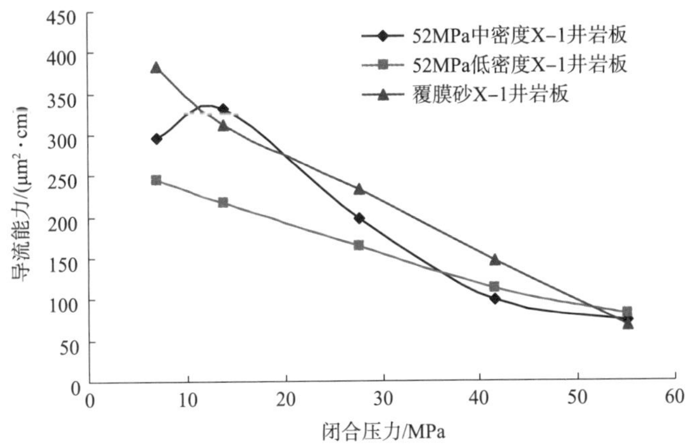

图6－13　不同闭合压力下双岩板夹持支撑剂导流能力

(2)如果储层岩石较软，可能存在支撑剂嵌入时，则要用岩心板测试不同支撑剂的导流能力，作为选用的基础之一。

(3)测试压裂液破胶液对支撑剂导流能力影响。依据某区块常用的压裂液配方，考虑不同的破胶剂加量，测试压裂液对支撑剂导流能力伤害，作为实际导流能力扣除比例的依据之一。实验结果表明，压裂液破胶液对导流能力的影响非常明显，确定实际的支撑剂导流能力必须扣除其影响(图6－14)。

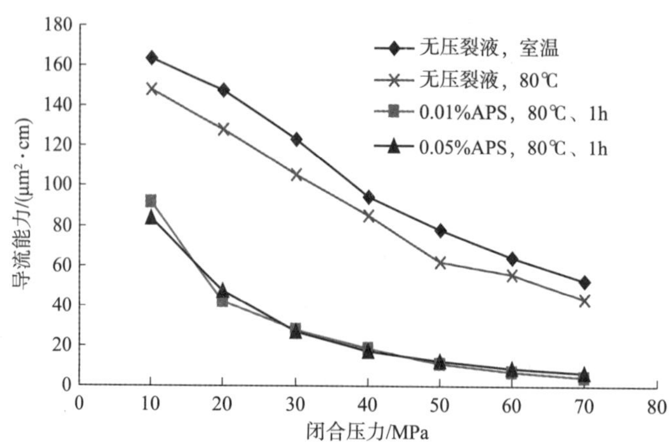

图 6－14　压裂液破胶液对支撑剂导流能力的影响曲线

(4)若要组合应用不同粒径的支撑剂，则要测试不同粒径支撑剂不同比例组合下的导流能力，以确定导流能力是否达到储层需求。

图 6－15 为 70/140 目、40/70 目和 20/40 目陶粒按不同比例组合后测试得到的导流能力曲线。由图可知，单一粒径铺置条件下，大粒径支撑剂(20/40 目)的导流能力对闭合压力更敏感，导流能力随闭合压力增加递减更快，在 52MPa、69MPa 和 86MPa 闭合压力下导流能力分别下降了 63.1%、82.3% 和 90.8%；而小粒径支撑剂(70/140 目)和中粒径支撑剂(40/70 目)的导流能力随闭合压力增加递减则相对较缓；小粒径支撑剂在 52MPa、69MPa 和 86MPa 闭合压力下导流能力分别下降了 33.8%、50.4% 和 65.5%，中粒径支撑剂在 52MPa、69MPa 和 86MPa 的闭合压力下导流能力分别下降了 18.6%、41.4% 和 65.8%。

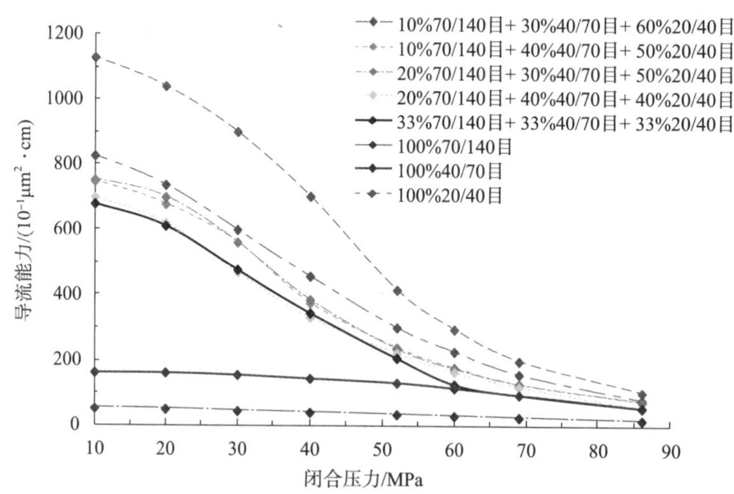

图 6－15　不同支撑剂比例组合下的导流能力变化曲线

三种粒径组合铺置条件下，不同比例组合支撑剂的导流能力对闭合压力敏感性与单一大粒径铺置情况基本相当，但比起小粒径支撑剂及中粒径支撑剂对闭合压力更敏感；在52MPa、69MPa 和 86MPa 的闭合压力下导流能力分别下降了 63.5%~69.4%、80.8%~86.0% 和 89.9%~92.0%。支撑剂在不同闭合压力下的导流能力优于单一小粒径及单一中粒径铺置。三种粒径支撑剂在不同比例组合下，以 70/140 目：40/70 目：20/40 目 = 10%：30%：60% 组合方式最优，以 33%：33%：33% 均匀组合方式最差，以 20%：30%：50% 及 10%：40%：50% 组合方式导流能力较优，以 20%：40%：40% 组合方式较差。通过分析发现，在不同闭合压力下的压裂组合加砂中，存在一个最优的组合方式 70/140 目：40/70 目：20/40 目 = 20%：30%：50%，既能满足复杂缝体积压裂工艺的要求，又能保持较高的导流能力。

三种粒径支撑剂以同一比例组合不同浓度铺置的导流能力曲线见图 6－16。裂缝内支撑剂铺置砂浓度越大，在不同闭合压力下的导流能力也越大；随着闭合压力的逐渐增大，高浓度铺砂条件下导流能力与低浓度铺砂条件下导流能力差距逐渐变小。对于致密气藏，在满足工艺条件下，建议尽可能地提高压裂加砂强度和缝内铺砂浓度，力求压后实现缝内高导流。

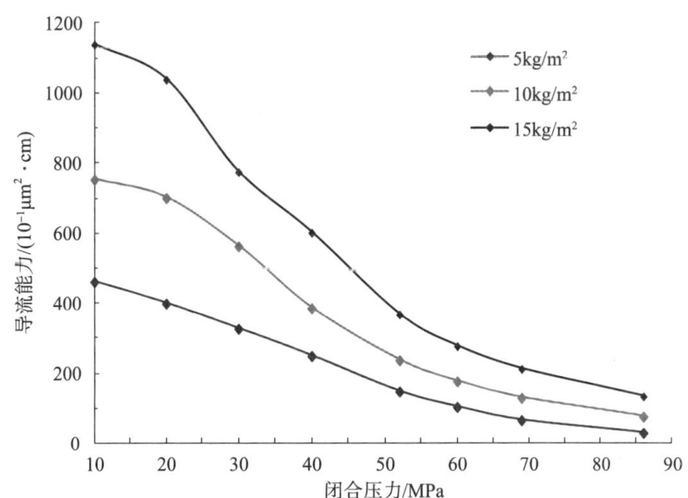

图 6－16　同一支撑剂组合比例不同铺砂浓度下导流能力变化曲线

(5) 将扣除各种影响后的支撑剂导流能力视为能提供给储层的真实导流能力，以其与前述油藏数值模拟优化的导流能力值比较，以符合高的支撑剂作为可选用的目标。同时要兼顾支撑剂组合和压裂工艺实施的可行性。

3. 支撑剂粒径和密度

支撑剂粒径和密度的优选除考虑储层岩性特征、目的层物性特征、天然裂缝发育情况等外，还要根据闭合压力、杨氏模量和沉降速度，做到具体井具体优化和分析，提高支撑剂优选的针对性。表 6－6 给出的是不同闭合压力、杨氏模量下支撑剂粒径的推荐结果，可作为粒径选择的参考。

表 6－6　支撑剂粒径选择推荐表

闭合压力/MPa	杨氏模量/MPa	推荐粒径/目
≤40	≤20000	20/40
	20000～40000	20/40＋30/50
	≥40000	30/50＋40/70
40～50	≤20000	20/40
	20000～40000	20/40＋30/50
	≥40000	40/70＋70/140
≥50	≤20000	20/40
	20000～40000	20/40＋40/70
	≥40000	40/70＋70/140

参考文献

[1] Stokes G. G. On the effect of the internal friction of fluids on the motion of pendulums[M]. Pitt Press, 1851.

[2] Clark P. E. Transport of proppant in hydraulic fractures[C]. SPE 103167, 2006.

[3] Kirkby L. L., Rockefeller H. A. Proppant Settling Velocities in Nonflowing Slurries[C]. SPE 13906, 1985.

[4] Shah S. N. Proppant settling correlations for non－Newtonian fluids under static and dynamic conditions[J]. Society of Petroleum Engineers Journal, 1982, 22(02): 164－170.

[5] Clifton R. J., Wang J. J. Multiple fluids, proppant transport and thermal effects in three－dimensional simulation of hydraulic fracturing[C]. SPE 18198, 1988.

[6] Weng X, Kresse O, Cohen C, et al. Modeling of Hydraulic Fracture Network Propagation in a Naturally Fractured Formation[C]. SPE 140253, 2011.

[7] Shah S. N. Proppant settling correlations for non－Newtonian fluids under static and dynamic conditions[J]. Society of Petroleum Engineers Journal, 1982, 22(02): 164－170.

[8] Conway M. W., Baree R. D. Effect of Proppant Transport on Hydraulic Fracture Geometry[C]. Proceedings Of The Annual Southwestern Petroleum Short Course. Texas Tech University, 1995: 307－307.

[9] 杨立君．支撑剂对流模型研究及水平井分级压裂设计模拟软件研制[D]．成都：西南石油学院，2005.

[10] 张潦源，翟恒立，卢娜娜，等．非牛顿压裂液中支撑剂聚集沉降规律实验研究[J]．科学技术与工程，2013，13(34)：10142－10146.

[11] 温庆志，高金剑，邵俊杰，等．滑溜水压裂支撑剂在水平井筒内沉降规律研究[J]．西安石油大学学报：自然科学版，2015，30(4)：73－78.

[12] Liu Y. Settling and Hydrodynamic Retardation of Proppants in Hydraulic Fractures[D]. Austin USA: University of Texas at Austin, 2006.

[13] 翟恒立．水力压裂支撑剂铺置优化实验研究[D]．青岛：中国石油大学(华东)，2012.

[14] Crespo F., Aven N. K., Cortez J., et al. Proppant distribution in multistage hydraulic fractured wells: a

large - scale inside - casing investigation[J]. SPE 163856, 2013.

[15]Raimbay A., Babadagli T., Kuru E., et al. Effect of Fracture Surface Roughness and Shear Displacement on Permeability and Proppant Transportation in a Single Fracture[C]. SPE/CSUR 171577, 2014.

[16]Raimbay A., Babadagli T., Kuru E., et al. Quantitative and Visual Analysis of Proppant Transport in Rough Fractures and Aperture Stability[C]. SPE 173385, 2015.

[17]Mack M., Sun J., Khadilkar C. Quantifying Proppant Transport in Thin Fluids: Theory and Experiments[C]. SPE 168637, 2014.

[18]Sahai R., Miskimins J. L., Olson K. E. Laboratory results of proppant transport in complex fracture systems[C]. SPE 168579, 2014.

[19]Hu Y. T., Larsen T., Martysevich V. Study of Proppant Suspending Using a Multipass Slot Flow Apparatus[C]. SPE 173629, 2015.

[20]Yin C., Li Y., Wang S., et al. Modified Hybrid Fracturing in Shale Stimulation: Experiments and Application[C]. SPE 177004, 2015.

[21]李靓. 压裂缝内支撑剂沉降和运移规律实验研究[D]. 成都：西南石油大学，2014.

[22]侯磊，孙宝江，王志远，等. 超临界 CO_2 中沉降颗粒气液双重规律研究[J]. 水动力学研究与进展，2015，30(1).

[23]Alotaibi M. A., Miskimins J. L. Slickwater Proppant Transport in Complex Fractures: New Experimental Findings & Scalable Correlation[C]. SPE 174828, 2015.

[24]Fernández M. E., Baldini M., Pugnaloni L. A., et al. Proppant Transport and Settling in a Narrow Vertical Wedge - Shaped Fracture[C]. 49th US Rock Mechanics/Geomechanics Symposium. American Rock Mechanics Association, 2015.

[25]李小龙，肖雯，王凯，等. 支撑剂在清洁压裂液中的沉降规律[J]. 大庆石油地质与开发，2015，34(2)：95 - 98.

[26]Daneshy A. A. Numerical Solution of Sand Transport in Hydraulic Fracturing[J]. Journal of Petroleum Technology, 1978, 30(1): 132 - 140.

[27]Liu Y., Gadde P. B., Sharma M. M, et al. Proppant Placement Using Reverse - Hybrid Fracs[J]. Spe Production & Operations, 2007, 22(3): 348 - 356.

[28]Blot M A, Medlin W L. Theory of Sand Transport in Thin Fluids[C]. SPE 14468, 1985.

[29]姚飞，王晓泉. 支撑剂在缝中运移机理研究[J]. 世界石油工业，1999(3)：38 - 41.

[30]乔继彤，姚飞. 水力压裂的支撑剂输送分析[J]. 工程力学，2000，17(5)：88 - 91.

[31]郭大立，纪禄军，赵金洲. 支撑剂在三维裂缝中的运移分布计算[J]. 石油地质与工程，2001，15(2)：32 - 34.

[32]王松，杨兆中，李小刚. 水力压裂中支撑剂输送的数值模拟研究[C]. 中国石油学会第六届青年学术年会. 2009.

[33]张鹏. 煤层气井压裂液流动和支撑剂分布规律研究[D]. 青岛：中国石油大学，2011.

[34]Daneshy Ali. Uneven distribution of proppants in perf clusters[J]. World Oil, 2011, 232: 75 - 76.

[35]Warpinski N. R. Analytic crack solutions for tilt fields around hydraulic fractures[J]. Journal of Geophysical Research Atmospheres, 2000, 105(B10): 23463 - 23478.

[36]Cleary M. P., Michael K., Lam K. Y. Development of a Fully Three - Dimensional Simulator for Analysis

and Design of Hydraulic Fracturing[C]. SPE 24825, 1983.

[37] Barree R. D., Conway M. W. Experimental and Numerical Modeling of Convective Proppant Transport[J]. Journal of Petroleum Technology, 1995, 47(3): 216-222.

[38] Kong, Bing. Coupled 3-D numerical simulation of proppant transport and fluid flow in hydraulic fracturing [D]. Dissertations & Theses - Gradworks, 2014.

[39] Raymond S., Aimene Y., Nairn J., et al. Coupled Fluid-Solid Geomechanical Modeling of Multiple Hydraulic Fractures Interacting with Natural Fractures and the Resulting Proppant Distribution[C]. SPE 175972, 2015.

[40] Raymond S., Aimene E. Y., Ouenes A. Estimation of the Propped Volume Through the Geomechanical Modeling of Multiple Hydraulic Fractures Interacting with Natural Fractures[C]. SPE176912, 2015.

[41] Yu W., Sepehrnoori K. Simulation of Proppant Distribution Effect on Well Performance in Shale Gas Reservoirs[C]. SPE 167225. 2013.

[42] Schols R. S., Visser W. Proppant bank buildup in a vertical fracture without fluid loss [C]. SPE 4834, 1974.

[43] Shiozawa S., Mcclure M. Simulation of Proppant Transport in 2D Discrete Fracture Networks[C]. Fourtieth Workshop on Geothermal Reservoir Engineering. 2015.

[44] Shiozawa S., Mc Clure M. Comparison of Pseudo-3D and Fully-3D Simulations of Proppant Transport in Hydraulic Fractures, Including Gravitational Settling, Formation of Proppant Banks, Tip-Screen Out, and Fracture Closure[C]. SPE179132, 2016.

[45] Cipolla C. L., Lolon E., Mayerhofer M. J, et al. The effect of proppant distribution and un-propped fracture conductivity on well performance in unconventional gas reservoirs[C]. SPE 119368, 2009.

[46] Deshpande Y. K., Crespo F., Bokane A. B., et al. Computational Fluid Dynamics (CFD) Study and Investigation of Proppant Transport and Distribution in Multistage Fractured Horizontal Wells[C]. SPE 165952, 2013.

[47] Bokane A. B., Jain S., Deshpande Y. K, et al. Transport and distribution of proppant in multistage fractured horizontal wells: a CFD simulation approach[C]. SPE 166096, 2013.

[48] Bokane A. B., Jain S., Crespo F. Evaluation and Optimization of Proppant Distribution in Multistage Fractured Horizontal Wells: A Simulation Approach[C]. SPE 171581, 2014.

[49] 何岱海，屈展，徐健学，等．控缝高水力压裂中支撑剂和隔离剂输送规律[J]．西安石油大学学报：自然科学版，1998(5)：20-22.

[50] Cipolla C. L., Warpinski N. R., Mayerhofer M. J., et al. The relationship between fracture complexity, reservoir properties, and fracture treatment design[C]. SPE 115769, 2008.

[51] 杨尚谕，杨秀娟，闫相祯，等．煤层气水力压裂缝内变密度支撑剂运移规律[J]．煤炭学报，2014，39(12)：2459-2465.

[52] Wu H., Madasu S., Lin A. A Computational Model for Simulating Proppant Transport in Wellbore and Fractures for Unconventional Treatments [C]. Abu Dhabi International Petroleum Exhibition and Conference. Society of Petroleum Engineers, 2014.

[53] Blyton C. A. J., Gala D. P., Sharma M. M. A Comprehensive Study of Proppant Transport in a Hydraulic Fracture[C]. SPE 174973, 2015.

[54]郭建春，曾凡辉，余东合，等．压裂水平井支撑剂运移及产量研究[J]．西南石油大学学报，2009，31(4)：79－82.
[55]Roy P.，Walsh S. D. C.，Frane W. L. D. Proppant Transport at the Fracture Scale：Simulation and Experiment[C]. 49th US Rock Mechanics/ Geomechanics Symposium. 2015.
[56]Tomac I.，Gutierrez M. Micromechanics of proppant agglomeration during settling in hydraulic fractures[J]. Journal of Petroleum Exploration and Production Technology，2015，5(4)：417－434.
[57]Tomac I.，Gutierrez M.. Numerical Study of Horizontal Proppant Flow and Transport in a Narrow Hydraulic Fracture[C]. 47th US Rock Mechanics/Geomechanics Symposium. American Rock Mechanics Association，2013.
[58]Dontsov E. V.，Peirce A. P. Slurry flow，gravitational settling and a proppant transport model for hydraulic fractures[J]. Journal of Fluid Mechanics，2014，760：567－590.
[59]张涛，郭建春，刘伟．清水压裂中支撑剂输送沉降行为的 CFD 模拟[J]．西南石油大学学报，2014(1)：74－82.
[60]Acharya A. R. Viscoelasticity of Crosslinked Fracturing Fluids and Proppant Transport[J]. SPE Production Engineering，1988，3(4)：483－488.
[61]Gadde P. B.，Liu Y.，Norman J.，et al. Modeling Proppant Settling in Water－Fracs[C]. SPE 89875，2004.
[62]Gadde P. B.，Sharma M. M. The impact of proppant retardation on propped fracture lengths[C]．SPE97106，2005.
[63]Xu W.，Thiercelin M. J.，Le Calvez J.，et al. Fracture network development and proppant placement during slickwater fracturing treatment of barnett shale laterals[C]. SPE 135484，2010.
[64]Lecampion B.，Desroches J. Simultaneous initiation and growth of multiple radial hydraulic fractures from a horizontal wellbore[J]. Journal of the Mechanics and Physics of Solids，2015，82：235－258.
[65]Weijers L. The near－wellbore geometry of hydraulic fractures initiated from horizontal and deviated wells[D]．TU Delft，Delft University of Technology，1995.
[66]Geertsma J，De Klerk F. A rapid method of predicting width and extent of hydraulically induced fractures[J]．Journal of Petroleum Technology，1969，21(12)：1571－1581.
[67]Abe H.，Keer L. M.，Mura T. Growth rate of a penny－shaped crack in hydraulic fracturing of rocks[J]. Journal of Geophysical Research，1976，81(35)：6292－6298.

第七章　水平井分段压裂施工工艺

分段压裂施工是实现长水平井段分段改造的关键步骤，是检验压裂方案设计和分段压裂工具适应性的重要环节。不同的完井方式、压裂管柱和工具，所对应的现场压裂施工工艺方法和步骤各不相同。本章重点介绍多级滑套、泵送桥塞、连续油管带底封封隔器和水力喷射等分段压裂主体施工工艺的完井管柱结构、井筒处理、压裂管柱及工具入井、压裂施工步骤和注意事项等。

第一节　多级滑套分段压裂施工工艺

该技术为通过打开滑套露出出液口(出砂口)与地层建立连通，压裂液携带支撑剂从出液口进入地层、压开和支撑裂缝的分段压裂施工工艺[1-5]。该技术既适用于裸眼完井，也适用于套管固井完井，由此衍生出裸眼封隔器多级滑套分段压裂施工工艺和套管固井无限级滑套分段压裂施工工艺等。

一、裸眼封隔器多级滑套分段压裂施工工艺

该技术为裸眼井完钻后一次性下入多级封隔器和多级滑套的完井管柱，裸眼封隔器与悬挂封隔器坐封后再回接压裂管柱，打开压差滑套压裂第一段，再通过投入直径由小到大的密封球打开各级投球滑套，实现各个井段的分隔和分压，压后合层排液求产。

(一)压裂管柱结构

裸眼完井水平井压裂管柱的设计通常要综合考虑满足压裂段数需求、下入和坐封时有循环通道、密封球和砂堵后冲砂工具可通过等方方面面因素。因此，第二级球座直径应该尽量大，以便第一级压裂发生砂堵时可下入连续油管清砂，回接管柱内径要保证能够通过和返排最大尺寸的密封球。以6″裸眼水平井段和压裂8段为例，完井管柱一般采用4½″套管作为基管，⅛″球座级差，第二级球座直径最小为1.65″，以保证能够通过1.5″连续油管。回接管柱采用3½″油管，以保证能够通过最大直径为2.40″的密封球。管柱结构如下：

完井管柱结构为(自下而上)：底部循环总成+4½″LTC套管+压差滑套1+4½″LTC套管+裸眼封隔器1+4½″LTC套管+一级投球滑套1(1.65″)+4½″LTC套管+裸眼封隔器2+4½″LTC套管+二级投球滑套2(1.775″)+4½″LTC套管+裸眼封隔器3+4½″LTC套管+三级投球滑套3(1.90″)+4½″LTC套管+裸眼封隔器4+4½″LTC套管+四级投球

滑套4(2.025″)+4½″LTC套管+裸眼封隔器5+4½″LTC套管+五级投球滑套5(2.15″)+4½″LTC套管+裸眼封隔器6+4½″LTC套管+六级投球滑套6(2.275″)+4½″LTC套管+裸眼封隔器7+4½″LTC套管+七级投球滑套7(2.40″)+4½″LTC套管+裸眼封隔器+4½″LTC套管+悬挂封隔器+回插接头+3½″ EUE油管+短节+油管挂(至井口)。完井管柱示意图见图7-1。

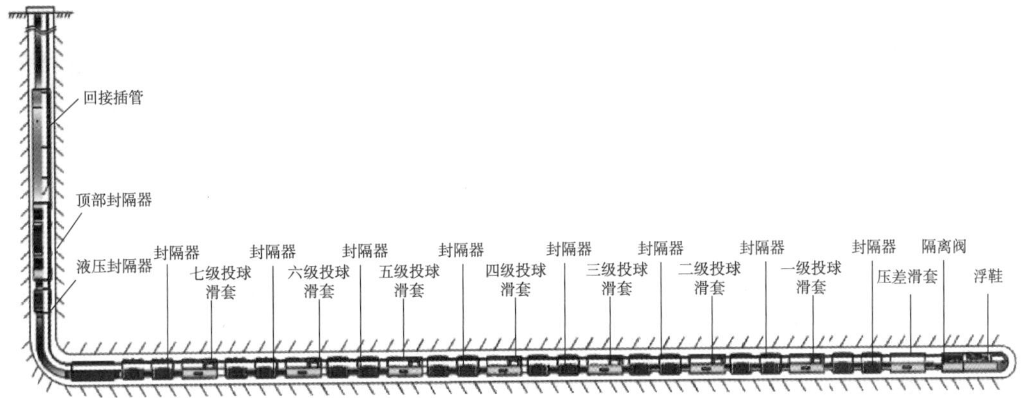

图7-1 完井管柱示意图

(二)井筒处理

完井管柱顺利下入到位是裸眼水平井分段压裂作业的前提，井筒应充分处理，确保下入通畅，要进行刮管、钻头通井、模拟管柱通井等井筒处理过程。7″技术套管、6″裸眼水平段井筒处理程序如下：

1. 套管刮管器刮管

(1)为使技术套管井段通畅，用3½″钻杆+7″套管刮管器刮管到套管鞋以上100m，在设计悬挂器坐挂井段上下各50m范围反复刮管3次，并在该深度记录上提和下放时的悬重，并测试转动管柱的扭矩，作为后续工作的参考。严禁刮管器超出套管鞋末端。有变径的井段控制下放速度；在套管段有连接工具部位(分级箍、回接筒等)要缓慢通过，严禁旋转。如刮管不顺畅，在阻力大的井段反复刮削，直到刮管顺畅为止；如果遇阻30kN不能通过管柱，则不能强行下放，起出刮管管柱，请示甲方现场监督后再商讨下步处理方案。

(2)将管柱下到刚好高于套管鞋以上的位置，以不小于1.0m³/min的排量进行正循环洗井(洗井一周半)，确保所有的固体和碎片从套管内清除。

(3)起出刮管管柱。

2. 钻头通井

(1)用通井管串(6″钻头+3½″斜坡钻杆 +3½″加重钻杆+3½″钻杆)通井。

(2)下钻到悬挂器坐挂位置，钻杆称重，并记录称重质量。出现异常情况，做如下处理：

①在套管段有连接工具部位(如有分级箍、回接筒等)要缓慢通过，严禁旋转管柱，如果遇阻30kN不能通过，则不能强行下放，起出通井管柱，请示甲方现场监督后再商讨下

步处理方案；

②如通井不顺畅，在阻力大的井段反复活动2～4次；

③在下钻过程中如遇阻，则进行划眼，直至在不划眼的情况下可顺利通井到井底为止(遇阻不大于80kN)，保证井眼光滑，并用原钻井液循环；

④通井到井底后，用原钻井液进行循环(循环钻井液过筛)，直到进、出口钻井液性能一致，之后用高黏钻井液循环1.5周；

⑤裸眼井段短起下1次，起钻到套管鞋处，再下钻通井到井底，用原钻井液进行循环(循环钻井液过筛)，直到进、出口钻井液性能一致；通井后如果不能及时进行下一步工序，每1天短起下1次，并循环脱气；

⑥起出通井管柱。

3. 模拟管串通井

为使完井管柱顺利下入，一般要进行2次模拟管串通井，以分析评估实际管柱的通过性。

(1)第一次模拟(单螺旋扩孔器通井)

①用6″钻头+3½″斜坡钻杆1根+6″螺旋扩孔器1个+3½″斜坡钻杆+3½″加重钻杆+3½″斜坡钻杆等模拟管串通井，若在套管段有连接工具部位(如有分级箍、回接筒等)要缓慢通过，严禁旋转管柱。如果遇阻30kN不能通过，则不能强行下放，起出模拟通井管柱，请示甲方现场监督后再商讨下步处理方案；

②下钻到悬挂器坐挂位置时，钻杆称重，并记录称重质量，要求如下：

a. 无阻卡时下钻速度40～50s/根，不宜过慢，也不宜过快；

b. 在狗腿度大的井段要适当放慢速度，密切注意负荷的变化；

c. 如通井不顺畅，在阻力大的井段反复活动2～4次；

d. 如有变径，在变径井段要缓慢通过，严禁旋转管柱；

e. 在下钻过程中如遇阻，原则上上下活动钻具，并循环钻井液，遇阻负荷控制在5t左右，每次可增加2t，上下活动管柱，最大下压负荷15t，顺利通过后在该遇阻井段再通井2次以上，直至无阻卡，保证井眼光滑，并用原钻井液循环；

③通井到井底后，上提2m，用原钻井液循环(循环钻井液过筛)，直到进、出口钻井液性能一致；

④裸眼井段短起下1次，起钻到套管鞋处，再下钻通井到井底，用原钻井液循环(循环钻井液过筛)，直到进、出口钻井液性能一致；

⑤起出模拟通井管柱。

(2)第二次模拟管柱串通井(双螺旋扩孔器通井)

①用模拟管串结构为6″钻头+3½″斜坡钻杆1根+5⅞″螺旋扩孔器1个+3½″斜坡钻杆3根+6″螺旋扩孔器1个+3½″斜坡钻杆+3½″加重钻杆+3½″斜坡钻杆的双螺旋扩孔器通井，通井要求如下：

a. 在套管段有连接工具部位(如分级箍、回接筒等)要缓慢通过，严禁旋转管柱。如果遇阻30kN不能通过，则不能强行下放，起出模拟通井管柱，请示甲方现场监督后再商讨下步处理方案；

b. 无阻卡时下钻速度40~50s/根，不宜过慢，也不宜过快；

c. 在狗腿度大的井段要特别注意，适当放慢速度，密切注意负荷的变化；

d. 如通井不顺畅，在阻力大的井段反复活动2~4次；

e. 如有变径，在变径井段要缓慢通过，严禁旋转管柱；

f. 在下钻过程中如遇阻，原则上上下活动钻具，并泥浆循环钻井液，遇阻负荷控制在5t左右，每次可增加2t，上下活动管柱，最大下压负荷15t，顺利通过后在该液阻井段再活动2次以上，直至无阻卡，保证井眼光滑，并用原钻井液循环。

②通井到底后，上提2m，用原钻井液循环(循环钻井液过筛)，直到进、出口钻井液性能一致；

③短起下1次，起钻到套管鞋处，再下钻通井到井底，原钻井液循环(循环钻井液过筛)，直到进、出口钻井液性能一致；

④起出模拟通井管柱；

⑤用标尺和测径规测量钻头和扩孔器的磨损程度，确保扩孔器外径仍大于准备下井工具串的最大外径。

(三)完井管柱下入

(1)按照设计的完井管柱下入顺序表下入完井管柱。要求如下：

①将工具吊上钻台，注意保护密封件及卡瓦等部件，防止磕碰；

②在工具入井前，在钻台上仔细检查工具外观，如有磕伤、裂纹、变形等则不能入井；

③严格按照设计的管柱连接图，依照工具顺序进行入井，一旦发现顺序有误则立即报告，起钻重新调节工具顺序再进行下钻；

④所有入井的管柱要求通径；

⑤下钻过程中，在套管段有连接工具部位(如分级箍、回接筒等)要缓慢通过，严禁旋转管柱，遇阻控制在3t以内，特别是悬挂器在通过该处时，一定要缓慢下放，遇阻则上提，再重新缓慢下放通过，遇阻控制在1.5t以内，经过多次上提下放管柱，依然不能顺利下钻，起出完井管柱，请示甲方现场监督后再商讨下步处理方案；

⑥套管内下钻速度不得快于30s/根，裸眼段内不得快于60s/根，但也不宜过慢，到裸眼段后，接单根(立柱)时管柱静止时间不得超过3min；

⑦在下完井工具进行连接上扣时，在公扣端涂抹丝扣油，严禁在母扣端涂抹丝扣油，防止涂抹工具落井，工具与油管连接时，先用管钳进行人工引扣，在确保不会错扣的情况下，再用液压钳上扣，以防止错扣，所有管扣按规定扭矩进行上扣，丝扣按照要求上满，如果发生错扣，起出错扣管柱，严禁在井口修油管扣；

⑧下钻过程中，起下管间隙封盖井口，严防落物入井；

⑨下钻过程中每下 10 柱灌一次完井液，到套管鞋前灌满完井液，进入裸眼段后不再灌浆；

⑩下钻过程中如遇阻，遇阻负荷不得超过 5 ~ 8t，上下活动管柱(严禁旋转管柱)，如超过规定负荷，则在请示后在现场负责人指挥下进行操作：上下活动管柱逐步增加下压负荷，并循环完井液，每次增加 2t，最大下压负荷为 15t，并进行上下活动管柱和循环完井液，如果依然不能通过，停止作业，商讨下步处理方案；

⑪下钻过程中如需暂停下钻，如果管柱已经进入裸眼段，则不断上下活动管柱，提放 3 ~ 4m；

⑫管柱下到预定位置后，对管柱进行称重(上提、下放管柱并记录悬重)，复核管柱数据，调整封隔器位置和钻杆到井口的位置，方余 1 ~ 2m；

⑬管柱下到预定位置后灌满完井液。

(2)连接尾管悬挂封隔器总成，包括：备用坐封球座、可回收式密封补心、脱手工具、尾管悬挂封隔器、液压坐封工具、工具转换接头、提升短节等。

(3)上提管柱 1m 左右，检验坐封工具是否已经与尾管悬挂封隔器连接好。

(4)继续上提管柱 2m 左右，记录管柱上提悬重，下放管柱并记录管柱的下放悬重。

(5)下钻。

(6)放管柱到封隔器坐封位置之前，测上提下放负荷，计算中和点的管柱悬重并记录。

(7)在坐封位置，开泵正循环完井液替入裸眼段。

(8)循环完成后，投坐封球，继续循环将球推到锁定球座内，液量距离井筒容积 1.5m^3 左右时密切注意压力变化，做好停泵的准备。

(9)坐封球到位后，打压坐封所有裸眼封隔器及尾管悬挂封隔器。憋压到 10MPa，维持 5min；憋压到 15MPa，维持 5min；憋压到 20MPa，维持 5min。

(10)上提超过正常上提悬重 100kN，下压 100kN 验封隔器卡瓦。下放管柱，加压 20kN，关闸板防喷器环空打压 10MPa × 10min 检验悬挂封隔器胶筒密封性。

(11)打开闸板防喷器，下压 50kN，进行坐封工具脱手操作。

连接顶驱，正转管柱 5 ~ 10 圈。停止正转并观察倒转扭矩。若倒转扭矩很小，继续正转 15 ~ 25 圈使坐封工具完全脱手。若倒转扭矩过大，重复(11)的步骤。上提管柱至中和点位置，下压 20 ~ 30kN，连接顶驱，正转管柱 5 ~ 10 圈。此时若倒转扭矩很小，继续正转 15 ~ 25 圈使坐封工具完全脱手。若依然无法脱手坐封工具，重新加压 60 ~ 80kN，正转管柱 5 ~ 10 圈，观察。若倒转扭矩很小，继续正转 15 ~ 25 圈使坐封工具完全脱手。

(12)缓慢上提管柱确认坐封工具是否脱手。

(13)坐封工具脱手后，可根据要求进行循环完井液替出全部钻井液作业。

(14)起钻。

(四)压裂管柱回接

完井管柱下入到位并坐封好裸眼段封隔器和悬挂封隔器后，回接压裂管柱到井口，以形成压裂流体注入管路，依据压裂的段数多少一般回接3½″或4½″油管，步骤如下：

(1)拆钻井井口及防喷装置，安装变径变压法兰，安装压裂井口大四通和防喷器；

(2)提起4½″EUE×4″×10′回接密封总成和可旋转扶正器；

(3)采用4½″EUE压裂/生产管柱将回接密封总成下入井中；

(4)在到达尾管悬挂器之前3个单根的位置停止下入，在该深度检查上提和下放时管柱重量；

(5)缓慢下入管柱去探尾管悬挂器，直到看到出现遇阻现象(使用油管记录校正钻杆记录)；

(6)看到遇阻现象后，下放悬重2～3t在密封总成上并向右旋转管柱，直到密封总成的导角显示进入回接筒，此时管串悬重恢复下放状态质量，将密封总成缓慢下入并观察插入摩阻产生的悬重变化，测量下放深度为3m；

(7)下放悬重13～14t，标记油管位置，确定深度以调整井口油管短节；

(8)上提整个压缩距以后，再上提1.5m的距离，使得密封总成的定位节箍离开尾管悬挂器顶端；

(9)试压环空10MPa以确认密封管是否插入尾管悬挂器或者只是挂在其上，试压10min。如果10MPa的环空试压是成功的，将环空卸压到0；

(10)按要求上提密封总成管柱，用短节、油管挂调整井口油管深度，确保油管挂经过最大密封球通径测试；

(11)缓慢降低油管使密封插管充分重新进入尾管悬挂器中；

(12)当油管挂入位的时候，应该有13～14t的下放悬重；

(13)安装油管悬挂器紧固螺丝；

(14)环空试压到10MPa，维持10min；

(15)环空卸压；

(16)将油管憋压到10MPa检查密封插管是否密封，维持10min，然后卸压。

(五)压裂施工步骤

压裂管柱回接完成后，压裂施工作业按照如下步骤进行：

(1)井口压裂管汇连接、走泵、试压合格，各项准备工作就绪后，发出施工开始指令；

(2)打开压差滑套：起泵后以0.5m^3/min排量注液升压打开压差滑套；

(3)第一段压裂施工：按照压裂施工设计方案进行第一段压裂施工；

(4)打开投球滑套：第一段加砂结束，继续保持排量不变，顶替冻胶3～5m^3后采用地面投球器投球，采用基液或活性水顶替，密封球距离球座300m时，视施工压力高低情况降低排量至1.5～2.0m^3/min，泵球入座打开滑套；

(5)确认滑套打开后，投球器装入下一级压裂密封球，投球人员撤离井口；

(6)第二段压裂施工：按照第二段压裂施工设计方案进行第二段压裂施工；

(7)后续段压裂施工：继续步骤(4)～(6)，进行后续井段的压裂施工；

(8)各段施工结束后按照排液管理要求进行排液试气作业。

二、套管固井完井多级滑套分段压裂施工工艺

该技术为将内径相同的滑套完井工具与套管一起下入井中并固井，利用连续油管开关工具来开启和关闭滑套，实现各井段的分段压裂施工工艺[6-10]。工艺原理为：钻井阶段下入生产套管完井时，将多个可开关滑套连接在生产套管上一同下入井内，此时滑套处于关闭状态，滑套数量就是需要压裂的段数，储层压裂位置就是滑套的预置深度。固井合格后，下入连续油管井下组合工具，用其打开压裂目的层的滑套，将井筒与地层沟通形成压裂通道，然后进行压裂，压裂完后关闭该层滑套，上提组合钻具到下一压裂层段，按此程序对每一压裂层位逐个开启滑套、压裂，当全部段压裂完成后起出连续油管工具，井筒保持全通径，不需要钻塞等井筒处理工作，然后直接进行投产。

(一)完井管柱结构

套管固井压裂多级滑套的压裂管柱结构、尺寸主要依据井眼大小来确定，对于6″井眼，下入4½″带滑套的套管，其管柱结构由套管串、工作筒、多个预置可开关滑套和扶正器等工具组成，基本参数见表7-1。

表7-1　可开关固井滑套技术参数

序号	规格/in(mm)	4½″(Φ114.3)
1	最大外径/mm	142
2	内径/mm	99.5
3	总长/mm	2.05
4	额定负荷能力/t	120
5	滑套打开压力/MPa	20
6	出厂试压压力/MPa	35
7	耐温能力/℃	150
8	连接扣型	LTC

(二)压裂施工管柱组合及工具规格

该施工工艺采用连续油管及封隔器工具串来打开滑套和封隔已压裂井段，其压裂施工管柱组合为：2″连续油管+连续油管接头+丢手工具+短节+水力喷射工具(带4个喷嘴)+封隔器总成+机械式套管接箍定位器+导引头。为保证连续油管与下井工具之间不产生缩径，用连续油管外连接器连接。增加丢手工具，当井下工具串在井下出现遇卡等情况，可以投球蹩压，使下部工具与连续油管脱手，起出连续油管，再进行打捞作业。管柱上带有喷枪以备喷砂射孔之用，封隔器总成用以打开滑套后，封隔下部压裂层段。机械定位器用来确定封隔器坐封的位置。工具串主要参数见表7-2。

表7-2 连续油管井下工具串参数表

序号	名称	外径/mm	通径/mm	长度/m	总长/m
1	2″CT 接头	73.0	33	0.29	0.29
2	丢手工具	73.0	28	0.63	0.92
3	短节	73.0	32	0.91	1.83
4	水力喷射工具	73.0	32	0.22	2.05
5	封隔器总成	95.0	—	1.4	3.45
6	机械套管接箍定位器	114.3	33	0.66	4.11
7	导引头	85	32	0.18	4.29
自然状态下工具总长					4.29
坐封状态下工具总长					4.15

(三)压裂施工步骤

1. 试压

连接好连续油管设备、压裂管线及放喷管线，对压裂管线及井口走泵试压至施工限压，5min 内压降不超过0.5MPa，井口及管线无刺、漏、渗现象为合格。

2. 回压测试

(1)根据喷砂射孔及上提管柱要求，以地面控制回压不低于坐封前井口压力为控制原则。

(2)启动泵车，稳定泵车排量在射孔排量0.8m^3/min，记录此时油嘴压力表压力，即油嘴可控制回压。

3. 工具入井、套管接箍定位器(简称 MCCL)定位、校深

下入连续油管工具串，做工具坐封测试。坐封测试完毕，下放工具串至第一段射孔深度以下，然后匀速上提连续油管，观察 MCCL 经过接箍产生的波动，校准封隔器坐封深度。重点技术要求为：

(1)下入速度控制在10~15m/min；

(2)下放过程中连续油管补液泵车持续泵液，排量为0.2m^3/min；

(3)封隔器避开套管接箍位置。

4. 坐封、验封

校深合格后进行封隔器坐封，打压25MPa 验封，5min 压降小于0.5MPa 为合格。

5. 喷砂射孔

由验封流程改成射孔流程，保持环空回压不低于坐封前压力2~5MPa，射孔排量为0.8m^3/min，对目的层位进行喷砂射孔。射孔完成后，停止加砂，继续以0.8m^3/min 的排量泵入处理合格的返排液15~20m^3(以实际计算为准)，将连续油管内残留的携砂液替入环空。

6. 压裂

由射孔流程改成压裂流程，同时保证井口压力，环空排量为500L/min，连续油管排量为100L/min，进行试挤，5min后逐渐提高主压裂的泵车排量，按照主压裂泵注程序进行施工。压裂施工时连续油管和油套环空压力控制在限压以下。

7. 解封

顶替结束后，提高补液泵排量至0.5m^3/min，上提解封封隔器。如果解封困难，可由压裂流程改为射孔流程，边循环边解封，期间控制环空压力。

8. 上提连续油管进行下一层压裂

(1)上提管柱：第一段压裂完成后上提连续油管，上提油管过程中连续油管持续低排量补液，油管上提至第二段滑套位置，机械定位器进行校深。

(2)坐封、验封：校深合格后按封隔器技术要求进行坐封；打压5～7MPa验封，10min压降小于0.5MPa验封合格。

(3)打压推滑套：环空打压20MPa，进行推滑套作业。

(4)压裂：按施工泵注程序表施工，连续油管施工压力控制在限压以下，套管环空压力控制在套管限压以内，压裂过程中，连续油管补液泵车持续泵液。

(5)解封：在压裂完成顶替液打完之后，提高补液泵排量至0.5m^3/min，上提解封封隔器。

(6)上提管柱：上提连续油管，按此程序完成后面井段压裂施工。

9. 关井与排液求产

压裂后停泵，上提连续油管至井口，速度15m/min，关井，拆井口设备。按照排液求产方案进行合层的放喷排液和求产。

第二节　泵送桥塞分段压裂施工工艺

该技术针对套管完井，射孔与桥塞联作，利用电缆射孔，易钻(可溶)桥塞封隔已压裂段的全通径无限级压裂技术[11,12]。用电缆通过泵送的方式将射孔枪、坐封工具与桥塞等工具串入井，坐封桥塞后，射孔管串与桥塞脱手，上提射孔枪到设计位置完成射孔，提出射孔枪泵注，从套管泵注完成压裂施工，依次类推完成所有井段压裂施工，施工结束后用钻磨工具钻掉井筒所有桥塞，或桥塞自行溶解后留下光滑井筒排液求产。

一、射孔与桥塞联作管串结构

易钻(可溶)桥塞分段压裂井下管串结构一般如下：

电缆+打捞头+加重杆+磁性定位器+直通接头+射孔枪+桥塞坐封工具+易钻(可溶)桥塞

二、井筒处理

桥塞分段压裂施工要完成泵送桥塞、坐封桥塞和射孔等作业，均需要一个干净的全通径水平井筒，确保桥塞坐封和起下管柱不挂卡，因此，压裂施工前必须对井筒进行处理，包括磨铣水泥环、刮管、通井等。5½″套管井筒处理工序如下：

1. 磨铣水泥环

(1)安装试气流程：安装固定试气地面流程、按标准对地面流程进行试压。

(2)磨铣水泥环：下入 Φ73mm 钻杆带 Φ110mm 铣锥磨铣 Φ139.7mm 套管内残留水泥环，大排量循环 3 周以上，过 80 目振动筛清除机械杂质，起钻。

(3)装油管头和大闸门、试压：拆钻井防喷器，安装油管头及其上面的 2 个大阀门(通径 180mm)，对各连接密封按要求试压合格。

(4)装试气防喷器组并试压：按照设计安装相应抗压级别防喷器，上紧各法兰的对角螺丝，并试压合格。

2. 刮管

(1)下入 Φ73mm 钻杆带 GX－T127 刮管器对桥塞预备坐封位置进行反复刮管 9～10 次，刮管至井底后，用钻井液大排量($>1.5m^3/min$)反循环洗井 3 周以上，过 80 目振动筛清除机械杂质。

(2)用泵车正循环注入 CMC(羧甲基纤维素)溶液 $5m^3$，然后用清水大排量($>0.8m^3/min$)正替出井内泥浆至出口见清水，并洗井至进、出口一致。

3. 通井

下入 Φ73mm 钻杆带 Φ106mm×6.0m 通井规通井至井底，通径规进入水平井段后，应缓慢下入，检查套管是否存在变形或损坏，无遇阻显示为合格，用清水正循环洗井至进出口液性一致，出口经振动筛过滤。

三、压裂施工步骤

(一)连续油管分簇射孔

因套管完井水平井压裂作业开始之前水平井筒与地层没有液流通道，无法进行桥塞与射孔管串的泵送作业，因此，第一压裂段的射孔通常采用连续油管来进行，通过油管内施加不同的压力起爆射孔枪达到分簇射孔的目的[12－15]。

1. 连续油管射孔管柱结构

不同的射孔簇数采用不同的射孔管柱，依据射孔簇数配备相应的起爆器和射孔枪，两簇射孔的典型管柱结构为：连续油管＋连续油管卡瓦接头＋双瓣式单向阀＋液压丢手＋变扣接头＋压力开孔点火头＋Φ88.9mm 射孔枪＋压力开孔点火头＋Φ88.9mm 射孔枪＋变扣接头＋引鞋。管柱示意图见图 7－2。

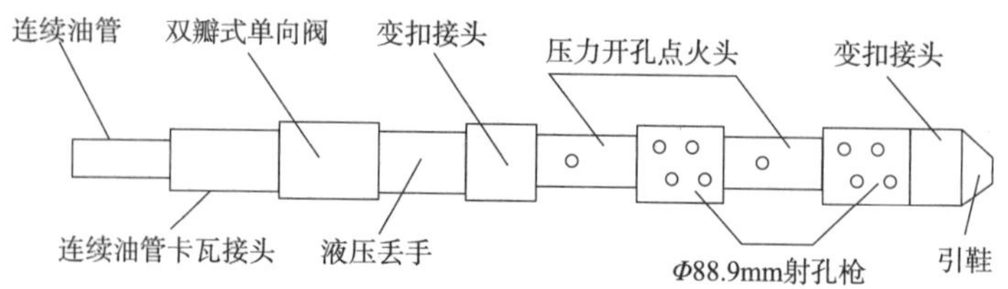

图7-2 易钻(可溶)桥塞与射孔联作管串结构示意图

2. 分簇射孔施工作业

(1)按照设计的射孔簇数组装射孔管柱。

(2)安装井口，试压。安装好转换法兰、压裂井口后，安装连续油管防喷器、防喷管、防喷盒及注入头等设备及控制管线，对井口装置各部件、各连接部分，按其额定工作压力用清水分别试压合格。

(3)下连续油管并定位。连续油管下放至人工井底，下放过程中钻压不超过3000N。然后进行深度定位，连续油管接近人工井底时，下放速度为2~3m/min，下探人工井底时施加钻压不超过500N，避免损坏射孔枪。然后上提连续油管至目的层射孔位置。

(4)第一簇射孔。第一簇射孔枪点火采用环空加压的方式，射孔前油套环空打压并保持压力10MPa，避免气体溢出，射孔枪起爆压力设置略低于10MPa，打压时，压力应逐渐提高至预定压力。

(5)上提连续油管并定位。上提连续油管到第二射孔簇位置并进行深度定位。

(6)第二簇射孔。深度定位确定后进行第二簇射孔，点火采用连续油管内加压，起爆压力设置为20~25MPa。打压时，压力应逐渐提高至预定压力。成功起爆枪体后，连续油管压力会从卸压孔卸掉，出现压力降。

(7)完成射孔后，将连续油管起出井口，速度控制按照要求进行控制。

(二)第一段压裂施工

按照压裂设计方案从套管注液进行第一段压裂施工，加砂结束顶替液到位后做一个降排量测试，以确定泵送桥塞排量。

(三)泵送射孔与桥塞连作管串

(1)安装井口电缆防喷器并试压合格后，防喷管打平衡压力，然后用电缆下桥塞、射孔枪及配套工具。

(2)电缆桥塞入井后，在直井段利用桥塞及射孔枪自身重量下放，桥塞进入大斜度井段遇阻后，采用压裂车泵注滑溜水进行泵送，泵送排量根据桥塞运行速度进行调整。一般控制在0.5~1.5m^3/min。井斜小于45°井段下放速度不超过4000m/h，井斜大于45°井段下放速度不超过3000m/h。

(四)桥塞坐封与射孔联作

(1)依据上提测得的CCL曲线和综合测井图或套管节箍深度数据确定绞车停车位置，确定坐封位置。

(2)位置确定后，先点火坐封桥塞，点火成功后，应等待5min再上提电缆脱手。

(3)上提电缆工具至预定射孔位置，第一簇射孔，然后上提电缆到第二簇、第三簇位置进行射孔。

(4)完成射孔后，起出电缆工具串。射孔管串起至深度70m时，关闭绞车外接电源和射孔地面系统电源，并将电缆缆芯和缆皮短路。

(5)管串提出井口后将防喷管吊离井口。

(五)第二段压裂施工

按照压裂设计方案从套管注液进行第二段压裂施工，加砂结束顶替液到位后做一个降排量测试，以确定泵送桥塞排量。

(六)后续段压裂施工

按照步骤(三)~(五)完成所有后续段的压裂施工。

第三节　连续油管带底封封隔器分段压裂施工工艺

连续油管与水力喷射器和封隔器相结合，水力喷射器进行喷砂射孔，套管与连续油管的环空进行加砂压裂，底部封隔器封隔已压裂井段，通过上提连续油管，对各井段进行封隔、射孔和压裂，从而完成所有压裂井段的压裂施工[16]。

一、压裂管串结构

压裂管串要完成定位、射孔与压裂施工等任务，其喷砂射孔及压裂管柱管串结构(由上至下)一般为：2″连续油管+连续油管接头+丢手工具+扶正器+水力喷射工具+可重复坐封封隔器+机械式套管接箍定位器+导引头[17-19]。管柱示意图见图7-3。

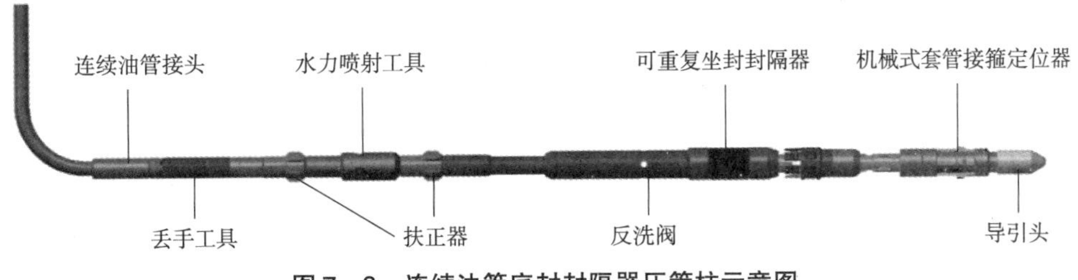

图7-3　连续油管底封封隔器压管柱示意图

二、井筒准备

为确保压裂管柱下入顺利和封隔器密封性能，需要提前对井筒进行处理，以使井筒顺畅。

（1）通井、探人工井底、井筒试压：

①安装井口底法兰及四通，按标准连接安装底法兰、井口四通，安装防喷器组；

②用 Φ96mm×2m 通井规（以 Φ114.3mm 套管为例）+变扣+Φ60.32mm 外加厚倒角油管（造斜点附近）+变扣+Φ73mm 外加厚油管等管柱组合探人工井底，探人工井底加压 30kN，重复三次，深度不变为合格；

③关闭防喷器半封闸板，安装油管旋塞，井筒试压 30MPa，稳压 30min，压降小于 0.5MPa 为合格；

④清水洗净井筒，起出通井管柱。

（2）刮管器刮套管：

①用 GX-T114 套管刮管器（以 Φ114.3mm 套管为例）+变扣+Φ60.32mm 外加厚倒角油管（造斜点附近）+变扣+Φ73mm 外加厚油管刮管到人工井底，并且在射孔段位置上下 3m 反复刮削 3 次；

②如有遇阻加压 30kN 不能通过，则不能强行下放，如刮管不顺畅，在阻力大的井段反复刮削，直到刮管顺畅为止；

③刮管完毕替入 2%KCl 完井液，直到出口液体与入井液体性能基本一致；

④起出刮管管柱。

（3）安装压裂井口：按照标准安装压裂井口。

（4）连接地面流程、流程固定、试压：安装连接并固定放喷管线，对放喷管线试压 25MPa，30min 内压降不超过 0.5MPa，管线无刺、漏、渗现象为合格。

三、连续油管安装

（1）按现场施工布置图摆放连续油管作业设备，安装防喷盒胶芯、四闸板防喷器，试验 BOP 各闸板动作。

（2）泵球通管：放入通管钢球，700 型泵车起泵，以 0.3m^3/min 的排量向连续油管泵注清水至出口有水喷出并携带出通管钢球。

（3）连接工具及拉拔试验：连接防喷管和井下工具串，连续油管接头连接完成后需进行拉拔试验，最大拉力为 150kN。

（4）安装送入工具防喷系统：安装顺序为注入头→防喷器→防喷管→压裂四通注入器→主阀门。

四、压裂施工程序

（1）试压：连好连续油管设备，压裂管线及放喷管线，对压裂管线及井口走泵试压至施工限压，30min 内压降不超过 0.5MPa，井口及管线无刺、漏、渗现象为合格；对放喷管线试压 25MPa，30min 内压降不超过 0.5MPa，管线无刺、漏、渗现象为合格。

(2)回压测试：

①根据喷砂射孔及上提管柱要求，以地面控制回压不低于坐封前井口压力为控制原则。现场试油(气)队要提前准备好 7～14mm 油嘴(应至少包括 7mm、8mm、9mm、10mm、11mm、12mm、13mm、14mm 等尺寸油嘴)，在全井筒完全替成基液后测试不同尺寸油嘴、排量下所能控制回压的数据并做好记录，以便压裂施工期间参考。

②启动泵车，稳定泵车排量在射孔排量 0.7m^3/min(根据喷枪参数确定射孔排量)，记录此时油嘴压力(表压力)，该数值即为测试油嘴能够控制的回压值。

(3)工具入井、套管接箍定位器(简称 MCCL)定位、校深：

①下入连续油管工具串，下入速度以 10～15m/min 为宜，放入井至 100m 时做工具坐封测试。坐封测试完毕，下放工具串至第一段射孔深度以下，然后匀速上提连续油管，观察 MCCL 经过接箍产生的波动，校准封隔器坐封深度。

②校深合格后按封隔器技术要求进行坐封，打压 25MPa 验封，10min 压降小于 0.5MPa 验封合格。

③由验封流程改成射孔流程，要求控制好针阀，同时泵车小排量起泵，确保出口控压。

(4)喷砂射孔：

①试压合格后，打开井口放喷油嘴管汇，同时提高射孔泵排量，保持环空回压不低于坐封前压力 2～5MPa，混砂车将 40/70 目石英砂与射孔液混合(浓度 100kg/m^3)，射孔泵车将混砂车搅拌均匀的射孔液通过连续油管以设计的排量泵入井中，对目的层位射孔；

②射孔完成后，停止加砂，继续以设计的排量泵入压裂基液，将连续油管内残留的射孔液替入环空。

(5)压裂施工：

①由射孔流程改成压裂流程，同时保证井口压力，环空排量为 500L/min，连续油管排量为 100L/min，进行试挤 5min 后，按照压裂设计方案逐渐提高油套环空排量到设计排量进行压裂施工，连续油管内排量维持在 0.1～0.2m^3/min；

②加砂结束顶替到位后，提高连续油管内排量至 0.5m^3/min，上提管柱解封封隔器，如果解封困难，可由压裂流程改为射孔流程，边循环边解封，期间控制环空压力；

③封隔器解封后上提连续油管到第二段压裂位置，进行定位和校深，校深合格后按封隔器技术要求进行坐封，打压 25MPa 验封，10min 压降小于 0.5MPa 验封合格，之后，验封流程改成射孔流程，要求控制好针阀，同时泵车小排量起泵，确保出口控压；

④按照第(4)和(5)步骤完成后面井段压裂施工。

(6)压裂完成后停泵，控制速度 15m/min 提出连续油管至井口，关井，拆井口设备。

第四节　水力喷射分段压裂施工工艺

水力喷射分段压裂技术原理是根据伯努利原理，将液体压力转化为液体速度，油管内液体加压后经喷嘴喷射出的高速流体(喷嘴喷射速度大于126m/s)在地层中射流形成孔眼，向环空中泵入流体增加环空压力，喷射流体增压和环空压力的叠加超过破裂压力瞬间使射孔孔眼顶端处地层破裂。保持孔内压力不低于裂缝延伸压力，同时在喷射流核外形成相对负压区，环空流体被高速射流带进射孔通道，从而持续保持孔内压力，使裂缝得以充分扩展。通过环空注入液体使井底压力控制在裂缝的延伸压力之下，压裂下一段时，已压开层段不再延伸，通过负压封隔分压各段，适用完井方式最为广泛，可在裸眼、筛管、套管完井的水平井中进行加砂压裂，目前，发展成熟了拖动式和滑套式水力喷射分段压裂技术[20-23]。

一、拖动式水力喷射分段压裂施工工艺

用油管或连续油管下入带喷枪的工具串，在完成水力喷砂射孔后，环空注液压开地层，油管和环空同时注液进行加砂压裂，放喷压井后拖动管柱到下一井段进行施工，实现各段的压裂改造。

(一)拖动式水力喷射分段压裂管柱结构

拖动式水力喷射分段压裂管柱简单，主要由多孔管、单向阀、扶正器、喷枪、安全接头等组成，从下到上为：

引鞋+多孔管+单向阀+扶正器+喷枪+扶正器+Φ73mm加厚油管(N80)+Φ88.9mm加厚油管短节(校深短节)×2m+Φ73mm加厚油管(N80)+安全接头+Φ73mm加厚油管(N80)+油管挂。示意图见图7-4。

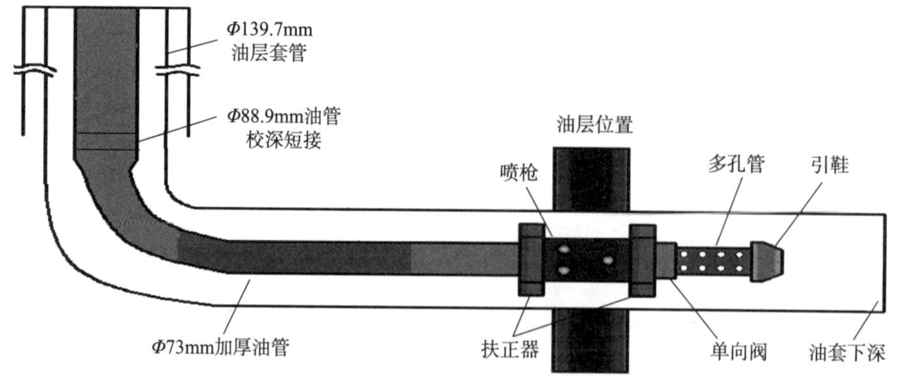

图7-4　拖动式水力喷射分段压裂管柱示意图

（二）井筒处理与井口准备

（1）下 Φ115mm×2m 通井规（以 Φ139.7mm 套管为例）通井至人工井底，下通井管柱速度不大于5m/min，下钻平稳。通井结束后，下洗井管柱，用活性水将井筒清洗干净。

（2）压裂井口准备。按施工限压准备相应级别的压裂井口。

（3）放喷管线准备。从套管闸门处接硬管线到排液池，套放硬管线上接两个抗压35.0MPa 的旋塞控制阀，并用地锚固定。

（4）排液池准备。为容纳射孔排出液，在井场准备排液池或液罐。

（5）压裂车组准备。按可同时进行油管和环空注入准备两套压裂车组。要求数据采集系统完备，以便在一个仪表车上可以监测油、套管排量和压力。

（三）压裂管柱下入

（1）按照井的压裂位置准备油管短节，组装配好压裂管柱，确认入井工具的规格，现场测量每级喷射工具长度，并记录备案。根据前后两级喷射点位置，现场丈量油管长度，计算所需油管数量，必要时采用油管调整短节，喷射点位置误差应小于0.5m。

（2）下入水力喷射压裂管柱，入井过程中，保护好井口，不得有落物入井。下入水平井段的油管节箍要按要求进行倒角，工具入井后控制管柱下放速度，25～30 根/h。在下入到水平段后，应适当降低下放速度。

（3）在下管柱时一定要校深，校深短接下在直井段，一般在造斜点以上20m 左右。校深短节上下不能直接与变扣短节连接，以防止测井仪器无法通过，校深短节上下接1～2根油管。

（4）水力喷射压裂管柱下完后，接油管悬挂器，固定油管于采气四通。

（5）安装压裂井口。

（6）连接油管注入地面管线到压裂井口，连接环空注入管线到套管四通。

（7）关闭井口阀门，分别对两条地面压裂管线试压：油管线70MPa、环空35MPa，稳压5min 不降为合格。

（四）压裂施工步骤

（1）各车排空试压、环空试压，保持压力5min，不刺不漏为合格。

（2）走泵试压合格后，打开油管注入闸门和套管排液闸门。

（3）检查喷嘴畅通情况。以1.0m^3/min 的排量低替压裂液基液，依据井口压力大小检查喷嘴是否畅通。

（4）第一段喷砂射孔。将油管排量提到设计排量，加入砂液比6%～8%的20～40 目的石英砂进行喷砂射孔，射孔结束后将环空中的射孔液全部顶替出井口。

（5）第一段压裂。顶替结束后，将排量降低到1.2～1.5m^3/min，关闭套管排液闸门，套压稳定后，环空注入系统开始供液，环空注入基液，环空排量提到设计排量，油管注入交联冻胶，油管排量提到设计排量，按照泵注程序进行加砂压裂。加砂结束后，油管和环空注入基液顶替，顶替到位后停泵。

(6)放喷泄压。用油嘴控制放喷，防止出砂，扩散地层压力。

(7)压井上提管柱。放喷至井口压力落零后压井，拆卸压裂井口，上提管柱到第二个压裂位置，安装压裂井口。

(8)再按照步骤(1)~(5)进行第二段压裂施工。依此类推，完成所有井段压裂施工。

二、滑套式水力喷射分段压裂施工工艺

该技术是将水力喷射压裂技术与滑套技术相结合，将带滑套的水力喷射压裂管柱一次性下井，第一段施工结束等裂缝闭合后，从井口旋塞阀投球，待球落下，打开套管放空闸门，送球落座打开滑套，露出喷嘴，压裂第二段，依次投球打开滑套分压各段。

(一)滑套式水力喷射分段压裂管柱结构

滑套式水力喷射分段压裂管柱主要由多孔管、单向阀、扶正器、滑套式喷枪、安全接头等组成，三段压裂管柱结构从下到上为：

引鞋+多孔管+单向阀+扶正器+喷枪(无滑套)+扶正器+Φ73mm加厚油管(N80)+扶正器+滑套式喷枪1+扶正器+Φ73mm加厚油管(N80)+扶正器+滑套式喷枪2+扶正器+Φ73mm加厚油管短节(校深短节)×2m+Φ73mm加厚油管(N80)+扶正器+滑套式喷枪2+扶正器+Φ73mm加厚油管(N80)+安全接头+Φ73mm加厚油管(N80)+油管挂。示意图见图7-5。

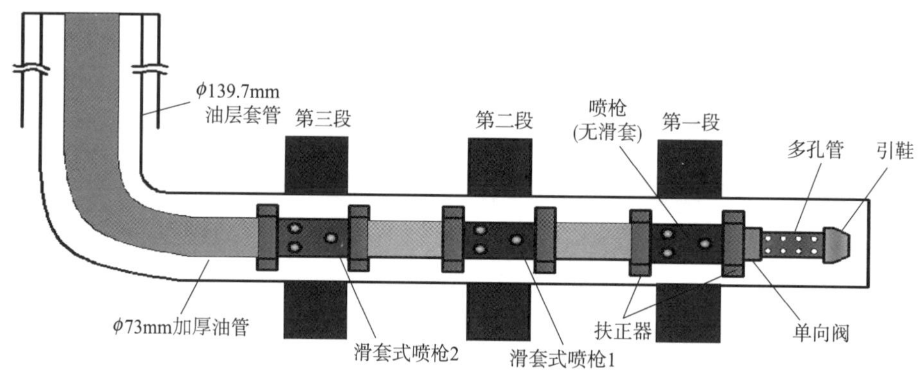

图7-5 滑套式水力喷射压裂管柱示意图

(二)井筒处理与井口准备

(1)下Φ115mm×2m通井规(以Φ139.7mm套管为例)通井至人工井底，下通井管柱速度不大于5m/min，下钻平稳。通井结束后，下洗井管柱，用活性水将井筒清洗干净。

(2)压裂井口准备。按施工限压准备相应级别的压裂井口。

(3)放喷管线准备。从套管闸门处接硬管线到排液池，套放硬管线上接两个抗压35.0MPa的旋塞控制阀，并用地锚固定。

(4)排液池准备。为容纳射孔排出液，在井场准备排液池或液罐。

(5)压裂车组准备。按可同时进行油管和环空注入准备两套压裂车组。要求数据采集

系统完备，以便在一个仪表车上可以监测油、套管排量和压力。

(三)压裂管柱下入

(1)按照井的压裂位置准备油管短节，组装配好压裂管柱，确认入井工具的规格，现场测量每级喷射工具长度，并记录备案。根据前后两级喷射点位置，现场丈量油管长度，计算所需油管数量，必要时采用油管调整短节，喷射点位置误差应小于0.5m。

(2)检查每级工具的球和球座的匹配情况，用游标卡尺测量每个球的直径并记录备案，同时在地面将球投向球座观察上一级的球能否顺利通过下一级的球座，且观察球能否顺利地坐在本级球座上，现场检查安全接头通径，检查所用最大直径的球能否顺利通过安全接头，确认无误后工具方可入井。

(3)下入水力喷射压裂管柱，入井过程中，保护好井口，不得有落物入井。下入水平井段的油管节箍要按要求进行倒角，工具入井后控制管柱下放速度，25～30 根/h。在下入到水平段后，应适当降低下放速度。

(4)在下管柱时一定要校深，校深短接下在直井段，一般在造斜点以上20m左右。校深短节上、下不能直接与变扣短节连接，以防止测井仪器无法通过，校深短节上、下接1～2 根油管。

(5)管柱下入结束后，接油管悬挂器，固定油管于采气四通。

(6)安装压裂井口。

(7)连接油管注入地面管线到压裂井口，连接环空注入管线到套管四通。

(8)关闭井口阀门，分别对两条地面压裂管线试压：油管线70MPa、环空35MPa，稳压5min不降为合格。

(四)压裂施工步骤

(1)各车排空试压、环空试压，保持压力5min，不刺不漏为合格。

(2)走泵试压合格后，打开油管注入闸门和套管排液闸门。

(3)以1.0m^3/min 的排量低替压裂液基液，依据井口压力大小检查喷嘴是否畅通。

(4)第一段喷砂射孔。将油管排量提到设计排量，加入砂液比6%～8%的20～40 目的石英砂进行喷砂射孔，射孔结束后将环空中的射孔液全部顶替出井口。

(5)第一段压裂。顶替结束后，将排量降低到1.2～1.5m^3/min，关闭套管排液闸门，套压稳定后，环空注入系统开始供液，环空注入基液，环空排量提到设计排量，油管注入交联冻胶，油管排量提到设计排量，按照泵注程序进行加砂压裂。加砂结束后，油管和环空注入基液顶替，顶替到位后停泵。

(6)放喷泄压。用油嘴控制放喷，防止出砂，扩散压力与闭合裂缝。

(7)送球打开滑套。裂缝闭合后，关闭井口阀门1，打开井口阀门2，然后投入第一级钢球，关闭井口阀门2，打开井口阀门1；打开套放阀门1，应用套管出口处的旋塞阀控制放喷量，以0.8～1.0m^3/min 的排量送球入座，待球入座有明显的压力波动后，认为滑套销钉已经剪断。

(8)第二段喷砂射孔。油管注入排量提升到射孔排量后，混砂车开始加20/40目的石英砂，砂比6%~8%，进行喷砂射孔，射孔结束后将环空中的射孔液全部顶替出井口。

(9)第二段压裂。喷砂射孔顶替液注入结束后，将排量降低到1.2~1.5m^3/min，关闭套放闸门，环空压力开始上升直到压开地层，套压稳定后，油管注入排量提高到压裂设计排量，按照第二段泵注程序压裂第二段。

(10)顶替液泵注结束后停泵，用油嘴控制放喷，压力扩散与闭合裂缝。

(11)按照步骤(7)~(9)完成后续井段的压裂施工。

参考文献

[1]秦金立，吴姬昊，崔晓杰，等．裸眼分段压裂投球式滑套球座关键技术研究[J]．石油钻探技术，2014，42(05)：52-56.

[2]张艺瀚，盛志民，雷海林，等．水平井裸眼分段压裂完井技术在克拉美丽气田的应用[J]．西部探矿工程，2016，(1)：95-99.

[3]路艳军，杨兆中，李小刚，等．水平井裸眼分段压裂技术及现场应用[J]．新疆石油地质，2014，35(02)：230-233.

[4]王金友，李琳，王澈，等．裸眼水平井滑套完井分段压裂工艺技术研究与应用[J]．IFEDC—20193767.

[5]张孝栋，王定峰，段凌靓，等．水平井分段压裂技术在长北气藏的应用[J]．石油化工应用，2014，33(06)：70-73.

[6]安杰，赵振峰，张彦军，等．水平井连续油管无限级可开关固井滑套分段压裂技术的研究与试验[J]．IFEDC—20182433.

[7]杨文波．套管固井滑套分段压裂技术在东胜气田的应用[J]．新疆石油天然气，2016，12(02)：57-59.

[8]赵铭，王伟佳，刘洪彬，等．国外页岩气井连续油管固井滑套压裂完井方式研究[J]．钻采工艺，2017，40(02)：59-62.

[9]朱玉洁，郭朝辉，魏辽，等．套管固井分段压裂滑套关键技术分析[J]．石油机械，2013，41(08)：102-106.

[10]夏海帮，包凯，王睿．页岩气井用新型无限级全通径滑套压裂技术先导试验[J]．油气藏评价与开发，2021，11(03)：390-394.

[11]邢洪宪，李清涛，郝宙正，等．复合材料压裂桥塞的研制及测试[J]．石油机械，2015，43(10)：86-89.

[12]王建，张昌允，杨寰时．低渗气藏分段多簇压裂工艺应用[J]．辽宁化工，2019，48(10)：1025-1027.

[13]侯光东，陈飞，刘达，等．水力泵送桥塞压裂技术在长庆油田的应用[J]．钻采工艺，2015，54-56.

[14]逄仁德，高健明，崔莎莎．水力泵送桥塞分段多簇体积压裂技术在AP959井的应用[J]．石油地质与工程，2015，29(04)：125-127.

[15]刘秉谦，张遂安，李宗田，等．压裂新技术在非常规油气开发中的应用[J]．非常规油气，2015，2(02)：78－85.
[16]王金友，许国文，李琳，等．连续油管拖动底封水力喷射环空加砂分段压裂技术[J]．石油矿场机械，2016，45(05)：69－72.
[17]陈现义．水平井预置管柱完井与连续油管带底封分段压裂一体化技术[J]．石油钻采工艺，2017，39(01)：66－70.
[18]陈然．连续油管带底封分段压裂技术在鄂北气田的应用[J]．江汉石油职工大学学报，2017，30(02)：36－38.
[19]王丽峰，胡忠民，朱书仪，等．连续油管底封拖动水力喷射环空加砂分段压裂技术在九区石炭系水平井的应用[J]．新疆石油天然气，2017，13(02)：65－68.
[20]朱正喜，曹会，陈沙沙．国内水力喷射压裂工艺技术应用研究进展[J]．石油矿场机械，2014，43(12)：82－87.
[21]仝少凯，高德利．基于阿基米德双螺旋线原理的水力喷射压裂技术[J]．石油钻探技术，2018，46(01)：90－96.
[22]单鑫．水力喷射压裂技术的工艺研究[J]．云南化工，2018，45(12)：73－74.
[23]尤世发．水力喷射压裂工艺技术在大庆长垣内的应用[J]．化学工程与装备，2017(10)：66－68.

第八章　水平井压后排液管理技术

致密砂岩气藏水平井压后排液管理依据其储层特点、压裂液破胶性能、压裂施工工艺技术的不同而有所差异，总体上采用快速排液的理念，尽量减少压裂液在地层中的滞留，降低储层伤害。压后排液管理技术主要包含钻塞、捕球、放喷、气举等。

第一节　钻塞技术

致密砂岩气藏水平井采用易钻桥塞进行分段压裂后需钻除桥塞，留下全通径干净的井筒，确保压裂液顺利返排，以及后期可实施作业工序。本节主要介绍了连续油管钻塞技术特点、钻塞工具组成及钻塞作业步骤等。连续油管钻塞主要以 Φ50. 8mm 连续油管为输送载体，螺杆钻具为动力驱动装置，磨鞋为切削工具进行钻磨作业。其基本施工工艺为：将连续油管钻磨工具串下至预定钻塞位置后，通过地面泵车提供的水力液压动力带动井下磨鞋高速旋转，将桥塞磨铣成细小碎屑，通过井筒循环返至地面。钻除第一个桥塞后重复上述过程，直至钻除所有剩余桥塞。其技术优点主要表现在，连续油管管柱同径且直径适中，可以在不接单根的情况下进行连续钻进，能很好地解决水平井钻磨桥塞时因接单根引起的卡钻问题。

一、钻塞难点

由于连续油管钻磨桥塞过程中尚不能实现管柱旋转，钻磨动力主要由井下螺杆钻具提供。因此，连续油管钻磨桥塞的技术难点主要体现在井下钻磨工具的选取、连续油管钻磨及携屑性能的控制等方面。

(1)连续油管钻磨作业通过磨鞋来实现对硬物的磨铣，因此，磨鞋的选择要满足对复合桥塞材料磨铣性能的要求。同时，井下螺杆钻具的输出扭矩要高，而且压降性能稳定，磨铣连续性较好，以降低卡钻概率。

(2)连续油管刚度较低，下入过程中容易发生屈曲变形，从而导致轴向力的传递效率下降，甚至可能发生自锁，以至于无法完成钻磨桥塞作业。因此，在控制连续油管钻压使其能保证对复合桥塞施加适量持续钻压的情况下，还须确保其在连续油管挤毁压力与内屈服压力的许可范围之内，同时结合螺杆钻具压降及输出扭矩曲线，调整螺杆钻具的扭矩，从而达到最优的钻磨性能。

(3)在经过压裂改造之后，井筒水平段会有压裂改造过程中残留的支撑剂(砂粒)，这部分支撑剂相对于桥塞磨屑粒径较小且密度较大，因此在循环过程中将其携至井口是对排量的最低要求。

二、钻塞关键工具

连续油管钻磨桥塞工艺的核心是井下钻磨工具，其关键组成部分是磨鞋和螺杆钻具。根据复合桥塞的材质特点，选择合适的螺杆钻具和磨鞋，通过工具间的相互配合实现对钻磨施工的精确控制。

(一)磨鞋

根据待钻桥塞的材质特性来选择和设计磨鞋。磨鞋主要分为刮刀式、牙轮式、硬质合金凹形、硬质合金刀翼式等几种类型。

现场经常使用的复合桥塞除锚定卡瓦和少量配件外，均选用聚四氟乙烯、丁腈橡胶以及涤纶纤维等复合材料制作而成，该复合材料强度较高、脆性较大、可钻性较强。同时，该材料密度小，可携带性较好，弥补了传统铸铁桥塞磨铣后容易在井底形成金属碎屑沉淀的不足。为了防止钻磨时复合桥塞本体发生转动，其本体底部采用斜面构造，从而使钻磨桥塞作业变得更加快速、高效。

在选择磨鞋时，要注意以下几点：首先，不宜选用凹底磨鞋，否则在磨铣复合材料时会发生明显的“镜面效应”，影响钻磨效率；其次，不宜选用刃数较少的平底磨鞋，否则在磨铣橡胶、纤维材料时易产生大尺寸磨屑，在管路中形成支架，造成堵塞；也不宜选用刀翼强度较低的磨鞋，否则在钻磨强度较高的复合材料时，磨鞋磨损较严重，加速磨鞋损坏。通过对比分析，选用PDC镶齿5刀翼磨鞋，该磨鞋动密封和静密封承压较高，特别适用于压裂后自喷井的带压钻磨桥塞作业，能有效降低井控风险。最后，为防止钻磨桥塞过程中磨鞋对套管造成伤害，磨鞋外径应比套管内径小6～10mm。

(二)螺杆钻具

螺杆钻具是连续油管钻磨作业的动力来源，因此对螺杆钻具的要求为：(1)输出扭矩高；(2)钻磨连续性较好、功率大、不容易卡钻；(3)螺杆钻具转速不易太快。在扭矩大于1000N·m时，螺杆钻具的负载会增加，在复合桥塞与磨鞋之间容易产生厚度大于3.0mm的磨屑，较难返出，从而降低磨鞋的磨铣性能；在扭矩小于8000N·m时，磨鞋不能进行有效切入与磨铣，很容易产生粉状金属碎屑，这类碎屑粒径较小，肉眼很难分辨，只能借助强磁工具进行筛选，钻磨效率大大降低。基于上述原因，选用“中扭矩、中转速”的连续油管钻磨桥塞作业模式(转速为230～360r/min，扭矩为900～1000N·m，特殊设计的磨鞋除外)，这样既能保证磨铣速度，又能确保磨屑形状和尺寸满足上返要求。选择螺杆钻具尺寸时，要根据磨鞋大小来确定，如Φ73.0mm螺杆钻具可与Φ88.9mm、Φ101.6mm和Φ114.3mm磨鞋相匹配。

三、钻塞准备

(一)地面准备

水平井易钻桥塞压裂施工结束，压裂车组及地面管汇撤离现场后，连续油管车就位，吊装注入头，安装连续油管接头地面测试马达等，在地面做测试拉力10t、对接头试压35MPa；连续油管闸板防喷器、防喷管、防喷盒试压70MPa，30min压降不超过0.5MPa为合格。

(二)钻塞工具组合

采用2″连续油管带井下动力钻具的工具组合，连续油管钻塞管柱结构自上而下为：2″连续油管+2″配接接头+2.125″液压振击器+2.25″马达头总成(含双闸板单向阀及液压脱手装置)+3.5″磨铣马达(扭矩600N/m)+5.5″平底磨鞋。

四、钻塞作业步骤

(1)在地面检查马达是否处于正常状态。

(2)下入井内后进行上提和下放检测，下放接近桥塞位置时，轻碰压裂桥塞顶面，确定到桥塞位置后上提3~5ft，开动马达并增加到设计泵速，慢慢下放，直到泵压上升，并保持马达限定压差等级；钻塞过程中，要求排量不小于350L/min。密切注意各项工作参数(负载，压力)，慢慢增加钻压。每段采用滑溜水100~150m^{3}正循环钻塞。

(3)磨铣桥塞顶部5min，5min后上提管柱5ft使管柱处于中性状态。

(4)10min后，继续磨铣桥塞；重复直至桥塞被磨铣完毕。

(5)钻完一个桥塞检查地面捕屑器，及时清理捕屑器内压裂砂及钻塞残屑。

(6)如果需要磨铣多个桥塞，继续下放磨铣管柱直至探到前一桥塞残留顶面。

(7)每钻完一个桥塞后泵送5m^{3}胶液，每钻磨完2个桥塞短起直井段约20m，循环洗井，充分携带、清除钻屑。

(8)重复步骤(2)~(7)直到所有桥塞被磨铣完毕。

(9)所有桥塞钻掉后，追送最后一个桥塞残留部分到井底，起出钻塞管柱。

(10)钻塞期间关注返屑情况，包括返屑数量、成分、粒径等，若返屑较差，粒径较大，起下过程中多次出现悬重异常，有卡阻显示，则存在较大卡钻风险，则应停止钻塞作业，打胶液充分循环短起洗井，如洗井效果不好，则加下文丘里打捞篮进行清理井筒后，继续钻塞施工。钻塞全部结束应下文丘里打捞篮进行一次清理井筒。

第二节　捕球技术

致密砂岩气藏水平井裸眼封隔器多级滑套压裂施工结束后，用以打落滑套的压裂球仍滞留在压裂管柱内，如果不及时将球取出，在封隔段产量较低或压力不足的情况下，将难以顶开压裂球，导致封隔段无法排液或贡献产量，即使球被顶开，滞留在井筒管柱内的压裂球仍会导致井筒管柱内不畅通，影响排液及产气效果。针对油气井多级投球分段压裂打开滑套后，压裂球滞留在管柱内的问题，国内服务公司研制了不同类型的井口捕球器，井口捕球器具有结构简单、安装方便的特点，一般安装在井口压裂树和返排管线之间，可以在不影响压裂施工与压后排液的情况下将返排到井口的压裂球捕获，使返排管线能够保持畅通，提高返排作业的效率和安全性[7-10]。

一、捕球器组成

捕球器装备主要由捕球装置和储球装置两部分组成，结构见图8-1。其中捕球装置由三通阀体、挡块、焊接法兰和由壬母接头等部件组成，用于捕获返排的压裂球，同时保证返排液能够顺利地通过，不会由于该装置的存在而影响返排作业；储球装置由平板阀、丝扣法兰、储球筒、接箍、丝堵和泄压阀等部件组成，用于存储所捕获的压裂球，以及在返排过程中实现不停排查看、提取捕获的压裂球。平板阀主要起着隔离捕球装置和储球装置的作用，泄压阀起着安全泄压的作用。

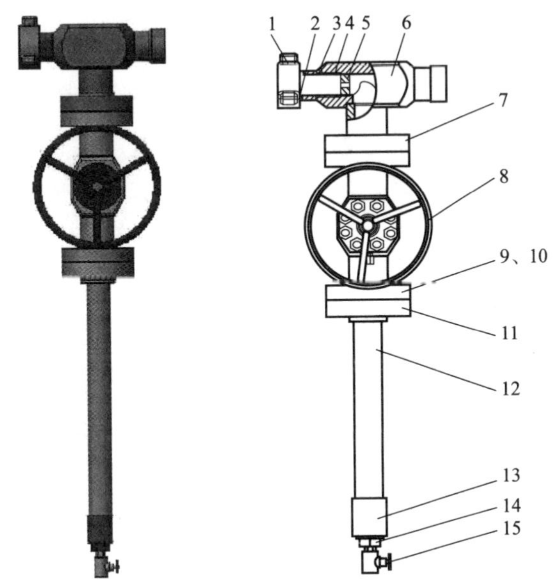

图8-1　井口捕球器装置图

1—由壬帽；2—由壬母接头；3—定位钉；4—密封圈；5—挡块；6—三通阀体；7—焊接法兰；8—平板阀；9—垫环；10—M27×3螺栓带双母；11—丝扣法兰；12—储球筒；13—接箍；14—丝堵；15—泄压阀

二、捕球器工作原理

(1)从井底返排上来的压裂球随着压裂液一起从三通阀体的由壬接头处进入三通阀体。

(2)在三通阀体的出口处装有一个挡块，在挡块的截面上均匀地开有7个直径为20mm的过液孔。当压裂液进入三通阀体后，由于压裂球的直径均大于20mm，所以返排上来的压裂球被挡块挡住，不能从三通阀体的出口出去，而压裂液可以顺利地从挡块上的过液孔流向三通阀体的出口。

(3)而由于压裂球的密度大于压裂液，所以被挡块阻挡住的压裂球就会从三通阀体的垂直通道处沉降下来，通过与三通阀体垂直通道相连接的平板阀，进入到与平板阀相连接的储球筒内。随着井底的压裂液不断地返排上来进入三通阀体内，随液上来的压裂球都被三通阀体内的挡块挡住，沉降下来，进入下端的储球筒内。

(4)在返排的过程中，关闭平板阀，将储球筒和三通阀体隔开，此时进入三通阀体的压裂液和压裂球被平板阀挡住，不再进入下端的储球筒内，储球筒与整个返排管线隔离。

(5)可以将储球筒内的压裂球取出，而返排作业仍然可以顺利进行，从而实现不停排取球。

(6)将丝堵重新装回接箍上，关闭泄压阀，打开平板阀，捕球器再次进行捕球作业。

第三节　放喷排液技术

低压致密砂岩水平井压后一般利用注入地层的液体憋起的能量或伴注液氮能量快速返排压裂液，若排液制度控制得不好，常常出现支撑剂的回流现象，影响排液及产气效果。因此，排液时机、排液方式、油嘴尺寸的控制等尤为关键。

一、排液时机

水平井压裂采用的是多段压裂后一次性返排方式，若压裂裂缝还未闭合就进行放喷，将会产生两种不良后果，一是支撑剂将会被返排的压裂液携带出裂缝从而影响支撑裂缝的有效缝长和导流能力。二是回流的支撑剂会被返排液带出井口，从而刺坏放喷油嘴以及破坏其他设备。但若裂缝闭合过久才进行放喷，将会增加作业时间，并使更多的压裂液滤失进入地层，降低裂缝周围地层的渗透率，对地层造成不可逆伤害，在裂缝闭合后放喷一般来说是最佳放喷时机。

二、排液方式

压后放喷排液主要有两种方式：一是裂缝自然闭合后小油嘴控制返排；二是强制裂缝闭合返排。早在20世纪80年代，Robinson等[1]最先提出了在裂缝自然闭合后初期采用小油嘴进行压裂液返排。这种方法通过控制减小返排液流速从而使支撑剂尽可能多地停留在裂缝中，目的是得到尽可能长的支撑缝长。同时，在裂缝闭合后进行返排，支撑剂会因裂缝闭合而减少回流。

但在20世纪90年代，Ely等[2]提出了裂缝强制闭合返排，这种工艺与裂缝自然闭合后小油嘴控制返排相反，主要用于在致密气藏的压后返排。他们认为，如果压裂施工的砂比较高且压裂液的破胶性能值得信赖，那么采用这种工艺就可以大幅度减小压裂对储层和支撑剂填充层的伤害，从而改善裂缝的导流能力。然而，通过实践发现，这种方法对裂缝增产效果的改善并不具有普遍性。因为这种方法虽然减小了压裂液对储层和支撑剂填充层的伤害，但是会使大量支撑剂向近井筒裂缝运移，缩短了有效缝长，而且可能出现严重的支撑剂回流。虽然后来 Barree 等[3]提出在强制闭合工艺中采取控制支撑剂回流的措施，比如使用尾追注入防砂纤维等。这样虽然可以有效地控制支撑剂回流，但仍然不利于形成较长的支撑裂缝。

蒋廷学等[4]计算了裂缝强制闭合工艺井口压力、支撑剂回流量与不同地面油嘴尺寸之间的关系。他建议在优选油嘴尺寸时，需要综合考虑压裂液返排速度、支撑剂的回流控制和支撑剂沉降距离。汪翔等[5]通过计算裂缝自然闭合时间和裂缝强制闭合时间，得出裂缝自然闭合时间远大于裂缝强制闭合时间，因此会导致大量的压裂液滤失进入地层。但他计算得出的裂缝自然闭合时间明显大于实际情况。李勇等[6]从渗流力学角度推导了压裂液的滤失机理，并结合拟三维裂缝模型建立了裂缝强制闭合计算模型。在此基础上，他对影响裂缝闭合时间的各种因素(包括地层因素和流体因素)进行了详尽的分析。

三、油嘴尺寸控制

支撑剂在裂缝中的运行主要受三种力的作用：支撑剂自身重量产生的下沉力；压裂液对支撑剂的悬浮力和压裂液在一定流速下所给予的推动力。在压裂放喷过程中，支撑剂在垂直裂缝中，当液体放喷速度小于平衡值时，支撑剂下降至裂缝底部并且逐渐堆积起来。一旦当液体放喷速度大于沉砂的临界速度时，在砂堆表面上的颗粒就有可能被冲走，逐步向井筒流动，降低缝口的导流能力，影响压裂效果，还有可能造成砂卡事故。油嘴控制放喷可视为流体力学中的管嘴泄流，流量公式为：

$$Q = \mu A(2gp/\gamma)^{1/2} \tag{8-1}$$

式中 μ——流量系数，无量纲；

A——管嘴截面积，m^2；

γ——流体密度，kg/m^3；

p——水头压力，MPa。

压裂后放喷时，井口压力 = 井底压力 - 管阻损失 - 液柱压力。所以油嘴大小应与流量、井口压力有关。而井底压力与压入液量有直接关系。通过油嘴控制放喷的现场应用，逐渐摸索出油嘴大小与压入压裂液量的关系。采用油嘴控制放喷，没有考虑放喷时间和放喷效率关系问题，多数井是根据喷势大小确定控制放喷时间。由于受人为因素的影响，有的油嘴控制放喷时间过短，压裂液的返排率低；控制放喷时间过长，压裂液可能向地层中滤失，影响压裂效果。通过对放喷压力进行研究，根据压力变化情况，找出利用放喷压力变化的三种类型来合理确定油嘴。

低压致密砂岩气藏水平井常采用强制裂缝闭合排液措施，要求压裂施工结束后 120min 内开井，压裂设备撤离井场，试气队采用 3 ~ 10mm 油嘴(逐渐放大的方式)放喷排液。要确保排液连续和防止地层出砂，尽量避免中途关井。根据井口油套压及出液情况逐步放大油嘴，以后视井口油套压及出液情况调整油嘴大小，加快排液速度。如某区块的典型排液制度见表8－1。

表8－1　某区块油压与油嘴匹配关系表

油压/MPa	油嘴/mm	油压/MPa	油嘴/mm
>8	3～4	2～5	8
5～8	5	<2	10或敞放

第四节　气举排液技术

若天然气井排液后期自身能量不足，不能完全将压裂液体带出井口，则采取气举排液技术，可快速返排井筒液体，实现气井建产。气举排液技术主要是利用气体膨胀以及快速的逸散性能，在比较短的时间里，通过一些措施将低密度液体举升到井口排出地面的一种排水采气方法。主要包括氮气气举排液技术、压缩机气举排液技术、柱塞气举排液技术。

一、氮气气举排液技术

氮气气举排液工作原理是从空气中制取氮气，然后靠三级压缩来达到较高的注水压力，将制出的氮气注入连续油管中，以氮气的膨胀体积以及减压之后的气举在气井中的空间循环排替液体。根据不同作业的要求，氮气气举可以分为正气举与反气举。

正气举工艺技术流程：由连续油管进，套管出。其特点为：(1)控制气田井口的回压；(2)氮气到管脚的时间比较短。

反气举工艺技术流程：由套管进，连续油管出。其特点为：(1)气井的井口控制回压；(2)氮气到管脚的时间比较长；(3)高温高压的作业时间比较短；(4)高温高压的作业时间比较长；(5)掏空的程度不彻底。

致密砂岩气藏气举排液通常采用制氮车连续油管进行正气举，因为制氮车主要采用物理方法制氮，并且氮气可以从空气中直接获取，不需要原材料，因此获取氮气的成本比较低，同时不会受到地貌或者地理环境的影响，现场施工更具有安全、可靠性。其工艺原理是利用制氮车将空气中氮气浓度提升到95%以上，再通过增压车给氮气增压，然后将氮气从油套环空注入井底，把井底积液从油管中举升排出井筒，来实现气井排出井底积液并达到复产。其工艺流程见图8－2。采用该工艺要求气井必须保证油套环空是连通的，对于关井时间比较长导致气井积液严重且产液量大的气井比较适用。特点是排液时间短、效果好。

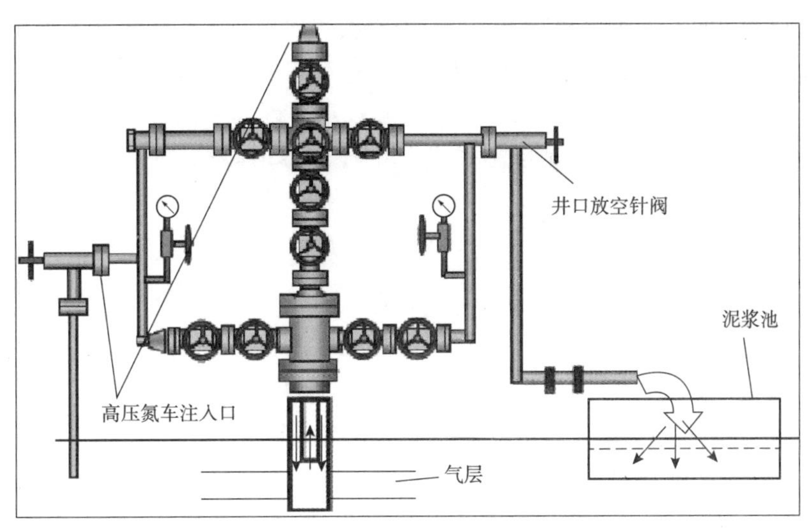

图 8-2　氮气气举排液示意图

二、压缩机气举排液技术

压缩机气举工艺操作流程是将天然气主干线管道中生产的天然气作为气源气，通过稳压器将压力控制在 0.5 ~ 2.0MPa 之间，将气源气通过压缩机气举车增压。将增压后的压缩气注入油套环空当中，注入气使井筒积液的密度降低，进而将其从油管中举升出来，通过井口阀控制放喷压力和气井的产气量，使气井重新恢复工作。将生产出的天然气经过撬装式分离器进行气液两相流体的分离，分离后通过截断阀和流量计与干线管道中的来气相混合重新作为新的气源气，从分离器分离出的液体经排污阀排入污水罐。其工艺流程见图 8-3。

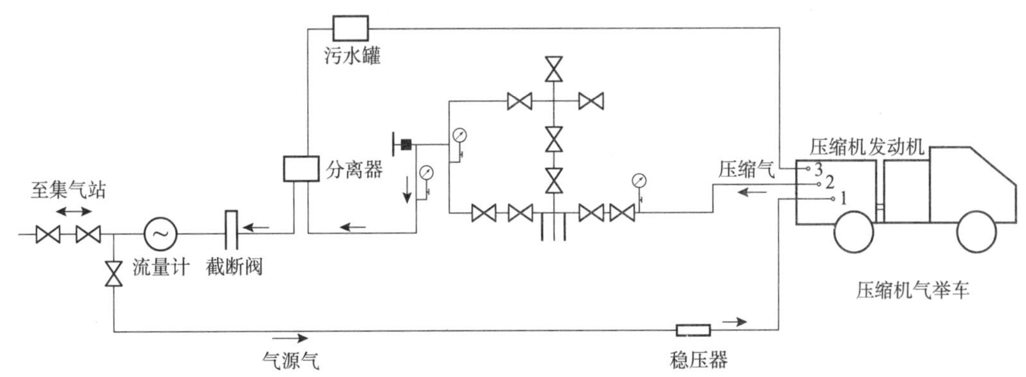

图 8-3　气举工艺流程图

三、柱塞气举排液技术

柱塞气举属于间歇式气举，柱塞气举的能量主要来源于地层气。由于柱塞在井筒中下落时必须采取关井措施，从而使得运动是一个连续的往复运动，最终导致气井的生产是不连续的。柱塞气举适合于高气液比的气井排液，还可用于易结蜡、结垢的油气井，柱塞沿油管运动时可以破坏结蜡和结垢过程，这样就减小了修井时间和生产费用，并且安装、生产和管理费用都比较低。在气藏排水采气过程中应用较多，以下重点介绍柱塞气举工艺。

柱塞气举是气井利用自身原有的地层能量，把柱塞段作为气体和液体之间的固体分界面，在井筒油管中推动柱塞、举升液体的一种排水采气工艺。柱塞气举举升柱塞和液体段的能量来源于地层自身的能量供给，当柱塞沿着油管内壁向上运行时，柱塞的固体分界面能够有效地防止柱塞端面以下气体上窜和端面以上液体回落，这样就可以减少液体由于“滑脱”现象形成的能量损失，从而提高气举的排液效率。柱塞气举运行一个周期，上升和下落过程中的井筒油管压力、套管压力变化见图8－4。

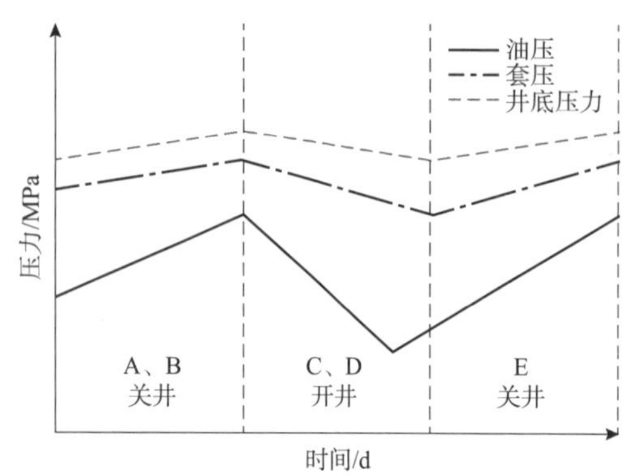

图8－4　柱塞气举过程井筒油、套压变化示意图

(1)在关井状态下，井口处的柱塞依靠自身物体重力向下坠落，沿着油管内壁先通过气体介质再穿过液体介质，直至下落到井底卡定器上。在这个阶段，套管压力会逐渐上升，主要是由于关井以后，地层气体会逐渐向油套环空中流动，使得套管压力逐渐上升，随着套管压力的上升油管压力也会上升，主要是因为高压套管中的气体会持续不断地向低压油管中发生膨胀，最终会让油管压力和套管压力基本趋近于动态平衡。套管压力和油管压力上升的幅度主要取决于地层供气能力的大小；关井初期，油管压力回升相比于套管压力较快，一段时间之后，油管压力的涨幅也同样受控于地层的供气能力。

(2)当柱塞穿过积液并坐封到井底卡定器上时，柱塞会撞击卡定器上的缓冲弹簧，柱塞会在井底卡定器上停留一段时间，在这个过程中，井底能量会源源不断地得到补充并逐渐恢复，气井井底的气体和积液都会随着时间慢慢聚集，地层气和液体会流入油套环空和油管内，由于井底积液和卡定器等外在因素的原因，会使得大部分地层气流入到油套环空中，少量气体和大部分地层产出液会流入油管内。油管内的积液液柱高度会逐渐上升，井底压力、油管压力和套管压力都会上升，压力上升的幅度由气藏自身的地层能量所决定。

(3)开井时间的确定主要依据油套环空中的压力回升是否足以把柱塞及其上部液体带出井口时的压力而确定。当压力满足条件时开始开井操作，井筒中的油管与地面生产管线连接畅通，油套环空中的气体和从地层流入井底的地层气会向油管内膨胀，并接触柱塞下端面，由于气体能量大于柱塞及上部气液段的重力，将推动柱塞及上部液体开始向上运动，直至柱塞顺利到达气井井口并排出液体。开井后，井筒与地面输气管线连通，油管压力将快速下降，井筒中的柱塞将会加速上升；为了使整套装置处于动态平衡，柱塞和液体段塞以下的地层气和套管气体会进入油管底部举升柱塞向上运移，井底压力和套管压力都将逐渐下降。

(4)在开井后期，油套环空和地层补充的气体使得柱塞端面以上的液体排出井筒且柱塞到达井口。井筒积液段到达井口以后，一般在井口都安装气体和液体控制节流阀，在节流阀节流作用的限制条件下油管压力会逐渐开始回升；当柱塞上行到井口后，套管压力会降低到它的最小值，而油管压力会有所上升。

(5)生产一段时间后，地层气和套管气的能量不足以提供稳定的生产状态，这时就要进行关井，关闭井口阀门后，柱塞再次依靠自重开始下落，油管压力、套管压力和井底压力的变化趋势与阶段1关井时的工作状态相同，这就是一个生产周期。重新关井恢复压力，开始下一个工作周期。

柱塞气举最大的技术特点是有效防止液体滑落和气体上窜造成的能量损失，排水采气效率很高；采用“井口控制盒+气动薄膜阀”控制开关井，菜单式操作快捷方便；自动化程度高，有利于减轻操作强度，便于数字化管理；利用气井自身能量工作，不需要额外气源；具有安全环保、节能的特点。柱塞气举井口装置及井底示意图见图8-5。

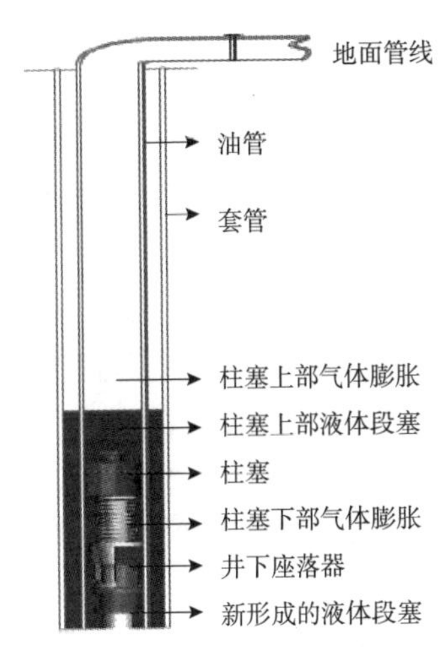

图8-5　柱塞气举井口装置及井底示意图

对于低压、低产、小水量气井，柱塞选型时首要考虑的是柱塞与油管的密封性能，其次考虑柱塞的长度和重量等因素。以下介绍三类柱塞。

(1)衬垫式柱塞：衬垫式柱塞最大的技术特点就是柱塞外径可以跟随油管内壁的变化而作出相应的舒张和收缩变化，最大的优势在于柱塞和油管内壁的密封性很好，在很大程度上减小了液体的“滑脱”损失，因为可以随着油管内径的变化而变化，所以它对于油管内壁的要求相对比较低。该柱塞的劣势表现在要设计和加工这种结构的价格比较高。

(2)柱状柱塞：柱状柱塞的结构设计分为空心柱塞和实心柱塞，柱塞的外表面有凹槽，这种设计有利于形成紊流达到密封的作用。由于柱状柱塞的外径是固定不变的，所以对于油管规则度的要求比较高，若油管在井筒中发生扭曲变形则难以采用柱状柱塞。因为难以下落到油管底部，就不能进行排水采气工艺。柱状柱塞的成本比较低，举升效率也比较差，一般在低产水中比较适用，它在井筒中上下运行时可以清除油管内壁的锈垢、盐或石蜡等物质。

(3)刷式柱塞：刷式柱塞结构的特点是在外表面加工了一个螺旋状柔软的尼龙刷子，此刷子设计的最大尺寸稍大于刷式柱塞的外径，能够使其与油管内壁之间接触良好并形成很好的密封性，该种柱塞的使用范围比较广泛，能够使用在含砂、含煤粉或不规则的油管中。它的缺点是刷子部件更换的频率比较高，并且柱塞价格较高。

参考文献

[1]Robinson B. M, Holditch S. A, Whitehead W S. Minimiziiig Damage to a Propped Fracture by Controlled Flowhack Procedure[J]. JPT June1988: 753 - 760.

[2]Ely J. W., Arnold W. T., Holditch S. A. A New Techniques and Quality Control Find Success in Enhancing Productivity and Minimizing Proppant Flowback[C]. SPE 20708.

[3]Barree R D, Mukheijee H. Engineering criteria for fracture flowback procedures[C]//Rocky mountain orgional/low permeability reservoirs symposium. 1995: 567 - 580.

[4]蒋廷学，胥云，张绍礼，等. 水力压裂后返排期间放喷油嘴尺寸的动态优选方法[J]. 石油钻探技术，2008，36(2)：54 - 59.

[5]汪翔. 裂缝闭合过程中压裂液返排机理研究与返排控制[D]. 中国科学院渗流流体力学研究所，2004.

[6]李勇明，郭建春，赵金洲. 强制闭合压裂工艺技术研究与应用[J]. 油气井测试，2010(4)：14 - 16.

[7]任山，杨永华，王世泽，等. 油气井井口捕球器：200920168955.2[P]. 2009 - 08 - 06.

[8]李克智，徐兵威，何青，等. 一种无间歇沉降式油气井井口捕球器：201220465630.8[P]. 2012 - 9 - 13.

[9]李克智，徐兵威，何青，等. 一种沉降式油气井井口捕球器：201220465622.8[P]. 2013 - 03 - 27.

[10]吴姬昊，戴文潮，秦金立，等. 井口捕球器：201320198662.5[P]. 2013 - 04 - 18.

[11]程惠尔. 能源辞典[M]. 化学工业出版社，2011：48.

[12]集团公司井控培训教材编写组. 井下作业井控技术[M]. 中国石油大学出版社，2008：104.

[13]中国石油集团西部钻探工程有限公司试油公司. 试油工操作技能培训教材[M]. 石油工业出版社，2012：41.

[14]杜丙国. 井下作业技术规范[M]. 中国石油大学出版社，2007：46.

[15]魏保全，孙洪明，抽汲排液技术在江苏油田的应用[J]. 中国高新技术企业，2012(7)：38 - 40.

第九章　案例分析

裸眼封隔器多级滑套、泵送(易钻或可溶)桥塞与连续油管带底封封隔器等分段压裂施工工艺已经在鄂尔多斯盆地苏里格、神木、大牛地、东胜以及四川盆地川西、元坝等致密砂岩气田大规模应用数百口井，最大单井无阻流量达到 $300.0\times10^4m^3/d$ 以上，为天然气增产上产发挥了重要作用。

本章将列举三种分段压裂施工工艺在致密砂岩气藏的应用实例，给出各个案例的地层条件、井筒条件、压裂优化设计方案、现场压裂实施情况和压后效果以及对地层和裂缝系统的再认识。

第一节　可溶桥塞分段压裂案例

一、井的基本数据

A 井为内蒙古自治区鄂尔多斯市鄂托克旗木凯淖尔镇乌素其日嘎的一口开发水平井，完钻井深 4165.37m，垂深 3055.28m，人工井底 4155.00m，水平段长 800.00m，采用 Φ114.30mm、钢级 P110、壁厚 6.35mm、抗压强度 73.70MPa 的套管尾管固井完井，固井质量合格。

二、储层综合评价分析

(一) 砂体钻遇情况

该井主要钻遇盒 3 段，砂体厚度 9m 左右，钻遇砂岩总长度为 527.00m，占水平段总长度的 65.88%；钻遇具全烃显示的砂岩总长度 458.00m，占水平段总长度的 57.25%；最高全烃为 82.68%，平均全烃显示为 23.86%。钻遇泥岩段总长度为 273m，占水平段总长度的 34.13%。

其水平段方位约为北偏东 176.5°，而该区块的最大主应力方向北偏东 75°，由此判断该井水平段方向与裂缝方向的夹角约为 78.5°。

(二) 储层物性

该井 A 靶点盒 3^1 测井解释为气层、差气层，厚度 6.3m(未穿)，孔隙度 17.6%，渗透

率 $2.08\times10^{-3}\mu m^2$。盒 3^1 砂顶与盒 3^2 砂底之间发育 10m 厚泥岩隔层。

(三)储层含气性

水平段测井解释砂岩段长度 468.0m，其中气层段长度 220.50m，差气层段长度 99.10m，含气层长度 93.90m。钻遇泥岩段全烃显示较差，甚至无显示，钻遇砂岩段整体全烃显示较好。

(四)地层压力与温度

该井区盒 3 段气藏压力系数为 0.89～0.92，地温梯度为 2.87℃/100m 左右。属于正常温度和压力系统。

(五)邻井砂体钻遇情况

与邻井 A、B 靶点距离为 140～639m，相同层位解释为含气层，砂厚 9.0m，气厚 3.5m，孔隙度 10.4%，渗透率 $0.88\times10^{-3}\mu m^2$，内部发育 1.8m 厚泥岩隔层；上覆地层盒 3^2 段解释为干层，砂厚 3.0m，气厚 0.0m，孔隙度 8.0%，渗透率 $0.10\times10^{-3}\mu m^2$；与盒 3^1 段之间有 10.9m 泥岩隔层；下覆地层盒 2^2 段解释为含气层，砂厚 8.0m，气厚 2.0m，孔隙度 6.0%，渗透率 $0.08\times10^{-3}\mu m^2$；与目的层盒 3^1 段之间有 2.0m 泥岩隔层。说明砂体在平面上展布有连续性。

三、压裂方案设计

(一)压裂改造井段选择

根据录井和测井解释成果，优选水平段 3355.0～4155.0m 进行压裂改造以提高单井产量，可进行压裂改造的砂岩长度 527.0m。

(二)设计思路

(1)根据该井砂体厚度及其垂向上、下砂体展布及遮挡层分布情况，结合气层物性参数、邻井的井距及地质要求，以“密切割＋泥岩穿层＋体积压裂”为目标，主要设计思路为：

①对全水平段采用密切割思路，缩小段间距，提高压裂段数和簇数，利用段间和缝间诱导应力增加缝间干扰，提高裂缝复杂性；对钻遇全烃显示较好砂岩层段以体积压裂为主，前置液阶段采用大排量低黏度滑溜水携带小粒径支撑剂支撑分支缝并沟通天然裂缝，中后期采用高黏压裂液携带大粒径支撑剂支撑主裂缝，以达到分支缝和主裂缝都能得到有效支撑目的。

②对钻遇泥岩段，前期采用高黏压裂液造缝穿层压裂，扩大缝宽，待裂缝纵向延伸到砂岩储层后采用滑溜水携带小粒径支撑剂支撑分支缝，中后期采用高黏压裂液携带小粒径支撑剂和大粒径支撑剂支撑主裂缝。

③结合邻井布井情况、储层参数及数值模拟，优化施工排量为 6.0～8.0m³/min，加砂规模为 40～60m³。

(2)根据该井水平段测井成果图，水平段整体钻遇泥岩较多，占水平段总长度的 34.13%，砂岩钻遇率为 65.88%，砂岩段全烃显示相对较好，该井根据钻遇情况采取“一段一策"原则，第4、5、6、10段全烃显示相对较好，采用两簇射孔，适度增大规模，提高改造体积；第1段因泥浆污染，应力集中，孔眼摩阻高等原因，施工难度大，加砂规模、砂液比适当降低；第2、3、7、8段钻遇泥岩，施工时前期采用高黏胶液进行造缝，待裂缝扩展一定程度后再采用滑溜水携带小粒径支撑剂进行支撑，后期采用高黏压裂液携带大粒径支撑剂支撑主裂缝，整体增加小粒径支撑剂比例，适当减小加砂规模和砂液比。压裂施工时注意压力变化，根据施工情况对施工排量、砂比及规模做出相应的调整，提高施工成功率。

(3)该井水平段西侧600m附近同一层位已部署一口水平井，为保证已部署井压裂施工安全，防止后续施工压窜，该井加砂规模适当控制，不宜过大。

(4)该井采用三级井身结构，4½″套管固井完井，针对该完井方式采用可溶桥塞分段压裂施工工艺。

(5)为加快返排速度、增加返排能量，采用全程液氮伴注增能助排，优化液氮泵注程序，两簇射孔段适当提高液氮排量，单簇射孔适当减小液氮排量，设计排量0.3～0.5m^3/min。

(6)第2、3、7、8段钻遇泥岩段，射孔后压裂可能存在施工压力高的情况，特别是第3、7、8段为泥岩段压裂，压开地层困难。因此，针对该井压裂施工，准备40m^3预处理酸，以处理施工压力异常情况。若施工压力正常，则采用备用程序进行压裂施工，多余的压裂材料(滑溜水、胍胶、支撑剂等)可用在下一段压裂施工。

(7)第2、3、7、8段为泥岩段压裂，注意泥岩防膨问题，适当提高防膨剂用量。

(三)压裂段数、射孔位置与簇数设计

根据测、录井显示结果，确定该井分11段压裂，段距53m，射孔簇数1～2簇，簇距20～30m，射孔位置避开水平段套管节箍位置，射孔参数见表9－1。

表9－1　A井11段射孔参数表

段序	射孔井段/m	射孔厚度/m	孔密/(孔/m)	射孔数/个	相位角/(°)
1	4079.0～4082.0	3.0	16	48	90
2	4023.0～4026.0	3.0	16	48	60
3	3967.0～3970.0	3.0	16	48	60
4	3910.0～3911.5	1.5	16	24	60
	3888.0～3889.5	1.5	16	24	60
5	3843.0～3844.5	1.5	16	24	60
	3820.0～3821.5	1.5	16	24	60
6	3754.0～3755.5	1.5	16	24	60
	3731.0～3732.5	1.5	16	24	60
7	3662.0～3665.0	3.0	16	48	60
8	3597.0～3600.0	3.0	16	48	60

续表

段序	射孔井段/m	射孔厚度/m	孔密/(孔/m)	射孔数/个	相位角/(°)
9	3552.0～3555.0	3.0	16	48	60
10	3485.0～3486.5	1.5	16	24	60
	3463.0～3464.5	1.5	16	24	60
11	3406.0～3409.0	3.0	16	48	60

第1段采用油管传输射孔，73枪型，89深穿透弹，孔密16孔/m、相位角90°，射孔孔径≥8.0mm。第2～11段采用电缆泵送桥塞射孔－坐封联作方式射孔，73枪型，超深穿透弹射孔，孔密16孔/m、相位角60°，射孔孔径≥8.0mm，穿透深度≥550mm。

(四)桥塞选择及坐封位置设计

为满足分段压裂后快速返排建产要求，选择可溶桥塞实施封堵，桥塞外径95mm，内径45mm，长度0.33m，工作压力70MPa，溶解时间5～7d。桥塞工具坐封位置要求：(1)避开套管节箍，距离套管节箍2m以上；(2)距离上段射孔井段原则上大于20m；(3)固井质量好的井段。

(五)压裂施工参数设计

依据压裂目的层的物性、厚度等数据，利用气藏数值模拟优化的压裂裂缝半长为170～180m，再采用裂缝模拟软件模拟欲达到设计的裂缝半长和裂缝导流能力，单段加砂规模为40～60m^3，用液量400～500m^3，平均砂液比为20%～25%。

根据常用压裂液摩阻系数以及区块裂缝延伸压力梯度0.017MPa/m，计算在不同排量下的井口施工压力，根据压力预测情况，结合套管强度和压裂井口施工限压，在井口限压65MPa条件下，施工压力可达8.0m^3/min，为穿层压裂相邻气层，最大限度提高纵向动用厚度，施工排量设计为6～8m^3/min。具体施工参数见表9－2。

表9－2 各施工排量下井口施工压力预测

施工排量/(m^3/min)	孔眼摩阻/MPa	近井筒摩阻/MPa	压裂液摩阻/MPa	液氮摩阻/MPa	井口压力/MPa
5.5	4.3	3	8.3	5	42.4
6.0	5.1	3	9.5	5	44.4
6.5	5.9	3	10.7	5	46.4
7.0	6.7	3	11.8	5	48.3
8.0	8.3	3	13.0	5	51.1

(六)压裂材料设计

1. 压裂液选择

依据本区直井DST测试资料，目的层温度96.28℃。在保证施工安全和顺利加砂的基础上，为满足提高改造体积，形成复杂缝，并满足加砂需要和性能，全烃显示较好的砂岩段(第1、4、5、6、9、10、11段)采用滑溜水+胍胶组合进行压裂，胍胶基液稠化剂浓度采用0.42%HPG；所钻遇泥岩段(第2、3、7、8段)采用胍胶进行压裂，胍胶基液稠化剂浓度采用0.45%HPG，第3、7、8段防膨剂适当提高至1.5%。所配制胍胶压裂液必须满足现场施工要求，压裂液添加剂性能指标均要满足体系配伍和实施要求。

(1)滑溜水配方及性能：滑溜水配方为0.15%降阻剂+0.1%助排剂+0.3%防膨剂，表观黏度10~12mPa·s，降阻率>70%，表面张力<28mN/m。

(2)胶液配方及性能：

第1、4、5、6、9、10、11段基液：0.42%HPG(一级)+1.0%防膨剂KCL+0.05%杀菌剂+0.5%起泡剂+0.2%助排剂+0.2%Na_2CO_3+0.5%防水锁剂；

第2、3、7、8段基液：0.45%HPG(一级)+1.5%防膨剂KCL+0.05%杀菌剂+0.5%起泡剂+0.2%助排剂+0.2%Na_2CO_3；

交联剂：交联剂A：B=100：6，交联比为100：0.3(最佳交联比以现场实测为准)；

破胶剂：胶囊破胶剂，0.005%~0.04%(质量比，根据泵注程序添加)；

过硫酸铵：0.02%~0.05%(质量比，顶替液阶段现场楔形追加)；

活性水：清水+1%KCl+0.2%助排剂。

压裂液基液及交联液技术指标要求见表9-3。

表9-3　水基压裂液技术指标

<table>
<tr><th colspan="3">项目</th><th>技术指标</th></tr>
<tr><td>0.42%HPG基液黏度/(mPa·s)</td><td colspan="2">常温、六速旋转黏度计170s⁻¹剪切</td><td>≥45</td></tr>
<tr><td>0.45%HPG基液黏度/(mPa·s)</td><td colspan="2">常温、六速旋转黏度计170s⁻¹剪切</td><td>≥50</td></tr>
<tr><td>交联时间/s</td><td colspan="2">交联剂A：B=100：6，交联比为100：0.3</td><td>45~150s可调</td></tr>
<tr><td>耐温耐剪切能力/(mPa·s)</td><td colspan="2">90℃温度、170s⁻¹剪切速率下连续剪切120min黏度</td><td>≥80</td></tr>
<tr><td rowspan="7">破胶性能</td><td colspan="2">破胶液表面张力/(mN/m)</td><td>≤28</td></tr>
<tr><td colspan="2">破胶液与煤油界面张力/(mN/m)</td><td>≤2</td></tr>
<tr><td rowspan="5">压后破胶液黏度/(mPa·s)</td><td>0.5h</td><td>≤36</td></tr>
<tr><td>1h</td><td>≤30</td></tr>
<tr><td>4h</td><td>≤20</td></tr>
<tr><td>8h</td><td>≤10</td></tr>
<tr><td>12h</td><td>≤5</td></tr>
<tr><td colspan="3">残渣含量/(mg/L)</td><td>≤400</td></tr>
<tr><td colspan="3">破乳率/%</td><td>≥95</td></tr>
<tr><td colspan="3">压裂液与地层水配伍性</td><td>无沉淀，无絮凝</td></tr>
<tr><td colspan="3">压裂液滤液对基质岩心渗透率损害率/%</td><td>≤30</td></tr>
</table>

2. 支撑剂的选择

根据邻井施工资料反映，地层闭合压力梯度约为0.014~0.016MPa/m，地层闭合压力在42.8～48.9MPa，滑溜水压裂阶段采用40/70目陶粒，主加砂阶段采用20/40目陶粒作为支撑剂，支撑剂性能要求见表9－4。

表9－4 陶粒支撑剂技术指标

<table>
<tr><th colspan="3">支撑剂规格</th><th colspan="6">检测标准</th></tr>
<tr><th>类型</th><th>粒径规格/μm</th><th>压力级别/MPa</th><th>体积密度/(g/cm³)</th><th>破碎率/%</th><th>球度</th><th>圆度</th><th>浊度/FTU</th><th>酸溶解度/%</th></tr>
<tr><td rowspan="3">陶粒</td><td rowspan="2">850/425
(20/40目)</td><td rowspan="2">52</td><td>≤1.65</td><td>≤9</td><td rowspan="2">≥0.8</td><td rowspan="2">≥0.8</td><td rowspan="2">≤100</td><td rowspan="2">≤5</td></tr>
<tr><td>≤1.80</td><td>≤5</td></tr>
<tr><td>425/212
(40/70目)</td><td>52</td><td>—</td><td>≤9</td><td>≥0.8</td><td>≥0.8</td><td>≤100</td><td>≤7</td></tr>
</table>

3. 预处理理酸

为防止射孔后起裂压力高，特别是泥岩段压裂时施工压力过高甚至压不开，每段需要准备酸液进行预处理，共配备预处理酸40m^3，在射孔结束后如果压裂施工压力高，则用酸处理近井地带污染。

酸液配方：1.5% HF＋12% HCl＋2%缓蚀剂＋2%铁离子稳定剂＋2%黏土稳定剂＋0.3%助排剂。

综合前述参数设计结果，A井压裂所需的压裂材料及用水统计见表9－5。

表9－5 A井压裂施工规模统计表

<table>
<tr><th rowspan="2">段序</th><th rowspan="2">总液量/m³</th><th rowspan="2">滑溜水用量/m³</th><th rowspan="2">胍胶液量/m³</th><th colspan="3">支撑剂/m³</th><th rowspan="2">液氮/m³</th><th colspan="2">破胶剂/kg</th><th rowspan="2">活性水/m³</th></tr>
<tr><th>总砂量</th><th>40/70目</th><th>20/40目</th><th>胶囊</th><th>APS</th></tr>
<tr><td>1</td><td>423.1</td><td>233.1</td><td>190</td><td>38.9</td><td>8.5</td><td>30.4</td><td>24.2</td><td>26.5</td><td>24.3</td><td>—</td></tr>
<tr><td>2</td><td>422.6</td><td>162.6</td><td>260</td><td>37.0</td><td>14.2</td><td>22.8</td><td>24.0</td><td>33.2</td><td>28.3</td><td>32.8</td></tr>
<tr><td>3</td><td>452.2</td><td>22.2</td><td>430</td><td>30.4</td><td>23.4</td><td>7.0</td><td>25.3</td><td>40.0</td><td>48.2</td><td>32.3</td></tr>
<tr><td>4</td><td>481.7</td><td>271.7</td><td>210</td><td>45.4</td><td>10.8</td><td>34.6</td><td>27.7</td><td>39.5</td><td>38.2</td><td>31.8</td></tr>
<tr><td>5</td><td>481.1</td><td>271.1</td><td>210</td><td>48.1</td><td>10.8</td><td>37.3</td><td>27.8</td><td>39.5</td><td>38.1</td><td>31.3</td></tr>
<tr><td>6</td><td>480.4</td><td>270.4</td><td>210</td><td>48.1</td><td>10.8</td><td>37.3</td><td>27.8</td><td>39.5</td><td>38.0</td><td>30.6</td></tr>
<tr><td>7</td><td>439.7</td><td>19.7</td><td>420</td><td>36.9</td><td>23.4</td><td>13.5</td><td>25.1</td><td>57.0</td><td>71.0</td><td>29.8</td></tr>
<tr><td>8</td><td>439.1</td><td>19.1</td><td>420</td><td>36.9</td><td>23.4</td><td>13.5</td><td>25.1</td><td>57.0</td><td>70.9</td><td>29.3</td></tr>
<tr><td>9</td><td>398.8</td><td>143.8</td><td>255</td><td>39.1</td><td>11.2</td><td>27.9</td><td>23.4</td><td>43.8</td><td>40.9</td><td>29.0</td></tr>
<tr><td>10</td><td>478.2</td><td>263.2</td><td>215</td><td>49.3</td><td>9.6</td><td>39.7</td><td>27.7</td><td>46.3</td><td>53.8</td><td>28.4</td></tr>
<tr><td>11</td><td>397.6</td><td>142.6</td><td>255</td><td>39.1</td><td>11.2</td><td>27.9</td><td>23.4</td><td>56.3</td><td>53.8</td><td>27.8</td></tr>
<tr><td>合计</td><td>4894.5</td><td>1819.5</td><td>3075</td><td>449.2</td><td>157.3</td><td>291.9</td><td>281.5</td><td>478.6</td><td>505.5</td><td>303.1</td></tr>
</table>

四、现场施工

该井设计压裂11段，因第2段高含泥岩段经过现场试验后证实难以压开，因此主动放弃第3、7、8段泥岩段施工，共计完成8段压裂施工，总用液3467m^3，其中滑溜水1512m^3，胍胶1923m^3，用酸32m^3，加砂357m^3，单井加砂量39~60m^3。桥塞泵送排量0.5~3.0m^3/min，压裂施工排量6~8m^3/min，施工压力32~65MPa。施工曲线见图9-1。

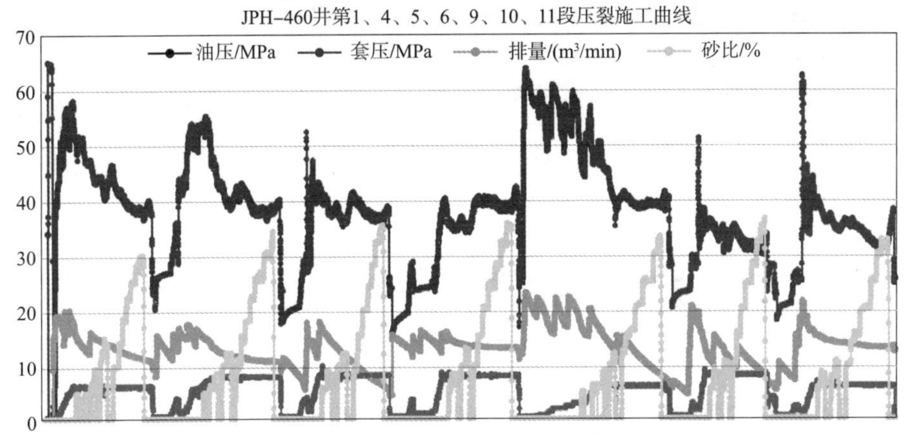

图9-1 A井分段压裂施工曲线

第2段在施工限压65MPa下9次试挤地层依然没有吸液显示，说明近井高含泥岩储层，在限压下难以压开。从施工曲线分析，滑溜水摩阻比胍胶压裂液低3~6MPa。压裂施工过程中可溶桥塞承压、密封显示正常，说明施工期间溶解保护性能良好。

五、压后效果及评估

压后用3~6mm油嘴控制放喷排液，未进行钻塞与通井，排液过程中自喷建产进站输气，返排率为40%时，井口压力12.2MPa，5mm油嘴日产量4.5×10^{4}m^3/d，10个月累计产气1300×10^{4}m^3，增产效果良好。

利用压裂施工数据进行裂缝几何尺寸的拟合分析，得到裂缝半长156.0~183.4m，裂缝高度28.3~33.3m，裂缝延伸显示沟通了相邻的盒2^{2}气层。具体裂缝几何尺寸拟合结果见表9-6。

表9-6 A井压裂裂缝几何尺寸拟合结果

段序	总液量/m^3	滑溜水用量/m^3	胍胶用量/m^3	总砂量/m^3	施工排量/(m^3/min)	裂缝半长/m	裂缝高度/m
1	404	174	226	39.0	6	156.0	28.4
4	518	210	304	55.4	8	170.3	31.0
5	527	225	298	45.4	8	163.2	29.3
6	520	217	299	60.1	8	183.4	33.3
9	386	153	229	46.1	6	165.4	28.3
10	508	214	290	60.3	8	179.4	32.3
11	509	228	277	50.7	6	172.4	29.3

通过该井的现场实施与分析，可以得到如下认识：

(1)该井钻遇的砂岩段短(527m)，通过压裂改造后却取得了非常好的效果，说明设计采用的密切割(段间距53m，簇间距20～30m)、强加砂(1.5～2.0t/m)、变黏度(10～200mPa·s)穿层体积压裂技术改造致密气藏是行之有效的，可以大规模推广使用。

(2)全可溶桥塞工具在承压、密封性、溶解性上是可控、可靠的，可满足快速投产建产的需求；滑溜水黏度与降阻性能指标稳定可靠，对形成复杂裂缝发挥了重要作用。

(3)对于泥质含量高井段，在井筒外砂泥岩展布认识不清楚的情况下，不建议作为压裂改造井段。

第二节　裸眼封隔器多级滑套分段压裂案例

一、井的基本数据

B井为内蒙古自治区杭锦旗锡尼镇道劳嘎查村的一口开发水平井，完钻井深4303.00m，垂深3026.01m，人工井底4303.00m，水平段长1068.00m，采用Φ114.30mm、钢级P110、壁厚6.35mm、抗压强度73.70MPa的套管尾管固井完井，固井质量合格。

二、储层综合评价分析

(一)砂体钻遇情况

该井主要钻遇盒1段砂体厚度22m左右，有效气层厚度21m。实钻水平段总长度为1068m，钻遇砂岩总长度为879m，占水平段总长度的82.3%。

其水平段方位约为NE170°，而该区块的最大主应力方向NE75°，由此可以判断得到B井水平段方向与裂缝方向的夹角约为95°，压裂时裂缝与水平段近似于正交。

(二)储层物性

根据邻井导眼段测井解释，有效气层平均孔隙度12.3%，平均渗透率$1.38\times10^{-3}\mu m^2$，平均含气饱和度约39.3%。

(三)储层含气性

该井钻遇具有全烃显示的砂岩总长度为800m，占水平段总长度的74.91%；该井最高全烃净增值92.1%，水平段加权全烃净增值35.1%；钻遇泥岩段总长度为189m，占水平段总长度的17.7%。

(四)地层压力与温度

依据本区直井DST测试资料，盒1段平均压力系数为0.91，平均温度梯度为2.68℃/100m。取水平段垂深3025.0m，计算得该井地层压力为26.97MPa，地层温度为87.30℃。属于正常温度、正常压力系统。

三、压裂方案设计

(一)压裂改造井段选择

根据录井和测井解释成果，优选水平段3275.0～4210.0m进行压裂改造以提高单井产量，可进行压裂改造的砂岩视厚度为935.0m。

(二)设计思路

(1)根据邻井导眼段测井解释，有效气层平均孔隙度为12.3%，平均渗透率为$1.38\times10^{-3}\mu m^2$，平均含气饱和度约为39.3%。盒1气层砂体厚度为22m，有效气层厚度为21m左右。根据该井A靶点测井解释，水平段盒1砂体上部有大于20m的明显隔层，遮挡效果好；根据邻井测井解释成果图看出，水平段盒1^2砂体与下覆水层山2^1砂体距离为50m，存在沟通的风险，须适当控制压裂规模。

(2)该井水平段钻遇泥质含量整体较低，设计提高前置液比例。第3、4、5、8、9段钻遇显示较好，设计时适当加大施工规模。压裂施工时注意压力变化，根据施工情况应对施工排量、砂比及规模做出相应的调整，提高施工成功率。

(3)在每级压裂前置液中以5%、7%两个砂比段塞降低或消除近井筒裂缝的迂曲摩阻，并充填地层中发育的微裂缝，降低施工泵压，降低压裂液滤失进而提高压裂液效率。压裂施工时注意压力变化，可根据施工情况对施工排量、砂比及规模做出相应调整，提高施工成功率。

(4)为加快返排速度和增加返排能量，采用液氮伴注增能助排，优化液氮泵注程序。若施工压力允许，设计排量$0.3\sim0.5m^3/min$。

(5)根据该井盒1段砂体厚度及其整个垂向应力剖面分布情况，结合该井盒1段气层物性参数、邻井的井距及地质要求，该井采用前置液段塞加砂压裂工艺，优化裂缝长度140.0～150.0m，优化施工排量为$3.5m^3/min$，优化加砂规模$32.0\sim35.0m^3$。

(6)该井与邻井距离较远，施工过程中压窜可能性较小。

(三)压裂段数、射孔位置与簇数设计

根据测、录井显示结果、随钻伽马成果综合分析，建议对以下井段进行压裂改造，具体压裂滑套和封隔器位置见表9-7。

表9-7 B井压裂段滑套及封隔器位置表

级数	井段(测深)/m	长度/m	实际滑套位置/m	上封隔器位置/m	下封隔器位置/m
1	4151.80～4233.62	81.82	4209.30	4151.80	TD
2	4013.46～4151.80	138.34	4105.04	4013.46	4151.80
3	3898.24～4013.46	115.22	3944.76	3898.24	4013.46
4	3800.86～3898.24	97.38	3848.88	3800.86	3898.24
5	3662.44～3800.86	138.42	3708.86	3662.44	3800.86
6	3566.12～3662.44	96.32	3604.32	3566.12	3662.44
7	3456.42～3566.12	109.70	3485.31	3456.42	3566.12
8	3330.07～3456.42	126.35	3376.35	3330.07	3456.42
9	3245.47～3330.07	84.60	3280.65	3245.47	3330.07

（四）压裂管柱结构设计

（1）施工管柱结构。施工管柱由114.30mm外径、P110钢级、壁厚6.35mm的套管加其他配套工具组成：

浮鞋（4233.62m）+4½″套管+浮箍（4222.23m）+井下隔离阀（4221.90m）+4½″套管+水力压差滑套（4209.30m）+4½″套管+裸眼封隔器（4151.80m）+4½″套管+投球滑套1（4105.04m）+4½″套管+裸眼封隔器（4013.46m）+4½″套管+投球滑套2（3944.76m）+4½″套管+裸眼封隔器（3898.24m）+4½″套管+投球滑套3（3848.88m）+4½″套管+裸眼封隔器（3800.86m）+4½″套管+投球滑套4（3708.86m）+4½″套管+裸眼封隔器（3662.44m）+4½″套管+投球滑套5（3604.32m）+4½″套管+裸眼封隔器（3566.12m）+4½″套管+投球滑套6（3485.31m）+4½″套管+裸眼封隔器（3456.42m）+4½″套管+投球滑套7（3376.35m）+4½″套管+裸眼封隔器（3330.07m）+投球滑套8（3280.65m）+4½″套管+裸眼封隔器（3245.47m）+尾管悬挂封隔器（2935.91m）+水力锚+反循环阀+3½″油管至井口。

（2）压裂管柱参数。压裂管柱参数见表9－8。

表9－8　B井完井管柱参数表

油管数据	外径/mm	下入深度/m	内径/mm	壁厚/mm	钢级	公称质量/（kg/m）	抗拉/kN	抗内压/MPa	抗外挤/MPa
水平段	114.3	2935.91～4234.0	101.6	6.35	P110	17.26	1632	73.7	52.3
直井段	88.9	0～2935.91	76.0	6.45	N80	13.84	922	70.1	72.6

（3）压裂工具管串及性能：

B井分段压裂完井工具性能参数及入井数量详见表9－9，工具示意图见图9－2。

表9－9　B井分段压裂完井工具参数表

序号	名称	公称尺寸			初始剪切压力/MPa	完全封隔压力/MPa	坐封球外径/（mm/in）	数量
		长度/mm	外径/（mm/in）	内径/（mm/in）				
1	浮鞋	380	127/5.0	46/1.81	—	—	—	1
2	浮箍	240	127/5.0	46/1.81	—	—	—	1
3	隔离球阀	330	127/5.0	35.525/1.4	13～16		38.1/1.5	1
4	压缩式裸眼封隔器	530	142.7/5.62	101.6/4.0	20	23	—	9
5	压差滑套	830	142/5.59	101.6/4.0	33～37	—	—	1
6	投球滑套1	780	142/5.59	45.05/1.774	20	—	47.625/1.875	1
7	投球滑套2	780	142/5.59	48.225/1.9	20	—	50.8/2.0	1
8	投球滑套3	780	142/5.59	51.4/2.02	20	—	53.975/2.125	1

续表

序号	名称	公称尺寸			初始剪切压力/MPa	完全封隔压力/MPa	坐封球外径/(mm/in)	数量
		长度/mm	外径/(mm/in)	内径/(mm/in)				
9	投球滑套4	780	142/5.59	54.575/2.15	20	—	57.15/2.25	1
10	投球滑套5	780	142/5.59	57.75/2.27	20	—	60.325/2.375	1
11	投球滑套6	780	142/5.59	60.925/2.40	20	—	63.5/2.5	1
12	投球滑套7	780	142/5.59	64.1/2.52	20	—	66.675/2.625	1
13	投球滑套8	780	142/5.59	67.275/2.65	20	—	69.85/2.75	1
14	顶部封隔器	3810	152.4/6	98.552/3.88	20	25~28		1
15	回接插头	1160	128.3/5.05	77.9/3.07		—		2
16	提升短节	900	147.3/5.8	55.5/2.19				1
17	变扣短节	960	114.3/4.5	101.6/2.58				1
18	150通井规	1560	150/5.9	67/2.64				2

在该设计体系中，最大球为2.75″(69.9mm)，压裂管柱和投球管线或压裂井口要保证能通过2.75″小球。最小滑套球座内径为1.774″(45.05mm)，便于1.5″连续油管冲砂作业。

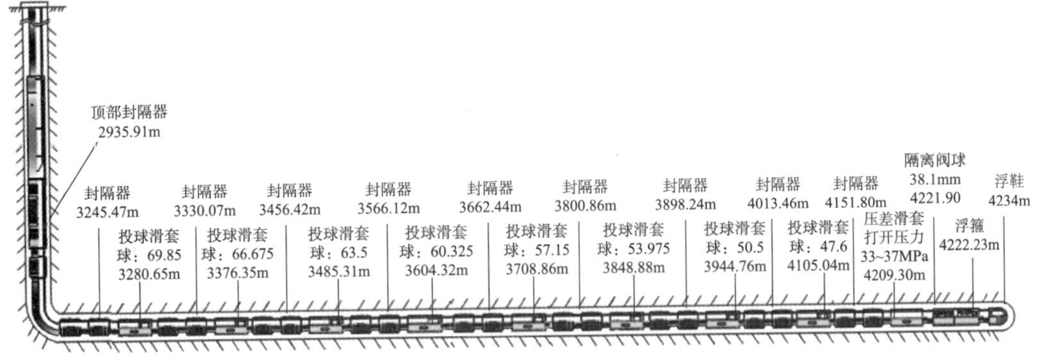

图9-2 B井裸眼分段压裂工具示意图

(五)压裂施工参数设计

依据压裂目的层的物性、厚度等数据，利用气藏数值模拟计算优化的压裂裂缝半长为140.0~150.0m，再采用裂缝模拟软件模拟欲达到设计的裂缝半长和裂缝导流能力，单段加砂规模为30~35m^3，用液量230~260m^3，平均砂液比20%~25%。

根据常用的压裂液摩阻系数、区块裂缝延伸压力梯度0.017~0.019MPa/m及近井筒与孔眼摩阻5MPa计算，在3.5m^3/min排量下，施工压力最大为45.5MPa(表9-10)。完井工具需投入最大球为2.750″(69.9mm)，设计采用KQ78/65-70型压裂井口，压裂管柱采用N80的3½″油管(内径76mm)+顶部封隔器+P110的4½″套管+裸眼封隔器+投球滑套+裸眼封隔器+压差滑套。

表 9－10　B 井不同施工排量下井口施工压力预测结果

裂缝延伸压力梯度/(MPa/m)	不同排量下的井口压力预测/MPa		
	$3.0m^3/min$	$3.5m^3/min$	$4.0m^3/min$
0.017	38.4	39.4	40.4
0.018	41.5	42.5	43.5
0.019	44.5	45.5	46.5

（六）压裂材料设计

1. 压裂液选择

依据本区直井 DST 测试资料，目的层温度 87.3℃，所配制的胍胶压裂液必须满足现场施工要求，压裂液添加剂性能指标满足体系配伍和实施要求。

(1)压裂液类型

基液：0.42% HPG(一级) +1.0% 防膨剂 +0.1% 杀菌剂 +0.5% 起泡剂 +0.2% 助排剂 +0.2% Na_2CO_3

交联剂：交联剂 A：B＝100：6，交联比为 100：0.3(最佳交联比以现场实测为准)。

破胶剂：胶囊破胶剂，0.04%(质量比，根据泵注程序添加)；

过硫酸铵，0.015%~0.1%(质量比，携砂液和顶替液阶段现场楔形追加)。

(2)检测指标

工作液技术指标见表 9－11 和表 9－12。

表 9－11　配制压裂液所用清水技术指标

序号	项目	技术指标
1	外观	澄清，透明
2	pH 值	6~7
3	固相含量/%	≤0.1
4	浊度/FTU	≤20

表 9－12　水基压裂液技术指标

序号	项目			技术指标
1	基液黏度/(mPa·s)	常温、六速旋转黏度计 $170s^{-1}$ 剪切		≥45
2	交联时间/s	交联剂 A：B＝100：6，交联比为 100：0.3		45~150s 可调
3	耐温耐剪切性能/(mPa·s)	90℃、$170s^{-1}$ 条件下连续剪切 120min 的表观黏度		≥80
4	破胶性能	破胶液表面张力/(mN/m)		≤28
		破胶液与煤油界面张力/(mN/m)		≤2
		压后破胶液黏度/(mPa·s)	0.5h	≤36
			1h	≤30
			4h	≤20
			8h	≤10
			12h	≤5

续表

序号	项目	技术指标
5	残渣含量/(mg/L)	≤400
6	破乳率/%	≥95
7	压裂液与地层水配伍性	无沉淀，无絮凝
8	压裂液滤液对基质岩心渗透率损害率/%	≤30

活性水：清水 +1% KCL +0.2% 助排剂。

压裂液用材料性能应符合 SY/T 5107—2005《水基压裂液性能评价方法》、SY/T 6376—2008《压裂液通用技术条件》、SY/T 5764—2007《压裂用植物胶通用技术要求》、SY/T 6380—2008《压裂用破胶剂性能试验方法》、SY/T 5762—1995《压裂酸化用黏土稳定剂性能测定方法》、SY/T 5405—1996《酸化用缓蚀剂性能实验方法及评价指标》、SY/T 5755—2016《压裂酸化用助排剂性能评价方法》、SY/T 6216—1996《压裂用交联剂性能试验方法》、SY/T 5108—2006《压裂支撑剂性能指标及测试推荐方法》等的规定。

2. 支撑剂的选择

根据邻井施工同层位压降曲线分析地层闭合压力梯度约为 0.014 ~0.017MPa/m，裂缝闭合压力为 42.4 ~51.4MPa，因此，采用 52MPa 压力级别的 20 ~40 目陶粒作为支撑剂，支撑剂性能要求见表 9 - 13(执行 SY/T 5108—2006《压裂支撑剂性能指标及测试推荐方法》)。

表 9 - 13 陶粒支撑剂技术指标

支撑剂规格			检测标准					
类型	粒径规格/μm	压力级别/MPa	体积密度/(g/cm³)	破碎率/%	球度	圆度	浊度/FTU	酸溶解度/%
陶粒	850/425 (20/40 目)	52	≤1.65	≤9	≥0.8	≥0.8	≤100	≤5

综合前述参数设计结果，B 井压裂施工规模统计见表 9 - 14。

表 9 - 14 B 井压裂施工规模统计表

段序	前置液量/m³	携砂液量/m³	总液量/m³	前置液比例/%	平均砂比/%	20/40 目陶粒/m³	胶囊/kg	APS/kg	液氮/m³
1	96	133	234	41.9	22.6	32.1	36.0	27.1	30.4
2	98	138	241	41.5	22.7	33.4	36.4	28.4	31.3
3	103	144	252	41.7	22.7	34.8	37.4	29.9	32.8
4	103	145	253	41.5	22.8	35.1	37.4	30.1	33.0
5	103	145	253	41.5	22.8	35.1	37.4	30.2	32.9

续表

段序	前置液量/m^3	携砂液量/m^3	总液量/m^3	前置液比例/%	平均砂比/%	20/40 目陶粒/m^3	胶囊/kg	APS/kg	液氮/m^3
6	96	135	236	41.6	22.8	32.8	24.0	45.1	30.6
7	94	133	232	41.4	22.6	32.1	23.6	44.2	30.1
8	103	145	253	41.5	22.8	35.1	25.4	49.9	32.9
9	98	142	256.1	40.8	22.7	34.4	24.4	48.8	31.9
合计	894	1260	2210.1	41.5	22.7	304.9	282.0	333.7	285.9

四、现场施工

该井设计压裂 9 段，实际压裂施工 9 段，施工成功率 100%，共用压裂液 2492m^3，活性水 28m^3，加砂 305m^3，单段平均加砂 33.9m^3。压裂施工排量 3.5～3.8m^3/min，施工压力 25～45MPa。施工曲线见图 9－3。

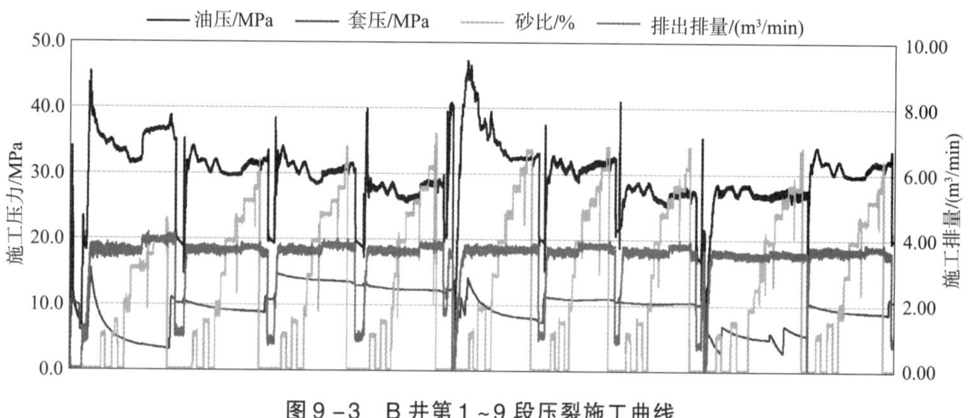

图 9－3 B 井第 1～9 段压裂施工曲线

该井滑套全部顺利打开，封隔器密封性良好，各段施工曲线显示出不同的施工压力特征，说明储层条件的非均质性强。第 5 段泥岩含量较高，施工压力上也得到了反映。由此说明：近井高含泥岩在限压下存在开启和延伸难度，随着支撑剂段塞的打磨，缝宽逐步增加并延伸到砂岩层段，施工压力逐渐降低，顺利完成施工。

五、压后效果及评估

压后用 3.3～5.0mm 油嘴控制放喷排液，排液过程中自喷建产进站输气，返排率为 32% 时，井口压力 16.2MPa，4.6mm 油嘴日产量 $3.7\times10^4 m^3/d$，4 年累计产气 $3765\times10^4 m^3$，取得良好的增产效果。

利用压裂施工数据进行裂缝几何尺寸的拟合分析，得到裂缝半长 144.3～158.2m，裂缝高度 33.5～37.9m，B 井压裂裂缝几何尺寸拟合结果见表 9－15。

表9-15 B井压裂裂缝几何尺寸拟合结果

段序	总液量/m^3	总砂量/m^3	施工排量/(m^3/min)	裂缝半长/m	裂缝高度/m
1	331.5	32.1	3.5~4.0	158.2	37.9
2	301.0	33.4	3.5~3.7	154.5	36.8
3	283.0	34.8	3.5~3.7	149.9	35.2
4	289.5	35.1	3.5~3.7	151.4	35.4
5	280.0	35.1	3.6~3.8	148.2	34.6
6	242.0	32.8	3.6~3.8	144.3	33.5
7	268.5	32.1	3.5~3.7	147.2	33.9
8	283.5	35.1	3.5~3.8	147.8	34.1
9	314.1	34.4	3.5~3.7	156.7	35.7

通过该井的现场实施与分析，可以得到如下认识：

(1)裸眼封隔器和滑套压裂工具在承压、密封性、滑套打开等方面具有良好的可靠性，可满足快速投产建产的需求；压裂液性能指标稳定可靠，对形成长缝发挥了重要作用。

(2)对于泥质含量高井段，在井筒外砂泥岩展布认识不清楚的情况下，不建议作为压裂改造井段。

第三节 连续油管带底封封隔器分段压裂案例

一、井的基本数据

C井为部署在内蒙古自治区鄂托克旗乌素其日嘎5社的一口开发评价井，构造位置处于鄂尔多斯盆地伊陕斜坡北部，完钻井深4462.00m，垂深3160.76m，人工井底4417.29m，水平段长1000.00m，该井表层套管尺寸与下深为244.50mm×403.86m，技术套管尺寸与下深为177.80mm×3460.05m，采用4½″套管悬挂裸眼封隔器至4418.40m完井，悬挂封隔器位置3066.28m。

二、储层综合评价分析

(一)砂体钻遇情况

该井主要钻遇盒1^2砂体厚度12.0m，有效厚度8.0m，钻遇砂岩总长度为986.0m，占水平段总长度的98.60%；钻遇具有全烃显示的砂岩总长度为626.0m，占水平段总长度的62.60%；钻遇泥岩段总长度为14.0m，占水平段总长度的1.40%；该井最高全烃净增值80.10%，水平段加权全烃净增值15.79%。

其水平段方位为北偏东156°左右，而该区块的最大主应力方向北偏东75°，由此可以判断该井水平段方向与裂缝方向的夹角约为90°，压裂时裂缝与水平段近似于正交。

目的层上部盒 1^3 层砂厚 3.5m，全烃显示较好，隔层厚度 4m，目的层下部盒 1^1 层砂厚 12m，隔层厚度 3m；整体上来说，上、下隔层厚度较薄，遮挡效果一般。

（二）储层物性

根据测井成果图，该井目的层盒 1^2 气层砂体厚度 12.0m，有效气层厚度 8.0m，有效气层测井解释平均孔隙度 11.3%，平均渗透率 $0.89\times10^{-3}\mu m^2$。

（三）储层含气性

水平段随钻伽马曲线图，水平段整体上钻遇情况较好，整个水平段钻遇 986.0m 砂岩，占整个水平段的 98.6%；第 3、5、6、8 段录井钻遇显示相对较好，水平井测井解释上述井段气测全烃显示较好。

（四）地层压力与温度

盒 1 段平均压力系数 0.91，平均温度梯度为 2.68℃/100m。取水平段垂深 3160m，计算该井地层压力 28.8MPa，地层温度 90.3℃。属于正常温度、正常压力系统。

（五）邻井情况

该井 A 靶点距最近的水平井水平段 789.59m，B 靶点距邻井水平段 808.67m，因此，压裂施工压窜的可能性很小。

三、压裂方案设计

（一）压裂改造井段选择

根据录井和测井解释成果，确定对该井水平段 3462～4462m 进行压裂改造以提高单井产量。

（二）设计思路

（1）该井完井方式为悬挂 4½″套管（P110、外径 114.3mm、内径 101.6mm）+裸眼封隔器完井，悬挂器以上回接 4½″套管（P110、外径 114.3mm、内径 101.6mm）至井口，针对该完井方式采用连续油管带底封拖动，水力喷砂射孔环空加砂分段压裂工艺。

（2）综合考虑该井纵向上目的层的储隔层厚度及应力差、砂体发育情况、水平段钻遇情况以及邻井的施工情况，因该井目的层砂体厚度 12m（有效厚度 8m），上、下隔层较薄（上隔层 4m，下隔层 3m），储隔层应力差较小（3～5MPa），拟对该井实施穿层压裂，尽量沟通盒 1^1 层和盒 1^3 层，提高纵向改造程度。

（3）根据该井所处井区盒 1 气层砂体厚度及其整个垂向应力剖面分布情况，结合该井盒 1 气层物性参数和隔层，以及采用的压裂工艺存在的风险，优化该井裂缝长度 174.1～190.2m，支撑缝高 41.2～42.2m，力求将盒 1 层的盒 1^1 层、盒 1^2 层和盒 1^3 层三个小层全部改造，优化施工排量为 $5.0m^3/min$，优化加砂规模 $45.0\sim55.0m^3$。第 3、5、6、8 段录井钻遇显示相对较好，可适当加大改造规模。

（4）为保证支撑剂能够穿过泥岩隔层后在盒 1^1、盒 1^2、盒 1^3 三个小层均能得到有效铺置，支撑剂采用 40/70 目低密度支撑剂 +20/40 目支撑剂作为压裂用支撑剂。

(5)为加快返排速度、增加返排能量，采用液氮伴注增能助排，优化液氮泵注程序，液氮注入排量为0.5～0.3m^3/min。

(三)压裂段数、封隔器下入设计

该井水平段长度为1000m，钻遇砂岩总长度为986m，依据物性特征和录井显示情况，设计分10段进行压裂改造，段间距61.0～127.0m。

依据测井井径曲线、自然伽马、自然电位和气测全烃资料，结合录井数据，设计封隔器的下入位置见表9－16。

表9－16　封隔器下入位置表

段序	井段/m	长度/m	上封隔器底深/m	下封隔器底深/m	射孔位置范围/m	套管接箍位置/m
1	4346.53～4417.97	71.44	4346.53	4462	4392～4395	4393.74、4405.07
2	4228.15～4346.53	118.38	4228.15	4346.53	4277～4280	4277.78、4289.08
3	4101.19～4228.15	126.96	4101.19	4228.15	4165～4168	4159.25、4170.59
4	4008.09～4101.19	93.10	4008.09	4101.19	4067～4070	4066.50、4077.76
5	3946.74～4008.09	61.35	3946.74	4008.09	3977～3980	3973.50、3984.82
6	3841.87～3946.74	104.84	3841.87	3946.74	3890～3893	3889.29、3900.55
7	3759.66～3841.87	82.21	3759.66	3841.87	3800～3803	3795.78、3806.98
8	3633.77～3759.66	125.89	3633.77	3759.66	3710～3713	3702.23、3713.59
9	3540.21～3633.77	93.56	3540.21	3633.77	3605～3608	3598.87、3610.18
10	3480.37～3540.21	59.84	3480.37	3540.21	3500～3503	3493.91、3505.25

(四)完井管柱结构设计

该井采用不带滑套的裸眼封隔器完井，完井管柱最下端浮鞋位置为4417.97m，循环阀位置4417.29m，封隔器位置见图9－4，悬挂器位置为3066.28m，上部回接4½″油管。

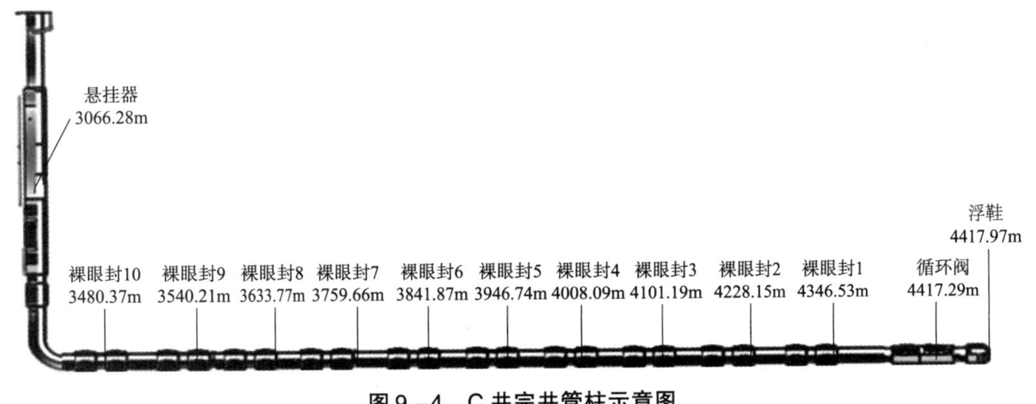

图9－4　C井完井管柱示意图

(五)压裂施工管柱组合及工具规格设计

该井采用连续油管带底封封隔器分段压裂施工方式，施工管柱组合及工具规格设计如下：

1. 连续油管尺寸选择

根据施工排量0.7m³/min预测，通径小于等于1.75″的连续油管超过抗内压强度。并根据实际应用情况、套管通径和注入头提升载荷能力，本着方便施工，尽可能降低施工作业成本的原则，选用2″连续油管，基本参数见表9－17。

表9－17　连续油管基本数据表

外径/mm	长度/m	壁厚/mm	抗内压/MPa	CT质量/t	CT内容积/m^3	抗拉强度80%/kN
50.8	4800	4.4、4.8、5.2	70	20.1	6.5	291.4

2. 施工管柱结构组合

施工管柱结构组合为2″连续油管×4800m＋连续油管接头＋丢手工具＋短节＋水力喷射工具(带4个喷嘴)＋封隔器总成＋机械式套管接箍定位器＋导引头。井下工具参数表见表9－18和表9－19。

表9－18　井下工具串参数表

序号	名称	外径/mm	通径/mm	长度/m	总长/m
1	2″CT接头	73.0	33	0.29	0.29
2	丢手工具	73	28	0.63	0.92
3	短节	73	32	0.91	1.83
4	水力喷射工具	73	32	0.22	2.05
5	封隔器总成	95.0	—	1.4	3.45
6	机械定位器	114.3	33	0.66	4.11
7	导引头	85	32	0.18	4.29
自然状态下工具总长					4.29
坐封状态下工具总长					4.15

表9－19　连续油管及喷砂射孔工具串参数

封隔器	最大外径	95mm	射孔器	最大外径	73mm
	最内径	—		最小内径	32mm
	长度	1400mm		长度	220mm
	橡胶耐温	100℃		孔眼直径	4.5mm
	坐封方式	上提下放		孔眼数量	4
	最大承受压差	70MPa		射孔排量	0.7m³/min
扶正器	最大外径	95mm		射孔时间	14.8min
	最小内径	32mm		射孔砂要求	40/70目石英砂
	过砂通数	4个		射孔液砂浓度	7%
连续油管	最大外径	50.8mm		每层设计过砂量	0.7m³
	最小内径	43.4mm			

3. 喷嘴数量和直径选择

经计算，直径为4.5mm的4个喷嘴，在射孔排量为0.7m^3/min条件下时，流速为183m/s，节流压差为19.97MPa，可以满足射流速度要求。

(六)施工参数设计

1. 射孔液选择

40~70目的石英砂的视密度是1.55g/cm^3，在清水中的自由沉降速度V_1=0.33m/s。当射孔排量达到0.7m^3/min时，流速V_2=8.47m/s。因$V_2 \gg 2V_1$，可有效阻止其下沉，因此，射孔液可选择滑溜水或线性胶。

2. 喷砂磨料选择

在射孔排量为0.7m^3/min时，油管流速V_2=8.47m/s，磨料的自由沉降速度V_1必须满足$V_1 < V_2/2$方可用来射孔，由此推算磨料的直径应小于3.7mm，综合考虑喷嘴直径、磨料价格和安全系数，选用40~70目的石英砂作为射孔磨料。

3. 施工排量设计

综合考虑射流速度、平衡压力、施工限压及磨损等因素，设计连续油管射孔排量为0.7m^3/min，补液平衡压力排量为0.2m^3/min，连续油管与套管环空的注液施工排量为5.0m^3/min。不同射孔及压裂施工排量下井口压力见表9-20和表9-21。

表9-20 不同射孔排量下井口施工压力预测结果

施工排量/(m^3/min)	环空压力/MPa	油管摩阻/MPa	喷嘴压降/MPa	回压/MPa	井口压力/MPa
0.65	6.6	10.8	18.2	12.0	47.6
0.7	7.2	12.2	23.8	12.0	55.2
0.75	8.5	15.6	26.9	12.0	63

表9-21 压裂施工排量下井口施工压力预测结果

施工排量/(m^3/min)	孔眼摩阻/MPa	压裂液摩阻/MPa	液氮摩阻/MPa	延伸压力/MPa	静液柱压力/MPa	井口压力/MPa
4.5	5	22.6	3	53.7	31.6	52.7
5	5	24.8	3	53.7	31.6	54.9
5.5	5	27.7	3	53.7	31.6	57.8

4. 施工规模设计

依据储层条件所匹配的裂缝长度需要，裂缝模拟计算了不同加砂量下的裂缝参数(表9-22)，得到单段加砂量为45~55m^3。

表 9－22　C 井不同加砂规模裂缝数据模拟表

施工排量/(m^3/min)	加砂量/m^3					
	45		50		55	
	支撑缝长/m	支撑缝高/m	支撑缝长/m	支撑缝高/m	支撑缝长/m	支撑缝高/m
5.0	174.1	41.2	182.8	41.7	190.2	42.2

综合射孔液、施工排量和施工规模等参数的优选结果，设计出 C 井每段的压裂液、液氮和破胶剂等用量，见表 9－23。

表 9－23　C 井压裂施工规模设计表

段序	连续油管射孔液/m^3	射孔砂量/m^3	前置液/m^3	携砂液/m^3	环空总液量/m^3	油管总液量/m^3	前置液比例/%	加砂量/m^3	平均砂比/%
1	10	0.7	140.4	193.5	346.8	65.0	42.1	45.1	22.3
2	10	0.7	145.6	204.0	361.1	65.6	41.7	47.9	22.5
3	10	0.7	156.0	219.6	385.3	66.6	41.5	52.2	22.8
4	10	0.7	150.8	212.3	372.7	66.1	41.5	50.2	22.7
5	10	0.7	161.2	230.1	399.2	67.3	41.2	55.3	23.3
6	10	0.7	153.9	219.6	381.7	66.4	41.2	52.2	22.8
7	10	0.7	156.0	230.1	393.1	67.0	40.4	55.3	23.2
8	10	0.7	145.6	219.6	372.6	66.1	39.9	52.2	22.8
9	10	0.7	150.8	230.1	386.9	66.8	39.6	55.3	23.2
10	10	0.7	140.4	219.6	366.3	65.9	39.0	52.2	22.8
合计	100	7.0	1500.7	2178.5	3765.7	662.8	—	517.9	—

（七）压裂材料设计

1. 压裂液选择

预测该井储层温度为 90.3℃左右，因此，采用 0.45% 胍胶压裂液体系，配制 0.45% 胍胶压裂液必须满足现场施工要求，压裂液添加剂性能指标均要满足体系配伍和实施要求。

压裂液类型：

基液：0.45% HPG（一级）+1.0% 防膨剂 +0.05% 杀菌剂 +0.5% 起泡剂 +0.2% 助排剂 +0.2% Na_2CO_3；

交联剂：交联剂 A：B＝100：6，交联比为 100：0.3（最佳交联比以现场实测为准）；

破胶剂：胶囊破胶剂，0.04%（质量比，根据泵注程序添加）；

过硫酸铵，0.015%～0.1%（质量比，携砂液和顶替液阶段现场楔形追加）；

活性水：清水 +1% KCl +0.2% 助排剂。

2. 水力喷砂射孔石英砂及支撑剂的选择

连续油管水力喷砂射孔采用40～70目石英砂。根据邻井施工资料反映，地层闭合压力梯度约0.014～0.016MPa/m，地层闭合压力在42.5～48.6MPa，主加砂采用20/40目52MPa陶粒+40/70目69MPa陶粒作为支撑剂。

(八)井口设备设计

1. 井口选择

由于入井工具外径较大及压力预测情况，采油树选择使用KQ103/65－70型，采用4½″P110套管，回接采用4½″P110套管，施工限压以4½″套管强度计算(表9－24)，在以80%的安全系数的情况下，同时根据现场施工经验，施工限压：油管60MPa，套管60MPa。注意在4½″套管与7″套管环空打平衡压。

表9－24 4½″ P110套管强度数据

钢级	壁厚/mm	管体抗拉/kN	抗内压/MPa	抗挤强度/MPa
P110	6.35	1632	73.7	52.3

2. 其他配套设备选择

(1)80H型注入头：为起下连续油管提供动力，最大提升力360kN，最大下注力180kN。

(2)防喷盒：提供连续油管的活动密封，保证不压井起下连续油管，根据施工限压和连续油管最大外径选用710MPa型号DSH4－8345X侧门防喷盒。

(3)防喷器：发生井涌井喷时及时封井，防止井无控制放喷，保护油气资源，保证施工作业安全。为降低注入头高度，选用四闸板(全封、剪切、半封、卡瓦)防喷器；根据施工限压60MPa，连续油管外径2″，选择70MPa，四闸板防喷器。

(4)防喷管：存放井下工具串，提供带压起下的条件。根据施工限压和工具串最大外径，选用压力等级为70MPa、通径为130mm、2m的1根，1.5m的2根，1m的1根，共计6m。

(5)压裂Y形四通(羊角头)：提供三个通道，一个为连续油管和工具串下井通道，另两个通道是提供压裂液入井通道。根据施工限压和工具串最大外径，选用压力等级为70MPa，通径为130mm。

(6)井口侧旋闸门：一旦井下出现井喷等复杂情况，及时封住井口通道，保障施工作业安全。根据施工限压，选用型号PFF65－70平板阀。

(九)泵注程序设计

依据前述的压裂段数、压裂施工参数、压裂液、压裂工具等设计结果，制定了该井10段泵注程序，第一段(射孔位置：4392～4395m；改造井段：4346.53～4417.97m)泵注程序表见表9－25，其余井段的泵注程序类似，这里不再一一列出。

表 9-25　C 井第 1 段泵注程序表

施工工序	泵注通道	液量											支撑剂			破胶剂		液氮		泵注时间	备注
		套管						连续油管													
		排量	液量	液体类型	混砂液量	累计混砂液量	压力	排量	液量	累计液量	液体类型	压力	砂比	砂量	累计砂量	APS破胶剂	胶囊	液氮排量	液氮量		
		m^3/min	m^3		m^3	m^3	MPa	m^3/min	m^3	m^3		MPa	%	m^3	m^3	kg	kg	m^3/min	m^3	min	
下人连续油管至 4392~4395m，定位坐封封隔器，倒换至喷砂射孔流程																					
低替	CT	—	—	—	—	—	—	0.7	20.0	20.0	原胶液	<60								28.6	
喷砂射孔	CT	—	—	—	—	—	—	0.7	10.0	30.0	原胶液	<60	7.0	0.7						14.8	40~70 目石英砂
顶替液	CT	—	—	—	—	—	—	0.7	20.0	50.0	原胶液	<60								28.6	
倒换至环空加砂流程																					
前置液	油套环空	5.0	50.0	交联液	50.0	50.0	<60	0.2	2.0	2.0	原胶液	<60					10.0	0.5	5.0	10.0	
前置液	油套环空	5.0	40.0	交联液	41.2	91.2	<60	0.2	1.6	3.6	原胶液	<60	5.0	2.0	2.0		8.0	0.5	4.1	8.2	40~70 目陶粒
前置液	油套环空	5.0	45.0	交联液	45.0	136.2	<60	0.2	1.8	5.4	原胶液	<60			2.0		9.0	0.5	4.5	9.0	
携砂液	油套环空	5.0	30.0	交联液	31.8	168.0	<60	0.2	1.3	6.7	原胶液	<60	10.0	3.0	5.0		9.0	0.4	2.5	6.4	40~70 目陶粒
携砂液	油套环空	5.0	30.0	交联液	32.9	200.9	<60	0.2	1.3	8.0	原胶液	<60	16.0	4.8	9.8		9.0	0.4	2.6	6.6	40~70 目陶粒
携砂液	油套环空	5.0	30.0	交联液	34.0	234.9	<60	0.2	1.4	9.4	原胶液	<60	22.0	6.6	16.4		9.0	0.4	2.7	6.8	40~70 目陶粒
携砂液	油套环空	5.0	30.0	交联液	34.7	269.6	<60	0.2	1.4	10.8	原胶液	<60	26.0	7.8	24.2	4.5		0.4	2.8	6.9	20~40 目陶粒
携砂液	油套环空	5.0	30.0	交联液	35.4	305.0	<60	0.2	1.4	12.2	原胶液	<60	30.0	9.0	33.2	7.5		0.4	2.8	7.1	20~40 目陶粒
携砂液	油套环空	5.0	20.0	交联液	24.0	329.0	<60	0.2	1.0	13.2	原胶液	<60	33.0	6.6	39.8	7.0		0.3	1.4	4.8	20~40 目陶粒
携砂液	油套环空	5.0	15.0	交联液	18.2	347.2	<60	0.2	0.7	13.9	原胶液	<60	35.0	5.3	45.1	8.3		0.3	1.1	3.6	20~40 目陶粒
顶替液	油套环空	5.0	5.0	交联液	5.0	352.2	<60	0.2	0.2	14.1	原胶液	<60								1.0	
顶替液	油套环空	5.0	5.0	基液	5.0	357.2	<60	0.2	0.2	14.3	原胶液	<60								1.0	
顶替液	油套环空	5.0	16.8	活性水	16.8	374.0	<60	0.2	0.7	15.0	原胶液	<60								3.4	
合计			346.8		374.0				65.0					45.1		27.3	54.0		29.5	146.8	
解封封隔器，上提 CT 至第二段(4277~4280m)																					

四、现场施工

该井设计压裂10段，实际施工10段，施工成功率100%，施工总用胍胶压裂液4288.8m³，加砂529m³，其中射孔用砂10m³，压裂用砂519m³，单段加砂量38.9～60.3m³。连续油管排量0.2～0.7m³/min，套管排量3.0～4.5m³/min，连续油管施工压力30～59MPa，套管施工压力40～59MPa。其中某一典型段的施工曲线见图9－5。

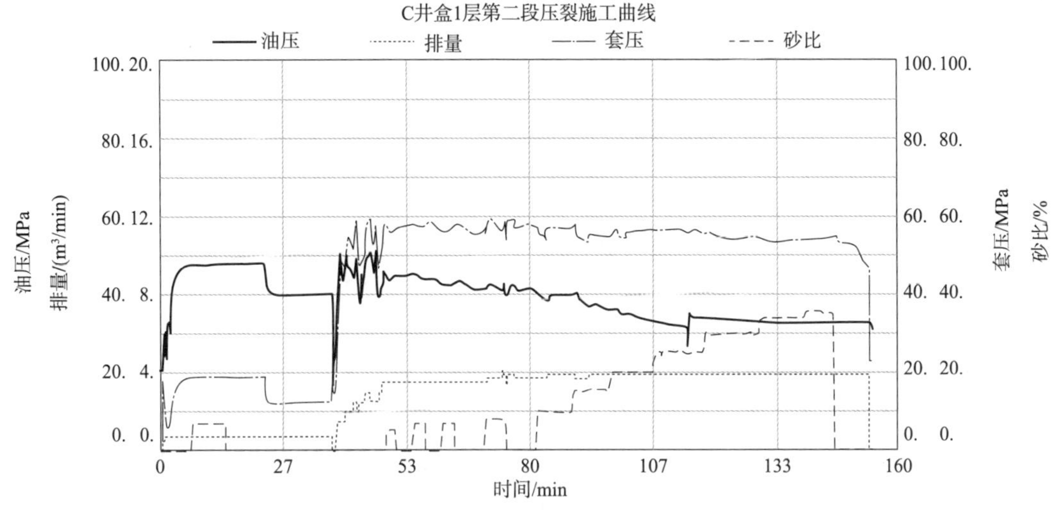

图9－5　C井分段压裂施工曲线

喷砂射孔阶段压力比较平稳，压裂初期阶段，施工压力较高，主要因为射孔孔眼个数较少，孔眼摩阻和裂缝弯曲摩阻较大，随着段塞对射孔孔眼和裂缝的打磨，孔眼摩阻和裂缝弯曲摩阻降低，施工压力逐渐降低。

五、压后效果及评估

C井全井10段压裂结束后进入放喷排液阶段，排液至井口压力为0后，下直径为60.3mm冲砂生产一体化管柱，冲砂至坐封球座位置，达到了全通径干净井筒的实施目的，后上提至生产管柱设计深度气举诱喷，获得无阻流量$6.07\times10^4m^3/d$。

利用压裂施工数据进行裂缝几何尺寸的拟合分析(表9－26)，得到裂缝半长为164.3～188.2m，裂缝高度为33.5～37.9m。

表9－26　C井压裂裂缝几何尺寸拟合结果

段序	总液量/m³	总砂量/m³	套管排量/(m³/min)	油管排量/(m³/min)	裂缝半长/m	裂缝高度/m
1	380.0	46.2	4.0～5.0	0.2～0.7	168.2	22.9
2	405.0	48.9	3.5～3.9	0.2～0.7	174.5	26.8
3	418.0	53.2	3.0～3.9	0.2～0.7	179.9	28.2

续表

段序	总液量/m^3	总砂量/m^3	套管排量/(m^3/min)	油管排量/(m^3/min)	裂缝半长/m	裂缝高度/m
4	332.2	39.9	3.5～4.2	0.2～0.7	164.3	19.4
5	453.0	61.3	4.5～5.0	0.2～0.7	182.2	31.6
6	453.0	56.9	3.5～4.3	0.2～0.7	180.4	30.5
7	469.0	58.2	3.8～4.3	0.2～0.7	188.2	33.9
8	416.0	54.5	4.5～5.0	0.2～0.7	175.6	27.1
9	421.0	56.0	4.5～5.0	0.2～0.7	177.1	28.7
10	417.5	54.0	4.5～5.0	0.2～0.7	175.9	26.3

通过该井的现场实施与分析，可以得到如下认识：

(1)连续油管带底封封隔器分段压裂段压裂工艺中完井管柱无须预置分级投球滑套及球座，完井后第一段采用井口打压开启压差滑套压裂，此后采用连续油管带底封实现水平井分段压裂。

(2)预置裸眼封隔器完井与连续油管带底封分段压裂工艺在施工时效、通径、投资上均与套管固井压裂工艺一致，而且避免了套管固井完井工艺的缺点。

(3)从施工时效、井筒通径、工程投资及压后效果等方面综合考虑，该压裂工艺既具有固井完井全通径的优点，又具有预置管柱打开气层面积大、可自选地质甜点压裂改造的优点。